北京理工大学“双一流”建设精品出版工程

# Introduction to Vehicles and the Environment

# 汽车与环境概论

魏名山　高建兵 ◎ 编著

北京理工大学出版社
BEIJING INSTITUTE OF TECHNOLOGY PRESS

## 内容简介

环境与能源问题是中国发展汽车工业所必须面对的问题，也是大城市进入汽车社会所必须思考的问题。追求社会可持续发展的同时，以科学的眼光审视汽车所带来的环境和能源问题具有重要的意义。

本教材共分8章，第1章主要介绍汽车排放与城市环境的关系；第2章简述了美国、欧洲、日本在汽车排放控制方面所走过的历程，以及欧美的有关政策和法规，并对我国的有关政策进行了介绍；第3章介绍了美国、欧洲、我国以及日本的汽车燃油经济性方面的法规；第4章讲述了汽油机和柴油机的排放控制技术及未来的技术发展方向；第5章主要介绍了汽车非发动机源颗粒物的排放以及相关控制手段；第6章介绍了当前汽车领域比较关注的代用燃料和新型动力系统；第7章就城市交通与汽车排放的关系进行了探讨；第8章对如何全面评价汽车的环境问题，以及汽车环境问题的其他相关方面进行了讨论。



**图书在版编目（CIP）数据**

汽车与环境概论 / 魏名山，高建兵编著. -- 北京：北京理工大学出版社，2025. 1.

ISBN 978-7-5763-4641-1

Ⅰ. X734. 201

中国国家版本馆 CIP 数据核字第 20258WL311 号

**责任编辑**：封　雪　　**文案编辑**：毛慧佳

**责任校对**：刘亚男　　**责任印制**：李志强

**出版发行** / 北京理工大学出版社有限责任公司

**社　　址** / 北京市丰台区四合庄路 6 号

**邮　　编** / 100070

**电　　话** / (010) 68944439（学术售后服务热线）

**网　　址** / http://www.bitpress.com.cn

**版 印 次** / 2025 年 1 月第 1 版第 1 次印刷

**印　　刷** / 保定市中画美凯印刷有限公司

**开　　本** / 710 mm×1000 mm　1/16

**印　　张** / 15.75

**字　　数** / 274 千字

**定　　价** / 66.00 元

# 前　言

近 20 年来，中国的汽车保有量大幅增长，这种情况在一、二线城市特别明显。随着人们生活水平的提高以及汽车价格的不断下降，越来越多的人拥有自己的汽车。但是，汽车也是有史以来对人类环境产生巨大影响的产品之一。汽车排气使城市大气环境变差，解决汽车的排气问题已成为世界性共识。除此之外，在汽车的生产过程中，不仅会有废气和污水排放，炼油厂也会有废气排放；在汽车的使用过程中，也会产生轮胎颗粒和制动颗粒；汽车所使用的燃料及其添加剂会污染地下水和土壤。环境与能源问题是中国发展汽车工业必须面对的问题，也是大城市进入汽车社会必须思考的问题。我们应在追求可持续发展的同时，以科学的眼光审视汽车带来的环境和能源问题。

汽车造成的环境问题不是局部技术问题，而是受到广泛关注的社会问题。本教材主要针对本科生较为全面地讲述汽车涉及的环境问题，介绍与之有关的政策法规，解析目前的技术发展趋势，探讨如何才能正确看待汽车和燃料的环保性能问题。为使不同专业的工科大学生都可以理解本教材的内容，本教材涉及的内容尽量避免过于深奥。本教材以魏名山教授开设的全校公共选修课“汽车与环境”的讲义为基础编写而成。

本教材共分为 8 章，第 1 章主要介绍汽车排放与城市大气环境的关系；第 2 章主要介绍汽车排气污染控制的历史与经验；第 3 章介绍美国、欧洲国家、中国及日本的汽车燃油经济性方面的政策；第 4 章讲述汽油机和柴油机的排放控制技术及未来的技术发展方向；第 5 章主要介绍汽车非发动机源颗粒物的排放及相关控制技术。第 6 章介绍当前汽车领域比较受关注的代用燃料和新型动力系统；第 7 章针对城市交通与汽车排放的关系进行了介绍；第 8 章对如何全面看待汽车造成的环境问题进行了介绍。

由于本教材涉及的知识面比较广泛，作者的知识水平有限，其中难免存在疏漏之处，希望读者及同行提出宝贵意见。感谢北京理工大学机械与车辆学院马朝臣教授、浙江大学能源工程学院刘金龙研究员、长安大学能源与电气工程学院王小琛博士、江苏大学汽车与交通工程学院施蕴曦副教授在教材修订过程中给予的宝贵意见，感谢北京理工大学对本教材出版的支持。本教材的撰写是在北京理工大学“十四五”（2024 年）规划教材、国家自然科学基金（52306128）、中央引导地方科技发展基金（236Z4001G）、长安大学“陕西省交通新能源开发、应用与汽车节能重点实验室”开放基金（300102222509）、北京理工大学“特立青年学者”等项目的支持下完成的。

作者在本教材的编写过程中参考了大量国内外资料，在此对相关作者表示感谢。

作者

# 目　录

第1章

# 汽车排放与城市大气环境的关系

相关资料表明，汽车尾气中的有害物质会导致人患呼吸道疾病、心血管疾病等，严重影响身体健康。因此，研究汽车排放与城市大气环境的关系十分必要。

## 1.1 引　言

自汽车诞生以来，人类发展的速度大幅提高。社会经济的发展使全球汽车保有量逐年增加，尤其是在发展中国家，越来越多的人拥有了汽车。

2012—2023 年中国汽车销量走势如图 1.1 所示。2021—2023 年，中国汽车销量略有下降，但在全球范围内仍保持绝对领先地位。汽车行业的快速发展带动了我国甚至全球经济的增长，但是汽车行业快速发展的背后是能源的大量消耗和污染物排放的剧增。

截至2022 年 3 月底，我国的机动车保有量已达 4. 02 亿辆，其中汽车 3. 07 亿辆，占机动车总量的 76. 37%；机动车驾驶人数为 4. 87 亿人，其中汽车驾驶人数为 4. 50 亿人。另外，新能源汽车的保有量也在快速增长，已达 891. 5 万辆，其中纯电动汽车的保有量为 724. 5 万辆，占新能源汽车总量的 81. 27%。北京的汽车保有量已超过 600 万辆，成都、重庆的汽车保有量已超过 500 万辆，苏州、上海、郑州和西安的汽车保有量也已超过 400 万辆。图 1. 2 所示为北京北四环主路上一望无际的车流。

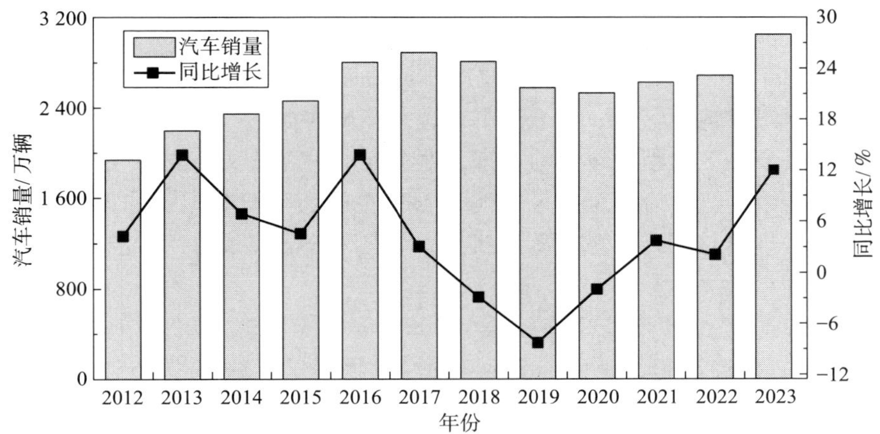


图 1.1　2012—2023 年中国汽车销量走势

图 1.2　北京北四环主路上一望无际的车流

针对汽车个体而言，其给人类生活带来极大的便利，但在大规模推广后，便产生了一系列环境和能源问题。尽管现在纯电动汽车保有量逐渐增加，但大部分汽车仍然由各种以化石燃料为能源的发动机驱动，每辆汽车都是流动的污染源。燃料的快速剧烈燃烧发生在狭小的气缸空间内，发动机必然会产生大量有害气体。汽车尾气排放已经给人们居住的环境造成了严重污染，并持续给环境带来危害。

汽车对环境的污染不仅表现在尾气排放方面，也表现在其他方面，如汽车生产过程中对环境的污染、废旧汽车处理对环境的损害、制造汽油和柴油涉及的石油开采和加工过程对环境的危害、汽车加油时蒸发和滴漏造成的碳氢污染等。对于城市而言，给环境带来影响最为严重的还是汽车尾气的排放。目前，汽车排放法规日益严格，燃油蒸发排放、轮胎和制动系统的颗粒物（PM）排放已经受到广泛关注。

据《中国移动源环境管理年报（2022 年）》统计，2021 年全国机动车（包括汽车、低速汽车、摩托车等）4 项污染物的排放总量为1 557.7 万 t。其中，一氧化碳（CO）、碳氢化合物（HC）、氮氧化物（$NO_x$）和颗粒物的尾气排放量分别为 768.3 万 t、200.4 万 t、582.1 万 t 和 6.9 万 t。汽车是城市污染物排放总量的主要来源，其排放的 CO、HC、$NO_x$ 和 PM 占比超过 90%。具体而言，汽车中的柴油车 $NO_x$ 排放量超过其排放总量的 80%，PM 排放量超过其排放总量的 90%；汽车中的汽油车 CO 排放量超过其排放总量的 80%，HC 排放量超过其排放总量的 70%。

2021 年全国机动车污染物排放量及分担率统计情况见表 1.1。

**表 1.1　2021 年全国机动车污染物排放量及分担率统计情况**

| 污染物种类 | 汽车 | | 低速汽车 | | 摩托车 | | 合计排放量/万 t |
|---|---|---|---|---|---|---|---|
| | 排放量/万 t | 分担率/% | 排放量/万 t | 分担率/% | 排放量/万 t | 分担率/% | |
| CO | 693.8 | 90.2 | 2.4 | 0.3 | 73.5 | 9.5 | 768.3 |
| HC | 172.4 | 90.6 | 2.3 | 1.2 | 15.5 | 8.2 | 200.4 |
| $NO_x$ | 613.7 | 98.0 | 7.4 | 1.2 | 5.2 | 0.8 | 582.1 |
| PM | 6.4 | 94.1 | 0.4 | 5.9 | 0 | 0 | 6.9 |

汽车可能是迄今为止对人们居住的地球环境产生巨大影响的产品之一，但与此同时，也已经成为人们生活中必不可少的一部分。只有通过持续研发、不断改良、不断应用新技术并在其他方面（如城市交通管理等）采取综合措施，才有可能将其对环境的影响降至最低。现在对汽车带来的环境污染进行控制已经成为社会经济可持续发展战略的重要组成部分。

## 1.2　汽车污染物的种类与危害

传统内燃机汽车的发动机燃料多为汽油和柴油，它们是由碳、氢原子构成的多种碳氢化合物的混合物。对于理想的燃烧过程而言，燃烧的产物为二氧化碳（$CO_2$）和水；而对于典型的燃烧过程而言，由于发动机中燃烧过程发生的空间极为有限，每次燃烧过程持续的时间极为短暂，部分燃料未能完全燃烧。另外，发动机中的燃烧温度很高，这些因素导致排气中除含有 $CO_2$ 和水之外，还含有 HC、CO、$NO_x$、PM 等以及由于后处理器的使用而排放的非常规污染物，如氨气（$NH_3$）。

除尾气排放造成的污染外，当汽车行驶或停放时，由于燃油系统的渗漏或者汽油在油箱、油管、油泵等部位蒸发所排放的燃油也是汽车污染物的重要来源；汽车行驶时轮胎与地面的摩擦、制动过程中制动器之间的摩擦导致大量非发动机源颗粒物的排放；同时，汽车行驶时造成的道路扬尘也是汽车颗粒物排放的重要来源。这些物质都在不同程度上对环境和人体健康造成一定损害。随着汽车电动化程度的不断加深，发动机源排放的污染物的比例将逐渐减小。但新能源汽车由于质量较传统内燃机汽车大，通常轮胎磨损排放较传统内燃机汽车更为显著[7]。

理想的燃料燃烧过程如式（1.1）所示。

$$\text{汽油或柴油(碳和氢构成的多种化合物)} + \text{空气(氧气}(O_2)\text{和氮气}(N_2)) \longrightarrow CO_2 + \text{水}(H_2O) + N_2 \qquad (1.1)$$

典型的燃料燃烧过程如式（1.2）所示。

$$\text{汽油或柴油} + \text{空气} \longrightarrow \text{未燃 HC} + NO_x + CO + CO_2 + H_2O + \text{其他} \qquad (1.2)$$

1）HC 排放

当发动机燃烧室内的部分燃油及进入燃烧室的少量润滑油没有燃烧或燃烧不完全时，便会以 HC 的形式排出。HC 是由碳、氢原子构成的数百种化合物的总称，包括烷烃、烯烃、环烷烃、芳香烃、醛、酮等。HC 按照挥发性可以分为高挥发性有机成分和低挥发性有机成分，有些化合物对眼黏膜、喉和支气管有刺激作用，尤其是多环芳烃（PAHPAHPAHPAHPAH）。由于其具有致畸性、致突变性和致癌性，可能给人体带来多种危害，如对呼吸系统、循环系统、神经系统、消化系统、泌尿系统造成损害，被认定为影响人体健康的主要有机污染物。中国、美国以及欧盟成员国都限制了 18 种多环芳香烃的使用，如萘、苊烯、苊、芴等。

在阳光的照射下，HC 可以和 $NO_x$ 发生反应，生成近地面的臭氧（$O_3$）。$O_3$ 是构成光化学烟雾的主要成分。由于光化学烟雾具有强氧化性，对动植物有显著危害，例如，光化学烟雾会刺激眼睛、损伤呼吸器官、抑制植物生长，因此，$O_3$ 已经成为很多城市的主要空气污染物。地面附近的 $O_3$ 和地球臭氧层不一样，臭氧层可以吸收紫外线。

2）CO 排放

CO 是燃油不完全燃烧的产物，即在缺氧条件下，燃油中的碳原子被部分氧化，生成了 CO。CO 是无色无味的气体，可以降低人体血液对氧的输送能力，因此对于心脏病人的危害尤为严重。过量的 CO 甚至可以在短时间内导致人窒息。

3）$NO_x$ 排放

发动机气缸内高温高压的条件有利于氮和氧反应生成氮和氧的化合物，统称为氮氧化物，其主要成分是一氧化氮（NO），少量含有二氧化氮（$NO_2$）。高浓度的 NO 能引起中枢神经障碍，并影响肺功能。NO 在空气中可被氧化为 $NO_2$，$NO_2$ 有刺激性气味，吸入人体后与水分子结合生成亚硝酸，容易引起咳嗽、气喘和肺部疾病。正如前文所述，$NO_x$ 是生成 $O_3$ 的先导物，在阳光的照射下，它可以与 HC 发生光化学反应生成 $O_3$。同时，$NO_x$ 也会导致酸雨的形成。

4）发动机源颗粒物排放

发动机源颗粒物通常定义为汽车排气经稀释后，在滤纸上收集到的所有物质。滤纸表面温度要求低于或等于 52 ℃，但滤纸上收集到的自由态的水不能归入发动机源颗粒物。发动机源颗粒物是由炭烟上吸附的大分子 HC 及硫酸盐构成的。发动机源颗粒物污染指标通常用可吸入颗粒物（$PM_{10}$）和细颗粒物（$PM_{2.5}$）来表征，分别指粒径不大于 10 μm 和 2.5 μm 的颗粒物。由于柴油机气缸内燃烧时油气混合极不均匀，导致燃油局部过浓，进而造成发动机源颗粒物排放是汽油机排放的几十倍甚至上百倍。

汽车尾气排放的颗粒物粒径分布一般呈双峰状，峰值分别对应 30 nm 和 150 nm 左右，大多数颗粒物的粒径小于 100 nm[3]。由于使用了先进的发动机技术（如涡轮增压系统和高压共轨技术），汽车尾气中颗粒物的粒径显著减小。颗粒物粒径的减小，可能使得机动车尾气排放的颗粒物的质量排放满足排放法规限值的要求，但是颗粒物的数量排放依然保持较高水平。《轻型汽车污染物排放限值及测量方法（中国第六阶段）》中同时规定了机动车尾气排放颗粒物的质量排放和数量排放标准，其颗粒物数量排放限值为 $6\times10^{11}$ 个/km。

细小的颗粒物进入肺部以后，会在肺部形成沉积，对肺构成损害。根据动物实验，机动车尾气排放颗粒物中的柴油机排气颗粒物对人和动物的致癌性已经有了确切的证据。飘浮在大气中的颗粒物还可以使城市内的光线受到折射，造成城市的可见度降低。

5）$CO_2$ 排放

燃料在燃烧时即使可以按理想过程进行，也会生成 $CO_2$。$CO_2$ 作为主要的温室气体，其对地球变暖和全球气候的影响正受到越来越多的关注。1997 年 12 月，55 个国家在日本京都签署了《京都议定书》，其中针对削减温室气体的排放制定了明确的计划。例如，对发达国家规定了明确的削减 $CO_2$ 排放的指标，对发展中国家采取的是自愿削减 $CO_2$ 排放的原则。《京都议定书》的签署标志着人类大规模控制 $CO_2$ 排放活动的开始。目前，主要工业化国家和 $CO_2$ 排放大国已经开始采取降低 $CO_2$ 排放的措施。由于 $CO_2$ 是含碳燃料燃烧的必然产物，因此，对汽车产业界来说，降低 $CO_2$ 排放就是要降低汽车的油耗。汽车油耗降低，其 $CO_2$ 排放也必然降低。据统计，2021 年全球电力结构中，煤炭占比 36.49%，天然气占比 22.16%，水电占比 15.28%，核电占比 9.94%，风能占比 6.59%，太阳能占比 3.72%，石油占比 3.10%。电力主要来源还是含碳燃料的燃烧，因此，新能源汽车使用过程同样会造成 $CO_2$ 的排放。2020 年 9 月，我国明确提出“2030 年碳达峰”与“2060 年碳中和”的目标。2021 年 10 月 24 日，中共中央、国务院印发了《关于完整准确全面贯彻新发展理念、做好碳达峰碳中和工作的意见》。为应对“双碳”目标，必须提高化石燃料机动车的燃油经济性，探索低碳/零碳燃料，大力推广新能源车。

6）$CH_4$ 排放

传统化石燃料发动机气缸内燃烧过程中会生成少量的甲烷（$CH_4$），在排气过程中随尾气排出，$CH_4$ 的温室气体效应是 $CO_2$ 的 23 倍。我国在“十二五”期间天然气汽车获得快速发展，天然气汽车保有量从 2011 年的 110 万辆猛增至 2015 年的 519 万辆，并从世界第 6 位上升至世界第 1 位。我国的天然气汽车主要集中在新疆、甘肃、青海、陕西、内蒙古、河南等地。天然气汽车在加气过程、热浸过程及燃烧不完全等过程中均会排放一部分天然气到大气中。

7）$NH_3$ 排放

$NH_3$ 是造成大气污染的关键前驱物，也是氮沉降输入到生态系统的主要化学形态。中国科学院大气物理研究所基于氮同位素溯源技术追踪了北京大气氨的来源，发现机动车对 $NH_3$ 早高峰的贡献高达 40%。为了降低柴油车 $NO_x$ 的排放，柴油车通常采用选择性催化还原法（SCR）。在 SCR 系统的工作过程中，适量的尿素水溶液被喷射出来，用来还原尾气中有氮氧化物，这就不可避免地使一部分氨气逃逸，从而造成尾气中的氨气排放到大气中。因此，为了降低后处理系统的氨排放，符合国家第六阶段机动车污染物排放标准（简称“国六排放标准”）的汽车在 SCR 系统后安装了氨逃逸催化器（ASC）系统，从而将 SCR 系统中逃逸的 $NH_3$ 转化为 $N_2$。

氨发动机由于零碳排放逐渐被关注。氨燃料的辛烷值较高，抗爆性能较好，可以增加发动机的压缩比以提高输出功率和热效率，使发动机的热效率提高至 50% 以上。但由于氨燃料的燃烧速率较低，在高速行驶条件下氨燃料的不完全燃烧程度加剧，会造成较高的氨排放。

8）轮胎磨损颗粒物排放

汽车主要依靠轮胎与地面之间的摩擦力行驶，这种摩擦包含滚动摩擦和滑动摩擦。一般情况下，汽车的直线行驶主要依靠滚动摩擦，而在紧急制动和转向时则会出现滑动摩擦。滑动摩擦会导致轮胎的磨损，从而产生大量的颗粒物。据研究，轮胎颗粒物的排放因子是尾气排放因子的近 2 000 倍。这些颗粒物进入大气后不仅会造成空气污染，而且会沉降到水和土壤中。轮胎的主要成分是橡胶，包含多种致癌物质。这些颗粒物进入人体后，对人体健康会产生很大的威胁。相关统计数据显示，汽车每行驶 1 km 会排放超过 1 万亿数量的轮胎颗粒物，而大部分颗粒物的粒径小于 23 nm，容易进入人体的呼吸系统甚至血液。由于新能源汽车的整车质量显著高于传统内燃机汽车，会导致新能源汽车的轮胎磨损和颗粒物排放显著高于内燃机汽车。同时，新能源汽车的逐渐普及也使得传统内燃机汽车尾气中的颗粒物排放的比例逐渐减小，而轮胎磨损所造成的颗粒物排放则逐渐增多。

9）制动系统的颗粒物排放

制动系统的颗粒物排放是指在制动过程中刹车摩擦片（简称“刹车片”）磨损产生的超细颗粒物。目前，各地区的排放法规并未将这类颗粒物计算在内，也鲜有相关机构对这类颗粒物进行安全风险评估。然而，2022 年 7 月公布的欧洲第七阶段（欧Ⅶ）排放法规中首次涵盖刹车片磨损产生的超细颗粒物，以减少车辆对空气的污染，降低城市地区的有毒颗粒物浓度。此外，由于刹车片磨损脱落的重金属也可能最终进入环境，对土壤和水产生负面影响。研究表明，吸入这些颗粒物会导致呼吸问题和某些癌症，并增加人患阿尔茨海默病的风险。理论上，电动汽车和混合动力汽车（HEV）的制动系统颗粒物排放水平低于传统内燃机汽车。在常规制动过程中，电动汽车与混合动力汽车在利用电机发电完成制动过程的同时，也回收了制动能量，从而降低了制动系统的使用频率，有助于降低制动系统的颗粒物排放。

10）其他排放

由于燃油中含有硫、铅等成分，汽车排放的尾气中还含有二氧化硫（$SO_2$）等。汽车尾气中的铅化合物可以随着呼吸进入血液，并迅速蓄积在骨骼和牙齿中。另外，它们会干扰血红素的合成、侵袭红细胞，引起贫血；损害神经系统，严重时损害脑细胞，引起脑损伤。$SO_2$ 和悬浮颗粒物，会增加慢性呼吸道疾病的发病率，损害肺功能。$SO_2$ 在大气中含量过高时，会随降水形成酸雨。我国于 2000 年 7 月 1 日起全面停止使用含铅汽油，全国强制实现车用汽油的无铅化，有效降低了尾气中铅化合物的排放量。目前，我国国六排放标准燃油中的硫含量已经低于 10 ppm①，大幅降低了尾气中硫化物的生成量。无铅汽油及低硫柴油已经推广使用，使汽车尾气中 $SO_2$ 和铅化合物的排放水平显著降低。

## 1.3　车辆的有害物排放量

为了追求高质量的生活，越来越多的人购买了汽车，而且使用频率逐年升高，造成 $CO_2$ 排放量显著增加。目前，$CO_2$ 排放限值已经在法规中明确给出。$CO_2$ 排放直接和燃油经济性相关，燃油消耗量每增加或减少 1% 都会相应导致 $CO_2$ 排放增加或减少 1%。为了降低汽车尾气中 $CO_2$ 排放量，我国大力推广新能源汽车。2021 年，多个国家明确了燃油车的禁售时间。欧洲议会通过了欧盟委员会提出的立法建议，决定从 2035 年开始在欧盟成员国境内停止销售新的燃油车，该禁售令中也包含 HEV。

以美国的在用车为例，美国环保署（EPA）在计算小轿车和轻型卡车的平均年排放和燃油消耗率时，根据其自身移动源排放模型获得，美国小轿车的年平均里程为 18 095 km，轻型卡车的年平均里程为 18 848 km。车辆每千米的有害物排放量根据 EPA 提供的模型计算得出。

表 1.2 所示为美国 2020 年小轿车平均污染物排放量和燃油消耗量，表 1.3 所示为美国 2020 年轻型卡车平均污染物排放量和燃油消耗量。

① ppm 为已废止的单位，为了表述方便，本教材中仍统一使用，1 ppm = $1\times10^{-6}$。

表 1.2　美国 2020 年小轿车平均有害物排放量和燃油消耗量

| 项目 | 污染物排放率和燃油消耗率 | 计算 | 年排放量和燃油消耗量 |
|---|---|---|---|
| HC | 0.280 g/kg | 0.280 g/km ×18 095 km | 5.1 kg |
| CO | 4.152 g/km | 4.152 g/km ×18 095 km | 75.1 kg |
| $NO_x$ | 0.192 g/km | 0.192 g/km ×18 095 km | 3.5 kg |
| 尾气颗粒物 | 0.004 g/km | 0.004 g/km ×18 095 km | 0.072 kg |
| 制动颗粒物 | 0.003 g/km | 0.003 g/km ×18 095 km | 0.054 kg |
| 轮胎颗粒物 | 0.001 g/km | 0.001 g/km ×18 095 km | 0.018 kg |
| 汽油 | 0.088 L/km | 0.088 L/km ×18 095 km | 1 590 L |

表 1.3　美国 2020 年轻型卡车平均有害物排放量和燃油消耗量

| 项目 | 污染物排放率和燃油消耗率 | 计算 | 年排放量和燃油消耗量 |
|---|---|---|---|
| HC | 0.339 g/km | 0.339 g/km ×18 848 km | 6.4 kg |
| CO | 5.422 g/km | 5.422g/km ×18 848 km | 102.2 kg |
| $NO_x$ | 0.376 g/km | 0.376 g/km ×18 848 km | 7.1 kg |
| 尾气颗粒物 | 0.007 g/km | 0.007 g/km ×18 848 km | 0.13 kg |
| 制动颗粒物 | 0.003 g/km | 0.003 g/km ×18 848 km | 0.057 kg |
| 轮胎颗粒物 | 0.001 g/km | 0.001 g/km ×18 848 km | 0.019 kg |
| 柴油 | 0.137 L/km | 0.137 L/km ×18 848 km | 2 579 L |

表 1.2 和表 1.3 给出的单位里程的有害物排放量比美国现行排放法规限值高很多，其中原因在于法规规定的单位里程排放因子是按照一定的测试循环测得的，而实际行车过程和测试循环可能有较大出入，比如，在城市中行车时，由于怠速和低速时段较多，会导致 HC 和 CO 排放较高；频繁启停也会导致燃油消耗的增加和污染物排放的加剧。在欧盟和我国的最新排放法规测试流程中，已经考虑了车辆的实际道路排放。同时，在用车的排放性能随着使用年限的增加会逐步变差，这会导致汽车平均实际排放比法规规定的要高，所以路上行驶的很多汽车是几年前甚至十几年前生产的，满足的是较为宽松的排放法规，而不是现行法规。以上因素导致社会上所有在用车的平均排放水平比当前排放法规规定的限值要高，所以报废老旧汽车是降低汽车年排放量的重要举措。

中国在 2000 年开始在全国范围内推行相当于欧洲 1 号（欧洲于 1992 年开始实施）排放标准，在 2019 年推行的国六排放标准，对标欧Ⅵ排放标准。目前，中国的排放法规已经和国际接轨。国一至国六排放标准，中国基本跟随欧洲排放法规及排放测试程序。中国已经根据特有的交通条件制定自己的排放测试程序，即中国汽车测试循环（CATC），使基于实验室测试循环的排放及燃油消耗量与我国实际道路工况更为接近。

以北京市的上班族为例，假设一位青年教师住在北京市房山区良乡大学城，在北京三环路内的北京理工大学中关村校区上班。假设该教师每年上班 200 天，北京理工大学良乡校区距北京理工大学中关村校区约 36.7 km，往返 73.4 km，该教师每年上班行驶总路程为 14 680 km。在全年的节假日中，假设该教师有 80 天出行，每次往返 60 km，共计 4 800 km。这样该教师每年总计行驶 19 480 km。参照有关排放因子计算后可以得到表 1.4 中的结果。

**表 1.4　北京理工大学青年教师每年汽车排放量和燃油消耗量的估算**[4]

| 项目 | 污染物排放率和燃油消耗率 | 计算 | 年排放量和燃油消耗量 |
|---|---|---|---|
| HC | 0.035 g/km | 0.035 g/km ×19 480 km | 0.68 kg |
| CO | 2.05 g/km | 2.05 g/km ×19 480 km | 40.0 kg |
| $NO_x$ | 0.017 g/km | 0.192 g/km ×19 480 km | 0.33 kg |
| 制动颗粒物 | 0.003 g/km | 0.003 g/km ×19 480 km | 0.058 kg |
| 轮胎颗粒物 | 0.001 g/km | 0.001 g/km ×19 480 km | 0.019 kg |
| 汽油 | 0.088 L/km | 0.088 L/km ×19 480 km | 1 714.2 L |

截至 2022 年年底，北京市机动车保有量（见图 1.3）达 712.8 万辆，比 2021 年年末增加 27.8 万辆。其中，民用汽车 625.6 万辆，增加 11.3 万辆；私人汽车 532.6 万辆，增加 11.4 万辆；私人汽车中轿车 290.6 万辆。根据这种估算方法，可以粗略计算每年机动车排放的有害气体总量的数量级，也可以初步计算全国所有机动车的燃油消耗总量和排放总量的数量级。使用该计算方法只是获得数量级概念的一种简单估算，机动车总排放量的精确计算方法非常复杂，在实际计算时要考虑很多因素，如大型车的油耗和排放要更高。另外，实际的排放因子还和城市的交通状况有关。

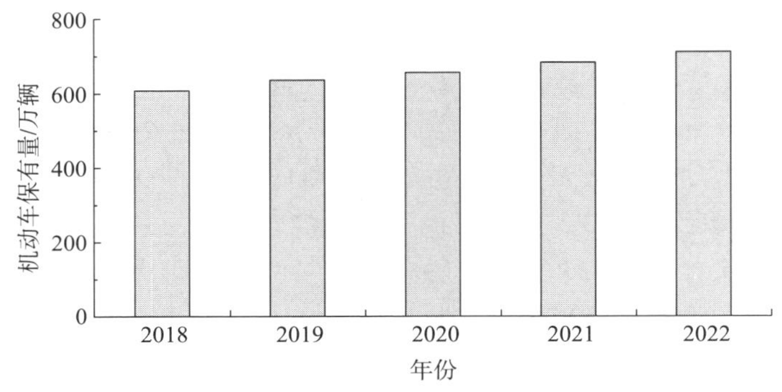


**图 1.3　北京市机动车保有量**[5]

关于机动车排放因子的计算方法，不同国家采用了不同的计算模型。可以采用 EPA 提供的移动源排放模型（MOVES3）计算。美国 MOVES3 机动车排放因子计算模型中考虑了机动车使用年限、机动车工况、燃料等因素，可计算的污染物排放种类多达几十种。英国的排放因子计算模型基于国民大气排放清单（NAEI)，其中考虑了燃料、车型、行驶工况等因素。除了 MOVES3、NAEI 等计算模型外，常用的还有 MOBILE、CMEM、COPERT、EMFAC 等。此类排放因子计算模型均是基于实际道路工况采集的真实排放数据建立的。

## 1.4 机动车排放对城市大气环境的影响

机动车排放对大城市空气质量的影响非常大。大城市人口稠密，平均收入较高，交通需求量较大，所以汽车保有量大，使用率高。在现代化进程中，为了保护环境质量，一般将大型工厂外迁出大城市的城区，而且人们日常生活中的能源消耗也在逐步采用天然气等清洁能源，所以机动车排放也就顺理成章地成为大城市空气污染的最主要来源。机动车排放对城市空气质量影响较大的另一个重要原因是城市建筑物密集，且建筑物较高，车辆排出的尾气在地面附近不易扩散。

早在 2004 年，北京市就开展了各类污染源对气体污染物排放贡献率的分析。据相关资料显示，2020 年，北京市机动车排放污染物的总量约为 50 万 t，排放的 CO、$NO_x$、挥发性有机成分（VOC)，分别占此污染物排放总量的 86%，56%，38%。北京市 $PM_{2.5}$ 来源解析研究表明，2020 年北京市全年 $PM_{2.5}$ 来源中本地污染排放占 64% ~ 72%，在本地污染中，机动车占 31.1%，是本地颗粒物污染源中排放最多的，其中非采暖季机动车排放更是达到本地污染源排放的 40% 以上。经过 20 年左右的努力，北京市对机动车排放量控制已经取得了不错的成效，但是仍然有很大的改善空间。

成都市环境保护科学研究院相关数据显示，2019—2020 年，在成都市本地排放源中，机动车排放对 CO 的贡献率为 31%，对 VOC 的贡献率为 21%，对 $PM_{2.5}$ 的贡献率约为 1/3，对 $NO_x$ 的贡献率接近全市总量的 3/4[6]。2022 年，成都市机动车保有量为 633 万辆，居全国第二位，年均增长 30 余万辆。机动车对 $NO_x$ 排放的贡献率为 87%，主城区高达 97%，对 $PM_{2.5}$ 排放的综合贡献率为 37.9%，冬季则达到了 41.5%，机动车使用强度明显高于北京、上海等城市。

在北京、上海、广州等大型城市，机动车已经成为当地大气环境中 CO、HC 和 $NO_x$ 的主要污染源。

早在 20 世纪八九十年代，北京、上海、广州等地就在大气中发现了明显的光化学反应。马一琳等[7]在 1982—1998 年的持续研究显示，北京市在 1986 年就出现了光化学烟雾的迹象。1986—1998 年，北京市的 $O_3$ 浓度经常超标，中关村地区的 $O_3$ 最大单位小时平均浓度已达到 431.2 μg/m³，远高于国家标准。

近年来，由于国家及北京市政府采取了强有力的环保措施限制有害气体排放，包括对机动车排放采取了比全国统一的排放标准更为严格的法规，北京市大气质量明显好转，市民普遍反映空气质量正在提高。尤其是近年来，随着国家排放法规的日益严格，北京市的空气质量逐年好转，空气中污染物的浓度逐年降低。图 1.4 所示为 2013—2020 年北京市空气质量水平。优、良天数稳步增加，严重污染天气已经基本消失，重度污染、中度污染天数显著减少，轻度污染天数基本保持不变。

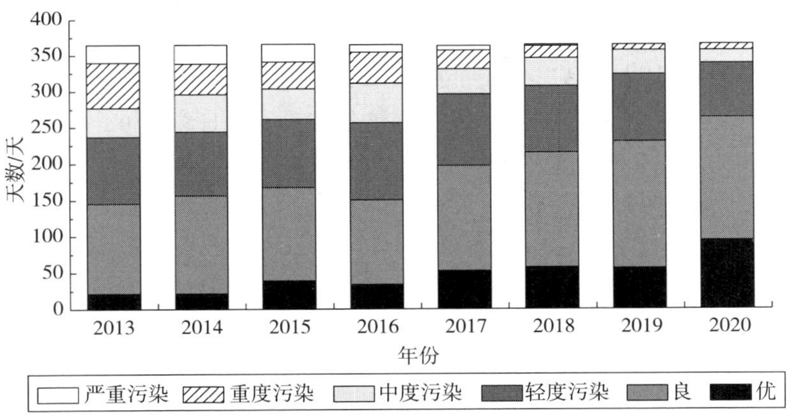


**图 1.4　2013—2020 年北京市空气质量水平[8]**

## 1.5　享受美好环境的权利

国家发展经济的目标是为人民谋福祉，所以在发展经济时如果使环境遭受很大的损失，就违背了发展经济的初衷。而且保护环境与发展经济之间并不矛盾，往长远看，二者是统一的。以限制汽车排放为例，国家通过立法限制汽车排放，必然要求厂家采用更新的技术，导致厂家的生产成本提高，同时消费者支出增加。另外，国家建立排放监控体系也需要一定的支出。于是为控制汽车排放，社会支出增加。从另一个角度来看，限制汽车排放，空气质量会变好，市民的健康状况得以提高，国家的公费医疗支出和其他医疗投资会减少；同时空气质量变好，会改善投资环境，吸引更多投资和旅游，促进本地经济发展[9]。

享受美好环境是我们最重要的权利之一。必须从自身做起，了解环境知识，改善自身行为，将对环境友好行为作为准则，因为只有这样，才能改善环境，我们才能自由呼吸新鲜空气。

## 1.6 参考文献

[1] 中华人民共和国生态环境部，中国移动源环境管理年报（2021 年）[R/OL]. [2021 - 09 - 10]. https://www.mee.gov.cn/hjzl/sthjzk/ydyhjgl/202109/t20210910_920787.shtml.

[2] LIU Y，CHEN H，WU S，et al. Impact of vehicle type，tyre feature and driving behaviour on tyre wear under real - world driving conditions [J]. Science of the total environment，2022，842：156950.

[3] 刘志华，葛蕴珊，丁焰，等．柴油机和 LNG 发动机排放颗粒物粒径分布特性研究 [J]. 内燃机学报，2009，27（6）：518 - 522.

[4] 王志强．汽油组分对轻型汽油车尾气和蒸发排放大气污染物的影响研究 [D]. 太原：山西大学，2021.

[5] 北京市统计局，国家统计局北京调查总队．北京市 2022 年国民经济和社会发展统计公报 [J]. 北京市人民政府公报，2023（26）：49 - 71.

[6] 陈瑞熙，陈阜东，张志哲，等．低碳交通背景下成都市低排放区政策研究 [J]. 交通与运输，2024，37（S1）：105 - 112.

[7] 马一琳，张远航．北京市大气光化学氧化剂污染研究 [J]. 环境科学研究，2000，13（1）：14 - 17.

[8] 北京市昌平区人民政府．2021 年政府工作报告 [R/OL]. [2021 - 02 - 10]. https://www.bjchp.gov.cn:8443/cpqzf/xxgk2671/zfbg/2024050507162914726/index.html.

[9] 魏名山．汽车与环境 [M]. 北京：化学工业出版社，2004.

第 2 章

# 汽车排气污染控制的历史与经验

在历史的发展过程中，人们忽略了对环境的保护，给环境造成了严重的污染，也给健康带来了极大的危害，但也从中积累了大量经验。

## 2.1 历史上的大气污染事件

环境污染是一个老问题，如在中国古代、古巴比伦、古印度、古希腊及古罗马等古文明中都有这方面的记载。自工业革命以来，大规模的空气污染事件更是经常发生，以下是国外大规模的空气污染及相关事件。

1306 年，爱德华一世禁止在议会期间燃煤。这是目前已知最早的排放立法。

1661 年，约翰·伊夫林首次研究伦敦的空气污染问题。

1775 年，英国科学家波西瓦尔·波特发现燃煤导致烟囱清洁工患癌症。

1848 年，减少排烟污染成为美国卫生部的职责。

1873 年，英国伦敦有 1 150 人死于致命烟雾。

1909 年，在苏格兰的格拉斯哥，空气污染造成 1 000 多人死亡，在关于这次事故的报告中，第一次出现了“smog”这个词，它是 smoke（烟）和 fog（雾）的合称，现在已被人们广泛应用。

1930 年，在比利时的马斯河谷，空气污染造成 63 人死亡，6 000 人患病。

1939 年，美国圣路易斯发生了大规模烟雾污染事件。

1948 年，在美国宾夕法尼亚多诺拉，空气污染造成 20 人死亡，600 人住院。

1948 年，在英国伦敦，空气污染导致 600 人死亡。

1950 年，在墨西哥波萨里卡，空气污染导致 22 人死亡，数百人住院。

1952 年，在英国伦敦，空气污染导致约 4 000 人死亡。

1953 年，在美国纽约，空气污染导致约 260 人死亡。

1954 年，在美国洛杉矶，汽车排气造成的光化学烟雾导致空气严重污染，工厂和学校在 10 月份几乎天天关闭。

1955 年，在日本四日市，由于大量化石燃料的燃烧，哮喘病患者激增。

1956 年，在英国伦敦，空气污染导致 1 000 人死亡。

1962 年，在英国伦敦，空气污染导致 750 人死亡。

1965 年，在美国纽约，空气污染导致 80 人死亡。

1969 年，美国得克萨斯州的凯奇塔斯油井发生了一次大规模火灾，长达 45 天。火灾产生了大量的黑烟和废气，导致周边的空气严重污染。

1984 年，位于印度中部的博帕尔市发生了一次化学品泄漏事故，导致至少 3 000 人死亡，50 万人受伤。这是全球历史上规模最大的一次化学品泄漏事件，也是环境污染和公共卫生问题的典型案例。

2011 年，日本福岛发生了一次核电站事故，导致大量放射性物质释放到空气中，严重污染了周边地区的空气和水源。

2014 年，印度新德里遭遇了一次特别严重的雾霾天气，导致城市的空气污染指数达到了危险级别。这次雾霾事件引发了印度全国性的关注和讨论，也促使印度政府加强了空气污染治理和环境保护。

自 2015 年以来，美国加利福尼亚州（简称“加州”）山火频发。其中，伤亡人数最多的一次是 2017 年山火，其导致 23 人死亡，180 人受伤，数百人失踪。山火频发导致周围空气质量严重恶化，影响了相关地区居民的正常生活。

2019—2020 年发生的澳大利亚丛林大火造成了近 30 亿只动物死亡或流离失所。山火产生的烟气弥漫在丛林周围，导致空气质量急剧下降。

由以上情况可以看出，1970 年以前，在西方国家，大规模的空气污染事件经常发生，给人们的身体造成了严重伤害。

自 1970 年以后，随着西方国家逐步重视大气质量的保护工作，不断严格有关大气环境保护的法规，西方大规模的空气污染事件有所减少。而在发展中国家，随着工业化进程的推动，空气质量严重下降。造成空气污染的因素也随着经济的发展和能源结构的变化而变化，例如，在 20 世纪 90 年代以前，北京市的空气污染主要是燃煤造成的煤烟型污染。但是由于北京市在城区用天然气取代煤作为燃料及大型工业企业从市区迁到郊区、北京市外。随着北京市机动车保有量逐渐增加，北京市空气的主要污染源逐渐变成了机动车。

## 2.2 美国、欧洲国家和日本控制汽车排气污染的历程

### 2.2.1 美国控制汽车排气污染的历程

汽车排气和城市大气污染之间的关系是在20世纪50年代被提出来的。美国加州的一位研究者通过研究确定，是汽车尾气导致了笼罩在洛杉矶上空的光化学烟雾。

从那时起，美国政府开始制定汽车排放标准来降低汽车排放物，汽车工业界也开始研发排放控制技术。

为了降低汽车尾气排放量，在过去的几十年中，美国从燃油技术、发动机技术、后处理技术等方面采取了相应的措施。以下是美国在汽车排气污染控制方面经历的一些重要事件[1,2]。

1922年，人类发现了四乙铅（TEL，含铅汽油中的铅添加剂），含铅汽油问世。含铅汽油可以提高汽油的抗爆性，从而在设计汽油机时能提高汽油机的压缩比，以保证汽油车良好的动力性与燃油经济性。

1940年，在洛杉矶出现新的神秘空气污染物（即后来证实的光化学烟雾）。

1943—1950年，美国科学界不能正确认识光化学烟雾的起源与本质。

1951年，相关研究发现，洛杉矶的空气污染是由汽车排气导致的。

1954年，汽车工业界派出第一支队伍到洛杉矶考察光化学烟雾，并达成共同承担和研究技术的协议。

1957年，研究机构几乎一致认为，汽车排气是导致光化学烟雾的最主要原因。

1959年，美国加州立法建立空气质量和汽车排气标准，要求汽车的HC排放量降低80%，CO排放量降低60%，并于1966年生效。

1960—1967年，美国国会开始关注空气污染问题，美国政府开始立法。

1961年，美国开展对光化学污染的研究。

1964年，美国加州要求1966年车型安装最低限度的排放控制系统。

1965年，美国相关部门发现人们的生存环境受到铅的污染。

1966年，美国国会要求1968年及以后的车型安装最低限度的排放控制系统。

1962—1970 年，汽车工业界因空气污染问题而名誉有损。

1970 年，美国国会通过第一个清洁空气法并建立了 EPA。该法要求减少 90% 的汽车排放，到 1975 年，新车排放要求必须达到规定标准。

1971 年，新车必须达到蒸发排放（主要指油箱的汽油经蒸发以气态形式排入大气）标准，出现了捕集汽油蒸气的炭罐。

1971 年，制定有关汽油蒸气压值和溴值（衡量油品中不饱和烃含量的指标）的限值标准。

1972 年，汽车生产厂为满足 $NO_x$ 排放，发明了排气再循环（EGR，降低 $NO_x$ 排放的一种手段）技术。

1972 年，由于 90% 的汽油中含铅，空气中也开始含铅。

1973 年，燃油价格第一次出现大幅波动，美国开始执行公司平均燃油经济性（CAFE）政策。

1974 年，美国在 $O_3$ 的研究方面取得重大进展，主要包括以下几点。

（1）研究 NO 和 $NO_2$ 在对流层和平流层的作用。

（2）对光化学污染进行数学模拟。

（3）对纽约州农村和城市的空气污染进行研究。

1974 年，美国国会应汽车工业的要求，将排放法规中的 CO 及 HC 标准执行期推迟到 1978 年并制定了过渡标准。美国国会通过了美国能源政策与节约法案（EPCA），制定了第一个燃油经济性目标。公司平均燃油经济性标准计划从 1975 年车型开始，建立了一个渐进的、更为严格的燃油经济性标准。

1974 年，费城一些小学生出现了铅中毒的亚临床症状。

1974 年，针对大气含铅及铅中毒事件，EPA 宣布分阶段废除含铅汽油。

1975 年，为满足 HC 和 CO 排放标准，出现了催化转换器和无铅汽油。

1977 年，美国国会修正了清洁空气法，应汽车制造商的要求，将 HC 排放标准的实施推迟到 1980 年，将 CO 排放标准的实施推迟到 1981 年。$NO_x$ 排放标准的实施也被推迟到 1981 年并将限值修改为 1 g/mile。

1979 年，燃油价格第二次发生大幅波动。

1981 年，各车企推出的新车首次符合修正的清洁空气法的标准。

1983 年，在美国 64 个城市建立了检查与维护制度（I/M 制度），要求客用车定期检测，以防排放控制系统故障。

1985 年，EPA 为柴油机驱动的卡车和公共汽车制定了严格的排放标准，分别于 1991 年和 1994 年生效。

1989 年，EPA 第一次设置燃油挥发性限值并以此来降低蒸发排放量。

1990 年，EPA 对柴油含硫量制定了严格的限值，以帮助公共汽车和卡车达到1985年制定的排放标准。该标准于20世纪90年代初实施。美国国会修正了清洁空气法，要求进一步降低HC、CO、$NO_x$及颗粒物的排放量。同时，其还建立了全面的尾气排放控制制度。这些制度包括降低的汽车尾气排放限值、更加严格的排放测试程序、扩展的I/M制度、汽车新技术和清洁燃料计划、交通管理条款，以及对非道路用车的排放规定。美国加州低排放车（LEV）计划出台。

1990年，清洁空气法宣布，1995年废除含铅汽油。

1990年，美国制定加州第一阶段新配方汽油（CaRFG1）标准，并于1992年开始实施。

1990年，美国制定加州第二阶段新配方汽油（CaRFG2）标准和冬季汽油含氧量标准，并于1996年开始实施。

1991年，EPA对尾气排放中的HC和$NO_x$发布了比1990年的清洁空气法更为严格的标准，该标准于1994年生效。

1992年，美国第一次针对气温较低情况下的CO排放设立标准，在多个城市引入含氧汽油，这主要是因为含氧汽油的CO排放量较低。

1993年，美国对柴油含硫量的限制开始生效，进一步促进了利用催化剂技术降低柴油机排放技术的发展。

1994年开始逐渐采用1990年清洁空气法要求的清洁车辆的标准和技术。

1996年，本田汽车公司在美国推出首台超低排放车（ULEV）。

1996年，美国加州对其针对电动汽车销售量的要求推迟（加州曾要求，从1998年起，所有在加州销售的轻型汽车应有2%为无污染汽车，即零排放车，2001年零排放车型所占比例应为5%，2003年应达到10%）。

1999年，各车企推出了多款LEV和ULEV。

1999年，美国加州开始实施第一阶段（Tier 1）汽车排放标准和排放汽车过渡标准（TLEV）。

1999年，美国制定加州第三阶段新配方汽油（CaRFG2）标准和冬季汽油含氧量标准，并于2003年开始实施。

1999年，美国制定Tier 2排放标准，并在2004—2009年分阶段实施。

2004年，美国加州开始实施LEV标准（LEV2）。

2012年，美国开始实施LEV3，其$NO_x$及非甲烷有机气体（NMOG）小于100 mg/km。

2014年，美国制定Tier 3排放标准，并在2017—2025年分阶段实施。

2021年，美国部分州明确了禁售燃油车的时间，如华盛顿州的目标时间为2030年，加州的目标时间为2035年。

图 2.1 和图 2.2 所示为 1970—2020 年美国汽车尾气污染物排放量的变化。从图 2.1 中可以看出，自 1970 年起，CO、$NO_x$、VOC 污染物的排放量逐年降低。这得益于美国政府在 20 世纪六七十年代开始的一系列环境保护措施，使得美国汽车尾气排放量在之后的几十年间得到了显著的改善。由于尾气中的 $SO_2$ 主要来自燃油中的硫化物，且 PM 的生成与燃油中的硫含量紧密相关，1990 年以后，EPA 针对柴油含硫量制定了严格的限值，使 $PM_{10}$、$PM_{2.5}$、$SO_2$ 的排放量逐渐降低。机动车尾气中 $NH_3$ 的排放主要来源于尾气后处理器 SCR 系统工作过程中 $NH_3$ 的逃逸。虽然美国汽车保有量一直保持在较高水平，但由于汽车技术的发展、燃料品质的改善、尾气排放法规的加严，汽车尾气的年排放量总值已经降至相当低的水平。

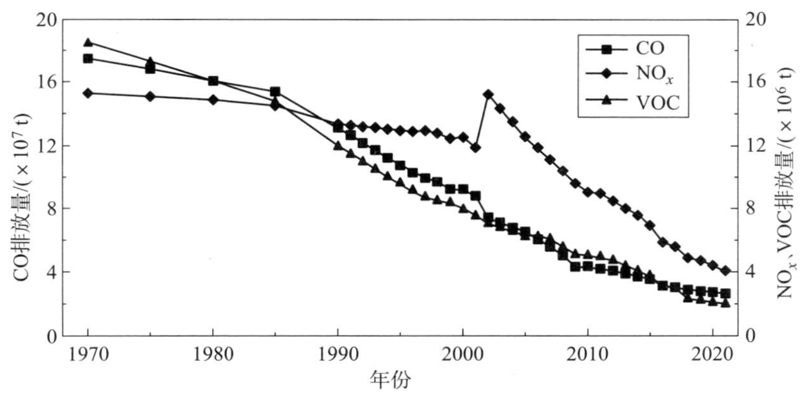


图 2.1　1970—2020 年美国汽车尾气污染物 CO、$NO_x$、VOC 的排放量

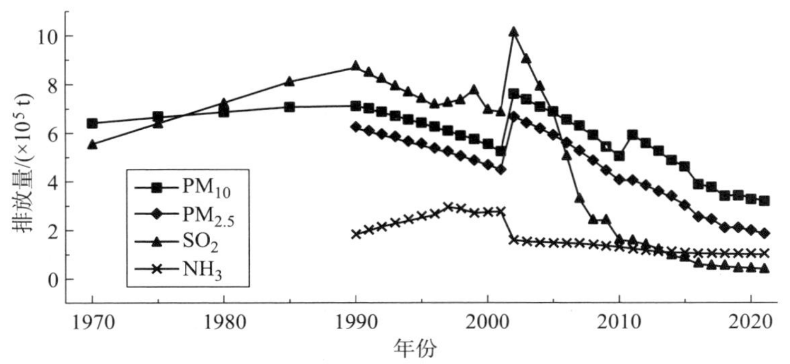


图 2.2　1970—2020 年美国汽车尾气污染物 $PM_{10}$、$PM_{2.5}$、$SO_2$、$NH_3$ 的排放量

### 2.2.2 欧洲国家控制汽车排气污染的历程

欧洲是工业革命的起源地，19 世纪以来，欧洲经历了非常严重的空气污染。例如，1952 年伦敦大烟雾持续 5 天，导致 3000 ~ 4000 人死亡。早期欧洲的空气污染主要是燃煤造成的，之后变为燃煤和汽车排气混合型污染，目前汽车排气成为城市最主要的空气污染源。在 20 世纪 70—90 年代，很多欧洲国家都经历了由汽车排气引起的光化学烟雾。1991 年，光化学烟雾导致了雅典全年空气质量超标达 180 天。1991 年 12 月 12—15 日，伦敦的 $NO_2$ 浓度达到自 1971 年有记录以来的最高值，超过 1987 年世界卫生组织公布标准的 1 倍。20 世纪 50—80 年代，几乎每个欧洲国家的大城市都经历了严重的空气污染。在此期间，欧洲国家开始制定空气保护法规。

1956 年，英国政府通过了第一个清洁空气法，用于限制排烟，推出无烟区的概念。

1959 年，德国政府通过了清洁空气法，其引进了环境空气质量标准。

1969 年，瑞典、德国等国家开始实施汽车怠速排放法规，用于限制汽车怠速时的 HC 和 CO 排放。

1970 年，荷兰制定了空气污染法，用于提高空气质量。

最初各国的排放限值都不一样，1970 年，欧洲开始实行统一工况试验法。

1974 年，出现了欧洲的综合法规，即联合国欧洲经济委员会的 ECE R15，统一了各成员国排放限值，以后每 3 ~ 4 年修订一次。

1977 年，欧盟开始限制 $NO_x$ 的排放。

1984 年，欧盟将 ECE R15 修订为 ECE R15 - 04，主要针对 HC 和 $NO_x$ 的排放标准，限制了两项排放的总和。

1988 年，欧盟开始对柴油机的微粒排放进行限制。

1989 年，制定了 ECE R83 - 00 排放法规，但并没有真正实施，即欧洲 0 号排放标准，将排放限值按车质量划分修改为按发动机排量划分。

1991 年，欧盟将 ECE R83 - 00 修订为 ECE R83 - 01，该法规等同于欧洲经济共同体 91/441/EEC 指令。1992 年 7 月，欧盟开始强制实施欧洲 1 号排放标准。欧洲 1 型式认证和生产一致性排放限值同步实施。

1996 年，欧盟实行欧洲 2 号排放标准、欧洲 2 型式认证和生产一致性排放限值。

2000 年，欧盟实行欧洲 3 号排放标准、欧洲 3 型式认证和生产一致性排放限值。

2005 年，欧盟实行欧洲 4 号排放标准、欧洲 4 型式认证和生产一致性排放限值。

2007 年，欧盟计划到 2015 年，新车 $CO_2$ 排放量降至 130 g/km；到 2020 年，降至 95 g/km。

2008 年，欧盟实行欧洲 5 号排放标准，将颗粒物质量排放量降低 80%。

2013 年，欧盟实行欧洲 6 号排放标准并分 4 个阶段实施，$NO_x$ 排放降低 68%。

2015 年，大众汽车的排放丑闻爆发，揭示了一些汽车制造商在型式认证测试情况下弄虚作假的情况，导致欧盟成员国加强了对汽车排放测试的监管，间接导致欧洲汽车市场上柴油机车的比例显著下降。

2017 年 9 月，欧盟开始实施全球统一轻型汽车测试规程（WLTP）。

2021 年开始，欧洲各国陆续宣布禁售内燃机汽车计划。例如，挪威宣布将在 2025 年禁售内燃机汽车，荷兰、德国、爱尔兰、丹麦、瑞典、英国等将在 2030 年实施禁售计划；意大利宣布自 2035 年起停止生产内燃机汽车；法国、西班牙的禁售计划时间则是 2040 年。

2022 年 11 月，欧盟委员会在官网公布了新的提案，其中进一步明确了汽油、柴油汽车和卡车的排放清洁程度，限制了来自排气管的有害污染物排放量。该提案还首次对刹车和轮胎的颗粒物排放设定了限值，该限值针对的汽车还包括新能源汽车。

图 2.3 所示为英国空气污染物的年排放量变化情况。从图 2.3 中可以看出，各种污染物的排放量呈逐渐下降的趋势。其中，$NO_x$ 的年排放量基本呈线性下降趋势；VOC 的年排放量在 2009 年以前下降趋势明显，而后下降趋势逐渐变缓；$SO_2$ 的年排放量在 2000 年以前大幅下降，之后则呈缓慢降低的趋势；$PM_{10}$ 与 $PM_{2.5}$ 的年排放量基本呈同步下降的趋势。

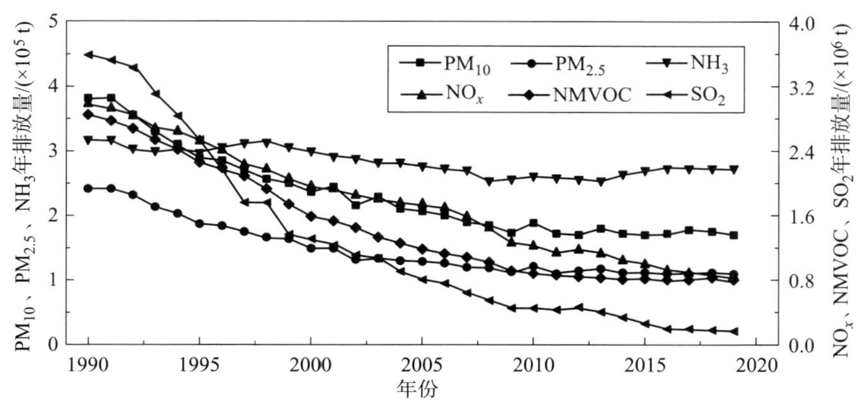


图 2.3　英国空气污染物年排放量变化情况[3]

图 2.4 所示为英国机动车排放占全国污染物排放的百分比及各阶段排放法规实施时间。$NO_x$ 和 VOC 作为机动车尾气的主要有害排放物，其年排放量在 20 世纪 90 年代分别占英国污染物总排放量的 40% 和 30% 左右。随着机动车排放法规的逐渐加严及内燃机和后处理技术的快速发展，其占比逐年下降，尤其是 NMVOC。2015 年后，$NO_x$ 的占比基本保持不变，甚至在近年来呈现缓慢上升的态势，这是因为机动车排放法规中污染物排放限值已经很低、老旧机动车大部分已经报废，多种举措在降低 $NO_x$ 排放方面的成效逐渐下降。目前机动车尾气 $NO_x$ 排放主要集中于冷起动阶段，在该阶段，机动车尾气后处理器不能很好地工作，其 $NO_x$ 去除效果低于 30%。2000 年前后，由于无硫燃油的使用，$SO_2$ 的尾气排放已经基本降为零。机动车排放占比的下降也表明机动车行业在污染物控制方面的效果要优于英国其他行业污染物控制的平均水平。总体而言，英国机动车尾气排放控制已经获得了较大成效，但是英国部分机动车尾气污染物排放占比依然较高，仍然需要采取进一步的措施。

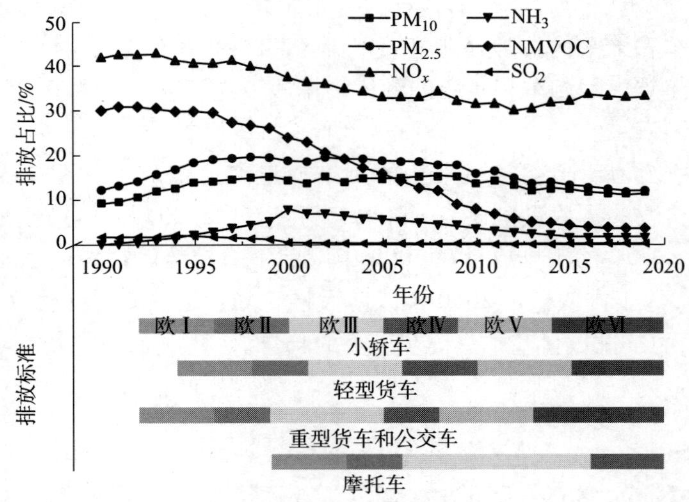


**图 2.4　英国机动车排放占全国污染物排放的百分比及各阶段排放法规实施时间**[3]

## 2.2.3　日本控制汽车排气污染的历程

第二次世界大战后，日本的经济快速发展，工业技术也处于世界第一梯队的位置。日本的汽车产业发展得较早，控制汽车尾气排放相关法令的制定、实施一直处于世界前列。

1966 年，日本交通运输部签署了机动车排放标准，规定将机动车尾气中

CO 的排放浓度限制在 3% 以内。因为当时日本认为机动车排放的 CO 对大气中 CO 总排放贡献率较高。

1968 年，结合出台的《空气污染防治法》，日本制定了《机动车尾气排放限令》，进一步规定了机动车尾气中 CO 的排放浓度。

1969 年，日本将 CO 的排放浓度限制在 2.5% 以内。

1970 年，铅污染问题引起日本社会关注，经过日本汽车工业界通过持续努力，在 1975 年可以大规模生产使用无铅汽油的汽油机。

1971 年，日本《空气污染防治法》增加了机动车尾气中 HC、$NO_x$、铅和固体悬浮颗粒物等有害物的排放限值。

1972 年 12 月，日本政府签署了 1973 年汽车排放控制标准，在控制 CO 排放的基础上，对 HC 排放和 $NO_x$ 排放提出了控制要求。

1973 年，日本开始控制汽油蒸发的排放。

1974 年，日本针对 $NO_x$ 制定了尾气排放标准。

1974 年和 1975 年，日本政府分别签署了 1975 年和 1976 年的排放法规。

1976 年，日本政府签署了 1978 年的汽车排放控制标准，是当时世界上最为严格的排放标准。它要求将 $NO_x$ 排放量降至 1973 年以前车型的 1/10。

1978 年，日本的《机动车尾气排放限令》付诸实施。

1986 年，日本政府对柴油机的尾气排放进行了限制并规定应定期对车辆进行检查。

1992 年，日本政府制定了《关于在特定地区削减汽车排放氮氧化物及颗粒物总量的特别措施法》（简称《汽车 $NO_x$ 法》），并于 1993 年开始实施[4]。

2000 年和 2002 年，日本政府又分别对各种车型加强了排放限值。

2001 年，日本政府修订了《汽车 $NO_x$ 法》并将其更名为《汽车 $NO_x$ - PM 法》。

2003 年，日本政府制定了专门针对 $PM_{2.5}$ 排放的法案。

2003 年，日本政府决定通过降低燃料中硫的含量来改善燃料品质。

2005 年，日本政府在全国范围内供给硫含量低于 10 ppm 的燃油。

2005 年，日本政府率先引进低排放汽车，制定了汽车排放控制中长期规划[5]。

2006 年以后，日本政府要求东京所有的柴油车都必须配备颗粒捕集器。

2006 年，日本政府开始实施《关于特定特殊机动车尾气规制的法律》。

2007 年，日本政府修订了《汽车 $NO_x$ - PM 法》。

2007 年，日本政府开展生物燃料的普及行动。

2008 年，日本各车企自主制定了“2008—2012 年平均排放量比基准年

（1990 年）降低 22%”的目标，并于 2009 年将此目标更改为 25%。2013 年，日本政府再次制定了新目标“到 2020 年，平均排放量降低 28%”。

2009 年，日本在大幅强化汽车尾气排放法规等方面进行审查，针对特定区域制定排放限制及汽车限行等政策。

2009 年，针对缸内直喷汽油车，日本增加了新的 PM 排放限值。

2009 年，日本政府开始推广“节能环保汽车减税”政策，2010 年将补助范围扩大到进口的环保汽车和新能源汽车。

2017 年，日本政府公布了“基本氢能战略”，旨在创造一个“氢能社会”。

2018 年，日本汽车制造商因排放丑闻受到严厉批评。随后，日本政府加强了对汽车排放测试的监管，并制定了新的排放标准，规定柴油车的 $NO_x$ 排放量必须减少。

2018 年，日本政府颁布了新的燃油效率标准，要求汽车制造商生产更加节能、环保的汽车。此外，日本政府也制定了“下一代车辆与燃料战略”，旨在推广电动汽车和氢燃料汽车，减少对石油的依赖。

2019 年，日本政府发布了新的排放标准，进一步提高了对汽车排放量的限制。此外，日本政府也在推广使用生物燃料，以减少对化石燃料的依赖。

2021 年，日本政府宣布将在 2035 年时销售 100% 为新能源车辆的新车。

美国、欧洲国家及日本的排放法规体系构成了世界三大排放法规体系。这三种体系各有特点，排放测试的有关程序规定不完全一样，若将它们的排放限值进行比较也不太严谨。总体来说，美国的排放法规最为严格。

## 2.3　中国控制汽车排气污染的道路

我国汽车工业发展得较晚，但是发展速度很快，2009 年的汽车产销量就超过美国跃居世界第一。在我国汽车产业发展初期，相关制度并不完善，排放标准相比国外主流排放控制体系相对落后。我国控制汽车排气污染的重要事件如下。

1983 年开始，中国陆续颁布汽车排放标准。

1993 年，中国开始修订旧标准，当时的排放限值较宽松，相关标准在 20 世纪 90 年代中后期并没有得到很好的实施。

1999 年，中国颁布了《汽车排放污染物限值及测试方法》（GB 14761—

1999），随后几年，中国又陆续颁布了《车用压燃式发动机排气污染物排放限值及测量方法》（GB 17691—2001）、《轻型汽车污染物排放限值及测量方法（Ⅰ）》（GB 18352. 1—2001）、《轻型汽车污染物排放限值及测量方法（Ⅱ）》（GB18352. 2—2001）和《车用点燃式发动机及装用点燃式发动机汽车排气污染物排放限值及测量方法》（GB 14762—2002）。一系列机动车排放新标准基本等效采用欧洲排放控制体系。

2001 年，中国执行 GB 18352. 1—2001，等效采用欧盟 93/59/EC 指令，参照采用 98/77/EC 指令部分技术内容，等同于欧 I 标准[6]。

2001 年，根据 GB 17691—2001，第一阶段，型式核准试验从 2000 年开始执行，生产一致性从 2001 年开始执行，相当于欧 I 标准。

2001 年，中国发布 GB 18352. 2—2001，等效采用欧盟 96/69/EC 指令，参照采用 98/77/EC 指令部分技术内容，从 2004 年开始执行，等同于欧Ⅱ标准。

2003 年，中国发布《车用压燃式发动机排气污染物排放限值及测量方法》，第二阶段型式核准试验从 2003 年开始执行，生产一致性从 2004 年开始执行，相当于欧Ⅱ标准。

2005 年，中国发布《轻型汽车污染物排放限值及测量方法（中国Ⅲ、Ⅳ阶段）》（GB 18352. 3—2005），分别从 2007 年、2012 年开始执行，等同于欧Ⅲ标准、欧Ⅳ标准[6]。

2005 年，中国发布《车用压燃式、气体燃料点燃式发动机与汽车排气污染物排放限值及测量方法（中国Ⅲ、Ⅳ、Ⅴ阶段）》（GB 17691—2005），分别从 2007 年、2010 年、2012 年开始执行[7]。

2008 年，中国发布《重型车用汽油发动机与汽车排气污染物排放限值及测量方法（中国Ⅲ、Ⅳ阶段）》（GB 14762—2008），第三阶段型式核准试验从 2009 年开始执行，第四阶段型式核准试验从 2012 年开始执行。

2012 年，北京市发布第五阶段车用汽油、柴油地方标准，并于 2013 年在全国率先实施轻型车国五排放标准。

2015 年，中国规定在长江珠三角地区销售、注册和转入的轻型点燃式发动机汽车，应当符合国家排放标准《轻型汽车污染物排放限值及测量方法（中国第五阶段）》（GB 18352. 5—2013）中的排放控制要求。

2015 年，中国规定在粤东西北地区销售、注册和转入的轻型点燃式发动机汽车，应当符合 GB 18352. 5—2013 中对于排放控制的要求。

2015 年，中国规定在长江珠三角地区销售、注册和转入的公交、环卫、邮政行业重型压燃式发动机汽车，应当符合 GB 17691—2005 中对第五阶段排放控制的要求。

2015 年，工信部发布了 CATC 的研究任务。

2016 年，京津冀三地所有进口、销售和注册登记的轻型汽油车、轻型柴油客车、重型柴油车（仅公交、环卫、邮政用途），须符合机动车国五排放标准。

2016 年，环境保护部（现生态环境部）、国家质检总局（现国家市场监督管理总局）发布《轻型汽车污染物排放限值及测量方法（中国第六阶段）》（GB 18352.6—2016），自 2020 年 7 月 1 日起实施。

2017 年，全国实施第五阶段国家机动车排放标准。

2018 年 6 月 22 日，环境保护部、国家质检总局发布《重型柴油车污染物排放限值及测量方法（中国第六阶段）》（GB 17691—2018），自 2019 年 7 月 1 日起实施。

2019 年 2 月，北京市生态环境局发布《关于北京市实施第六阶段机动车排放标准的通告（征求意见稿）》，向各单位征求意见。

2020 年，国务院办公厅印发《新能源汽车产业发展规划（2021—2035 年）》，规定汽车产业主要发展方向为低碳、低污染。

2021 年 7 月起，我国全面实施重型柴油车国六排放标准，标志着我国汽车标准全面进入国六时代，基本实现与欧美发达国家接轨。

2021 年，国家市场监督管理总局、国家标准化管理委员会批准发布《乘用车燃料消耗量限值》（GB 19578—2021）。规定在 2025 年之前，传统能源乘用车、插电式混合动力电动乘用车试验工况将由新欧洲驾驶循环（NEDC）切换为全球统一轻型车辆测试循环（WLTC），纯电动与燃料电池汽车则被直接纳入 CATC。且 2025 年以后，针对燃料消耗测试的 WLTC 也将被 CATC 替代。

2021 年，我国发布的 CATC，借鉴了 WLTC、EPA 等测试标准，更适合中国国情。

2023 年 4 月 1 日起，在全国范围内全面供应国 VIB 标准车用汽油，停止生产和销售不符合国 VIB 标准的车用汽油（含不符合国 VIB 标准的 E10 车用乙醇汽油）。2023 年 1 月 1 日—2023 年 4 月 1 日为国 VIB 标准车用汽油、车用乙醇汽油和车用乙醇汽油调和组分油质量升级过渡期。

2023 年 5 月 8 日发布的《关于实施汽车国六排放标准有关事宜的公告》中指出，为了贯彻落实相关政策，助力企业发展，稳定和扩大汽车消费市场，全国将自 2023 年 7 月 1 日起全面实施轻型汽车国六排放标准 6b 阶段和重型柴油车国六排放标准 6b 阶段，执行 GB 18352.6—2016 和 GB 17691—2018。

国家法规对机动车排放提出了更高的要求，这给目前中国的汽车厂及内燃机厂带来了很大的压力，但是中国汽车巨大的保有量使国家必须采取相应措施，否则可能会带来严重的环境问题。现在发动机均采用了先进的排放控制技术，在实验室测试循环中，尾气污染物的排放量已经降至很低的水平。然而，由于实际道路运行工况的复杂性，实际道路排放远超实验室测试循环限值，尾气排放问题依然在严重恶化。因此，从国六排放标准 6b 阶段起国家实施实际行驶污染物排放（RDE）测试监管，要求在用车在 16 万 km 内的排放量满足相关要求。

## 2.4　汽油无铅化进程

在 1900 年以前，人类就已经了解高浓度铅的毒性了。1923 年，美国首次允许将铅添加到汽油中。

在之后的几十年内，世界各国开始了漫长的汽油无铅化进程。

1）美国

1925 年，含铅汽油引起了争议。受此影响，市场上部分含铅汽油被相关企业自愿撤回。但美国公共健康服务部声称，四乙铅是上帝的礼物，工人操作不当才导致铅中毒，所以含铅汽油又重新进入市场。

1925 年，美国医事总署年会针对含铅汽油进行了首次论辩。

1926 年，美国卫生与公众服务宣布“没有充分的理由”禁止出售含铅汽油，尽管内部备忘录认为他们的研究不成熟。

1965 年，人类的生存环境受到铅的污染。

1965 年，地球化学家、美国加州理工学院教授克莱尔·卡梅伦·帕特森点燃了反对含铅汽油的导火索。他指出，导致空气和食物中含铅水平大幅升高的源头是汽车尾气的排放。

20 世纪 70 年代，EPA 表示，含铅汽油必须逐步被淘汰。因为其不仅会造成严重的环境污染外，还会堵塞汽车上的催化转化器，从而导致更严重的空气污染。

1969 年，鉴于铅金属中毒的危害，美国国会参议院环境与公共工程委员会首次就空气污染问题举办了听证会。

1971 年，美国将汽油中的含铅量降低到 1% 以内，并计划在 1977 年将其降至 0.06%。

1973 年，EPA 表示将分步骤降低含铅汽油的使用量。

1974 年，EPA 宣布分阶段废除含铅汽油，因为铅会对人体健康造成严重伤害。

1977 年，美国无铅汽油市场占有率约为 28%。

1990 年，美国无铅汽油市场占有率达到 96%。

1993 年，美国基本实现汽油无铅化。

1996 年 1 月，含铅汽油从美国市场上消失。

2）日本

1956 年，日本爆发水俣病，水俣湾中海产品的含汞量已超过可食用量的 50 倍，汞进入人体后会迅速溶解在脂肪中，且大部分聚集在脑部，引起细胞裂解，从而导致人死亡。

1960—1970 年，由于发生了典型的铅中毒事件，日本各大城市都存在不同程度的铅污染问题，有的城市居民血液中的含铅量达到危险水平。

1972 年，日本开始汽油无铅化的进程。

1975 年，日本普通汽油实现无铅化。

1978 年，日本优级汽油的含铅量为 0.13 ~ 0.23 g/L。

1984 年，日本开始销售优质无铅汽油。

1987 年，日本成为世界上最早实现汽油无铅化的国家。

3）欧洲国家

1970 年，欧洲国家开始颁布法规，限制含铅汽油的使用。瑞典和德国首先实施相关法规。随后，其他国家也相继实施。

1981 年，法国成为第一个宣布计划淘汰含铅汽油的欧洲国家，计划在 1986 年前实现汽油无铅化。

1982 年，德国宣布计划淘汰含铅汽油并计划在 1985 年前实现汽油无铅化。

1983 年，欧洲委员会颁布“汽油品质指令”，要求欧洲共同体成员国从 1986 年开始逐步淘汰含铅汽油，直到 1993 年才完全停止生产和销售含铅汽油。

1984 年，英国宣布计划在 1988 年前实现汽油无铅化。

1990 年，欧洲汽车制造商协会（ACEA）和石油行业协会签署了《无铅汽油自愿协议》，承诺在 1995 年前开始生产和销售无铅汽油。

1995 年，欧洲宣布已经实现了全面使用无铅汽油的目标，所有欧洲国家都停止了含铅汽油的生产和销售。

4）中国

1989 年，中国规定 90 号汽油含铅量为 0.35 g/L，93 号汽油和 97 号汽油含铅量为 0.45 g/L。

1991 年，中国参照英国制定了《车用无铅汽油》（SH0041—91），这标志着汽油无铅化进程的开始。

1993 年，中国启动车用汽油的无铅化进程。此后，汽油中的铅含量开始逐年下降。

1995 年，修正的《中华人民共和国大气污染防治法》第三十八条规定：国家鼓励、支持生产和使用高标号的无铅汽油，限制生产和使用含铅汽油。

1996 年，《国务院关于环境保护若干问题的决定》中要求：国务院有关部门要尽快制定限制氟氯化碳、哈龙、含铅汽油生产、进口和使用的有关政策。

1997 年，国务院环境保护委员会第十次会议进一步明确提出，要在 2000 年实现全国汽油无铅化的目标。

1997 年，燕山石化停产 70 号汽油和含铅汽油，全部生产 90 号以上的无铅汽油。

1998 年，中国石化集团公司生产的 90 号以上的无铅汽油占汽油总量的 90%。

1999 年，中国发布了《车用无铅汽油》（GB 17930—1999）。

2000 年 1 月 1 日，中国全面停止生产含铅汽油并于 2000 年 7 月 1 日停止使用含铅汽油。至此，全国实现了车用汽油的无铅化。

2000 年 3 月，燕山石化开始为北京市提供城市车用清洁汽油，比国家规定的更换时间提前了 4 个月。

## 2.5　燃油低硫化进程

硫含量是指燃油中的硫及其衍生物中硫的含量。硫在发动机气缸内的燃烧过程中将生成 $SO_2$ 和三氧化硫（$SO_3$）。$SO_2$ 和 $SO_3$ 均属于对人体有害的物质，空气中硫含量超标将严重损害人体器官；$SO_2$ 和 $SO_3$ 会对空气造成严重污染，而且是形成酸雨的主要物质。

为了降低内燃机汽车燃料燃烧过程中硫化物的生成，各国不断推行新的政策来降低燃油中的硫含量。

1）美国

美国在燃油低硫化进程中的主要事件如下[8,9]。

20 世纪 80 年代之前，美国柴油硫含量基本为 0.22%~0.23% 波动。

20 世纪 80 年代中期，美国柴油硫含量上升到 0.26%。

20 世纪 90 年代，美国开始实施低硫化。

1981 年，美国加州实行了柴油低硫化。加州空气资源局规定，到 1985 年 1 月 1 日，包括洛杉矶在内的南部沿海地区，柴油硫含量降到 0.05% 以下。

20 世纪 90 年代初，美国汽油硫含量约为 0.1%。

1991 年，EPA 从减少大气污染出发，规定柴油硫含量低于 1 000 ppm。

1993 年，美国柴油的含硫量降至 500 ppm。

2001 年，美国柴油的含硫量降至 350 ppm。

2005 年，美国实施柴油含硫量低于 50 ppm 的标准。

2005 年，美国加州实施汽油含硫量低于 30 ppm 的标准。

2006 年，美国实施柴油含硫量低于 15 ppm 的标准。

2014 年，EPA 颁发的新标准中，要求汽油硫含量从 30 ppm 降至 10 ppm。

2017 年，美国实施汽油含硫量 10 ppm 的标准，该标准与美国加州、欧洲国家、日本、韩国的水平相当。

2）欧洲国家

欧洲国家在燃油低硫化进程中的主要事件如下。

EN 228—2002 汽油质量标准（与欧Ⅲ排放法规相对应）中规定，要将汽油硫含量降到 150 ppm。

1998 年，欧盟颁布了《燃料品质指令》，要求欧盟成员国从 2000 年开始逐步推广低硫燃油，至少要达到 50 ppm 的标准。

2001 年，欧盟规定 2005 年开始，所有欧盟成员国生产的柴油和汽油中的硫含量必须小于 10 ppm。

2005 年，欧盟颁布了《燃料品质指令》的修订版，将低硫燃油的标准提高到 10 ppm，并规定从 2009 年开始，在所有欧盟成员国境内销售的燃油必须符合此标准。

自 2007 年 10 月 1 日起，欧盟开始推广无硫汽油，要求其硫含量低于 10 ppm。

2009 年，欧盟正式实施 10 ppm 低硫燃油的标准，所有欧盟成员国境内销售的燃油均须符合此标准。

3）日本

1997 年，日本政府发布了《新燃料政策》的修订版，要求日本的燃油生产商从 1999 年开始生产低硫燃油，至少要达到 100 ppm 的标准。

2003 年，日本政府发布了《新燃料基本计划》，提出了进一步推广低硫燃油的目标和计划，要求日本的燃油生产商在 2005 年前实现 10 ppm 的低硫燃油生产。

2005 年，日本的燃油生产商开始生产低硫燃油，包括 10 ppm 的低硫燃油和 50 ppm 的低硫燃油。

2007 年，日本政府颁布了《机动车辆排放气体法》，规定从 2009 年开始在日本销售的燃油必须符合 10 ppm 的低硫燃油标准。

4）中国

2000 年以前，中国汽油中的硫含量不大于 1 500 ppm。

2000 年，《车用无铅汽油》（GB 17930—1999）规定汽油含硫量不大于 1 000 ppm。

2003 年，《车用无铅汽油》（GB 17930—1999）第 1 号修改单中要求汽油含硫量不大于 800 ppm。

2005 年，《车用无铅汽油》（GB 17930—2006）第 3 号修改单中要求汽油含硫量不大于 500 ppm。

2006 年，《车用汽油》（GB 17930—2006），要求汽油含量硫不大于 150 ppm。

2013 年，北京、上海、江苏、广东等地陆续供应了国四标准汽油，要求含硫量不大于 50 ppm。

2014 年，《车用汽油》（GB 17930—2013）在全国范围内全面实施，规定汽油含硫量不大于 50 ppm。

2017 年，《第五阶段车用汽油》（GB 17930—2016）全面实施，规定车用汽油含硫量不大于 10 ppm。

## 2.6　中国的排放法规与测试方法

由于欧洲早期的排放立法比较完善，中国的汽车和内燃机排放法规体系基本等效采用欧洲的汽车和内燃机排放法规。目前，我国的排放法规已经与国际接轨，并拥有了自己的排放法规。

### 2.6.1　中国现在和将来的排放限值

#### 2.6.1.1　汽油车

对于汽油车和轻型柴油车，排放限值以 g/km 的形式给出。g/km 表示汽车每行驶 1 km 排放的污染物质量。在国一排放法规中，$NO_x$ 和 HC 的排放是以两者之和为限值的，对于 CO 的排放则单独给定限值。从国二开始，汽油车对

$NO_x$ 和 HC 总的限值、$NO_x$ 和 HC 各自的限值分别做出要求，轻型柴油车则依然是两者之和的限值。就测试循环而言，国一和国二排放测试是"市区工况 + 市郊行驶工况"（ECE + EUDC）循环，该循环模拟的是城区工况和郊区工况的综合情况。

国三排放测试程序发生一些变化，即采用新的机动车排放组合（MVEG）循环。新的 MVEG 循环和 ECE + EUDC 循环规定的汽车车速和运行时间都是一样的。但是 MVEG 循环规定，从汽车一起动就开始对汽车尾气进行取样，而在进行国一和国二测试时，汽车起动后怠速 40 s 内不取样。由于怠速时汽车的 CO 排放和 HC 排放比较高，新的 MVEG 循环比国一和国二采用的 ECE + EUDC 循环更为严格。国四排放法规与国三排放法规的测试程序基本一致，只是对排放限值进行了加严检验。

在国五排放法规中，循环由 MVEG 变更为 NEDC，新的循环总时长为 1 180 s，总里程为 11.007 km，最高车速为 120 km/h。NEDC 循环包含了两种工况：第一种是市区工况，即 0 ~ 780 s 为模拟市区驾驶路况，在测试时进行加速、匀速、减速、停止并反复 4 次。从第 780 s 起开始测试第二种工况，即市郊行驶工况。NEDC 包含发动机冷起动阶段，即从发动机点火开始测试。

不同于之前的排放法规，国六排放法规分阶段执行，WLTC 代替了 NEDC。在 WLTC 工况下，车辆将模拟城市、城郊、乡村、高速公路 4 种不同路况，且平均车速也依次递增，其中城市路况的占比为 52%，后三种路况的占比为 48%。同时，在 WLTC 工况下，车辆累计模拟行驶里程为 23.3 km，最高车速达 131.3 km/h，不停车平均速度为 53.5 km/h，停车平均速度为 46.5 km/h。无论是测试里程还是车速，WLTC 中的工况都超过了 NEDC，处于该循环状态中的车辆更接近日常行驶状态。众多研究结果均表明，车辆在实际道路工况中，由于路况和驾驶行为的复杂性，实际道路排放因子显著高于标准测试循环的认证数值。因此，在国六排放法规后期及未来国七排放法规中引入实际道路排放测试，进一步对内燃机汽车的排放限值做出了规定。

汽油车的排放限值见表 2.1。

**表 2.1　汽油车的排放限值**

| 指标 | 国二 | 国三 | 国四 | 国五 | 国六 |
|---|---|---|---|---|---|
| | ECE + EUDC | MVEG | MVEG | NEDC | NEDC/WLTC |
| $NO_x/(g \cdot km^{-1})$ | — | 0.15 | 0.08 | 0.06 | 0.035 |
| $THC/(g \cdot km^{-1})$ | 0.5 | 0.20 | 0.10 | 0.10 | 0.05 |

续表

| 指标 | 国二 | 国三 | 国四 | 国五 | 国六 |
|---|---|---|---|---|---|
| | ECE + EUDC | MVEG | MVEG | NEDC | NEDC/WLTC |
| CO/(g·km$^{-1}$) | 2.2 | 2.3 | 1.0 | 1.0 | 0.5 |
| PM/(g·km$^{-1}$) | — | — | — | 0.004 5 | 0.003 |
| PN/(个·km$^{-1}$) | — | — | — | $6.0\times10^{11}$ | $6.0\times10^{11}$ |
| 注：PM 只适用于缸内直喷汽油机 | | | | | |

### 2.6.1.2　轻型柴油车

对于轻型柴油车来说，排放限值以 g/km 的形式给出，针对的有害物质包含 PM、CO、HC 和 $NO_x$。在国三和国四中已单独给出 $NO_x$的排放限值。

轻型柴油车的排放限值见表 2.2。

表 2.2　轻型柴油车的排放限值

| 指标 | 国二 | 国三 | 国四 | 国五 | 国六 |
|---|---|---|---|---|---|
| | ECE + EUDC | MVEG | MVEG | NEDC | NEDC/WLTC |
| PM/(g·km$^{-1}$) | 0.08 | 0.05 | 0.025 | 0.004 5 | 0.003 |
| $NO_x$/(g·km$^{-1}$) | — | 0.50 | 0.25 | 0.18 | 0.035 |
| THC/(g·km$^{-1}$) | 0.7 | — | — | — | 0.05 |
| HC + $NO_x$/(g·km$^{-1}$) | 0.7 | 0.56 | 0.30 | 0.23 | 0.17 |
| CO/(g·km$^{-1}$) | 1.0 | 0.66 | 0.50 | 0.5 | 0.5 |
| PN/(个·km$^{-1}$) | — | — | — | $6.0\times10^{11}$ | $6.0\times10^{11}$ |
| 注：THC 为总碳氢排放 | | | | | |

### 2.6.1.3　重型柴油机

重型柴油机排放限值以 g/(kW·h) 的形式表示，代表柴油机在单位功率和单位时间内排放的污染物的质量。与轻型柴油车不同，轻型柴油车给出的是整车单位里程排放的污染物质量。这主要是因为装备重型柴油机的车辆大多总质量很大，难以在实验室内进行整车排放量的检测，所以只能检测其发动机排放。排放法规对 PM、$NO_x$、HC 和 CO 分别提出了要求。

对于国一和国二排放法规来说，重型柴油机所采用的测试循环是中国 13 工况（ECE R49）；对于国三及国四排放法规来说，用以下两个新循环替代

ECE R49。

欧洲稳态测试循环（ESC）是一种新的13工况测试循环，其工况点和权重与原13工况不同在于它包括一个针对烟度的动态负荷响应（ELR）测试。气体发动机（如天然气发动机）则不需要进行动态负荷响应测试，只需要进行欧洲瞬态循环（ETC）测试。

ETC是一种全瞬态的测试循环，持续时间为30 min。从国三开始，任何发动机如果带有先进的排放控制系统，如脱硝氮氧化合物（De－$NO_x$）催化器系统或颗粒捕集器，则必须采用ETC循环。这种带有先进排放控制系统的发动机必须同时进行ESC循环和ETC循环测试。气体发动机必须采用ETC循环。

国六排放标准中测试循环由ESC/ELR循环变为全球统一稳态循环（WHSC）。WHSC循环是世界车辆法规协调论坛通过充分考察世界各地的道路状况和各种车辆的行驶特征而制定出的具有代表意义的测试循环。相比于之前广泛采用的ESC/ETC循环，WHSC/WHTC循环在工况设置方面有了很大改变，尤其突出了对低速低负荷工况的侧重[9]。

表2.3和表2.4分别给出了重型柴油机的稳态和瞬态测试排放限值。从表2.3中可以看出，对于重型柴油机，国三与国二相比，$NO_x$排放量下降了50%，PM排放量下降了25%；国四与国二相比，$NO_x$排放量下降了75%，PM排放量下降了95%。中国在实施国四和国五排放法规过程中，发现装有SCR系统的柴油车辆在实际道路条件下$NO_x$排放远远超过法规排放标准，而这些车辆发动机及其后处理系统在进行生产核准时都能够满足排放限值。相关研究表明，在平均车速较低的城市工况下，$NO_x$排放往往能达到排放限值的2～3倍。其原因是城市行驶多为低速、小负荷工况，排气温度较低；而现有SCR系统在温度低于280 ℃时转化效率会严重降低，在低于200 ℃时几乎停止工作，从而造成实际$NO_x$排放严重超标。相比于之前广泛采用的ESC/ETC循环，WHSC/WHTC循环在工况设置方面发生了很大的变化，尤其突出了对低速低负荷工况的监测。WHSC/WHTC循环的提出能够使实验室测试获得的排放因子与实际道路排放因子更为接近。

**表2.3　重型柴油机稳态测试排放限值**　g/(kW·h)

| 排放法规 | 国二 | | 国三 | | 国四 | 国五 | 国六 |
|---|---|---|---|---|---|---|---|
| 测试循环 | ECE R－49 | | ESC/ELR | | ESC/ELR | ESC/ELR | WHSC |
| 指标 | 1996.10 | 1998.10 | 1999.10（EEV） | 2000.10 | — | — | — |

续表

| 排放法规 | 国二 | | 国三 | | 国四 | 国五 | 国六 |
|---|---|---|---|---|---|---|---|
| PM | 0.25 | 0.15 | 0.2 | 0.1 | 0.02 | 0.02 | 0.01 |
| $NO_x$ | 7.0 | 7.0 | 2.0 | 5.0 | 3.5 | 2.0 | 0.4 |
| THC | 1.1 | 1.1 | 0.25 | 0.66 | 0.46 | 0.46 | 0.13 |
| CO | 4.0 | 4.0 | 1.5 | 2.1 | 1.5 | 1.5 | 1.5 |
| 烟度 | | | 0.15 | 0.8 | 0.5 | 0.5 | — |
| PN | — | — | — | — | — | — | $8.0\times10^{11}$ |

注：EEV 是指强化的欧洲环境友好车辆

表 2.4　重型柴油机瞬态测试排放限值　g/(kW·h)

| 排放法规 | 国三 | | 国四 | 国五 | 国六 |
|---|---|---|---|---|---|
| 测试循环 | ETC | | ETC | ETC | WHTC |
| 指标 | 1999.10（EEV） | 2000.10 | — | — | — |
| PM | 0.02 | 0.16 | 0.03 | 0.03 | 0.01 |
| $NO_x$ | 2.0 | 5.0 | 3.5 | 2.0 | 0.46 |
| THC | 0.25 | 0.66 | 0.46 | 0.46 | 0.13 |
| NMHC① | 0.4 | 0.78 | 0.55 | 0.55 | 0.16 |
| $CH_4$② | 0.65 | 1.6 | 1.1 | 1.1 | 0.5 |
| CO | 3.0 | 5.45 | 4.0 | 4.0 | 4.0 |
| 烟度 | 0.15 | 0.8 | 0.5 | 0.5 | — |
| PN | — | — | — | — | $6.0\times10^{11}$ |

注：①非甲烷碳氢排放。
②甲烷排放，仅针对气体燃料发动机

## 2.6.2　中国的排放测试方法

### 2.6.2.1　轻型车测试循环

轻型车和重型车的排放测试方法不同。轻型车是指总质量在 3 500 kg 以内的车辆（农用车除外），重型车是指总质量在 3 500 kg 以上的车辆。

轻型车的排放检测是整车在底盘测功机上进行的，车辆按规定的测试循环运转，试验结果以 g/km 的形式表示。图 2.5 给出了中国采用 ECE + EUDC 循环的车速和时间，其实质就是模拟城市循环加郊区循环。中国早期的排放法规主要针对城市交通用车，没有考虑郊区交通用车的情况，后来加入了郊区循环。进行国一及国二测试时，在测试循环的前 40 s，车辆怠速时间不取样。从国三开始，从发动机运转开始采样，此举进一步严格规范了测试循环过程。

ECE + EUDC 循环可以分为两部分。第一部分（ECE）为传统的城市道路行驶工况，是城市行驶过程的简化。该部分由 15 种行驶方式组成，通常称为“十五工况法”，共进行 4 个十五工况循环，测试时间持续 780 s，总行驶里程为 4. 052 km，平均车速为 18. 7 km/h。第二部分（EUDC）为附加的市郊行驶工况，代表市郊车辆运行过程，测试时间为 400 s，行驶里程为 6. 955 km，平均车速为 62. 6 km/h，最高车速为 120 km/h。在整个测试循环中，测试时间为 1 220 s，平均车速为 32. 5 km/h。

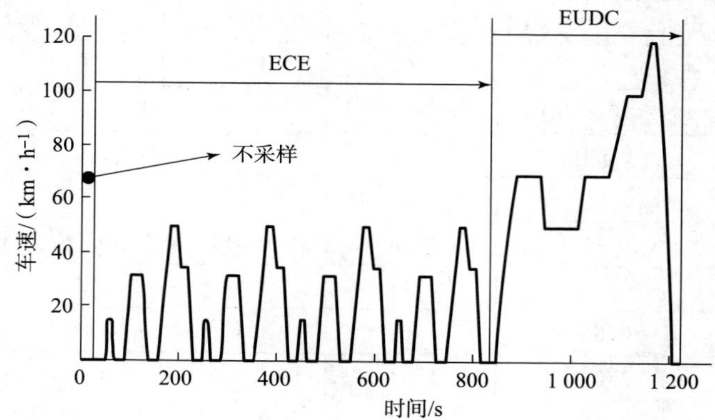


**图 2. 5　中国轻型车排放标准规定的测试循环**[10]

NEDC 循环包含市区工况和市郊工况，如图 2. 6 所示。在中国驾驶循环中，认定市区工况占 70%，市郊工况占 30%。完整测试循环共 1 180 s，由 4 个市区工况循环和 1 个市郊工况循环组成，其中市区工况共 780 s，最高车速为 50 km/h；市郊工况共 400 s，最高车速为 120 km/h。

WLTC 循环分为低速、中速、高速与超高速 4 个工况（图 2. 7），对应持续时间分别为 589 s、433 s、455 s、323 s，对应最高车速分别为 56. 5 km/h、76. 6 km/h、97. 4 km/h、131. 3 km/h，并且设置了停车、刹车、急加速等不同操作。设置更多的低速工况和更多的加、减速操作使 WLTC 循环更接近日常用车的实际行驶情况，此外，在 WLTC 循环中，车内的负载（用电器、乘客）、挡位等其他影响油耗的因素也被纳入了考量范围。相比之下，WLTC 循环远比 NEDC 循环严苛。

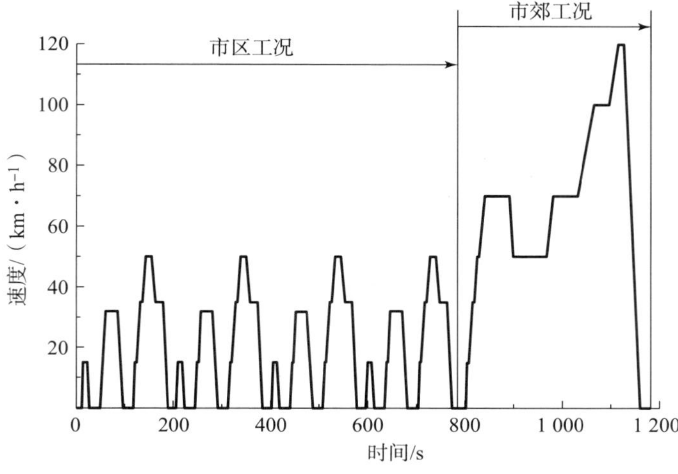


图 2.6　NEDC 循环

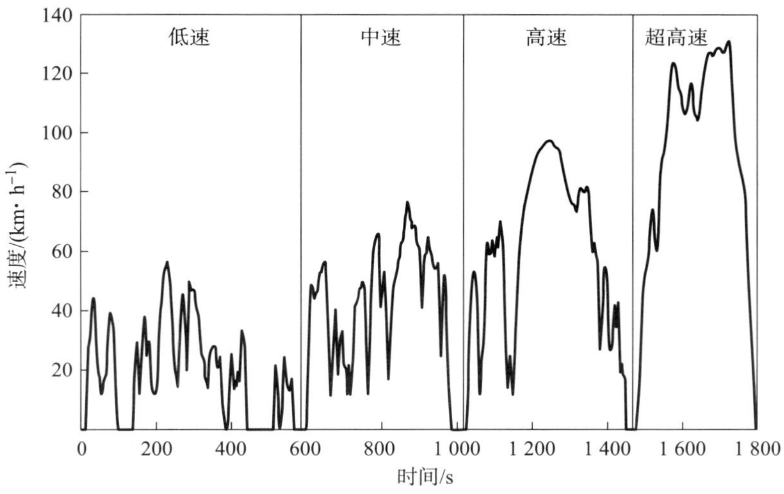


图 2.7　WLTC 循环

中国前期的排放法规与欧洲国家相似，并一直使用 WLTC、NEDC 等测试循环。为了制定适合中国道路状况的机动车排放法规测试循环，工信部于 2015 年 3 月下达项目需求，并由中国汽车技术研究中心有限公司牵头组织行业专家开展为期三年的中国工况调研。2018 年 8 月完成征求意见稿并公示，并于 2019 年 10 月 25 日正式发布了 CATC 标准，包括《中国汽车行驶工况第 1 部分：轻型汽车》（GB/T 38146. 1—2019）和《中国汽车行驶工况第 2 部分：重型商用车辆》（GB/T 38146. 2—2019）。中国轻型车行驶工况（CLTC）中的乘用车部分是基于41座城市、3 832辆车、3 278万km、20亿条地理信息系统（GIS）交通低频动态大数据下定义的标准工况。CLTC循环分为三部分（见图2.8）：低速、中速、高速。循环总长度为14.48 km，工况时长为1 800 s。循环最高车速为114 km/h，平均车速为29 km/h。

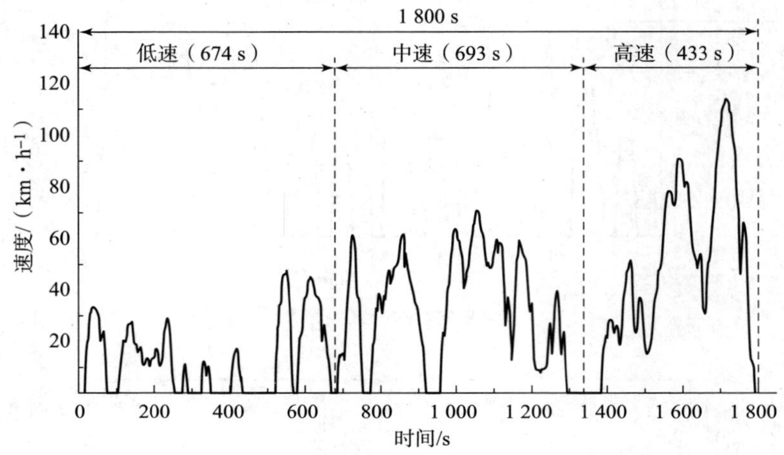


**图2.8　CLTC循环**

表2.5中对比了NEDC、WLTC、CLTC三种测试循环。从循环的特点来看，WLTC是一种瞬态工况，而NEDC则是一种稳态工况；WLTC的最高车速为131.3 km/h，比NEDC提高了11.3 km/h；循环里程从NEDC的11 km增加到WLTC的23.27 km；在循环总时长中，WLTC比NEDC增加620 s。相比于NEDC，WLTC更接近真实条件下驾驶员行驶的路况。CLTC的平均车速是三个测试循环中最低的，最高车速也是三个测试循环中最低的；怠速占比为22.11%，明显高于WLTC的12.7%。CLTC的特点是低速工况、怠速工况较多，加、减速频繁。相比于NEDC和WLTC，CLTC更适合评估中速工况下的续航表现。

**表2.5　NEDC、WLTC、CLTC测试循环的对比**

| 项目 | 循环名称 | | |
|---|---|---|---|
| | NEDC | WLTC | CLTC |
| 循环时长/s | 1 180 | 1 800 | 1 800 |
| 循环里程/km | 11 | 23.27 | 14.48 |
| 最高车速/($km \cdot h^{-1}$) | 120 | 131.3 | 114 |
| 平均车速/($km \cdot h^{-1}$) | 33.68 | 46.54 | 28.61 |
| 加速占比/% | 23.2 | 30.9 | 28.61 |
| 减速占比/% | 16.6 | 28.6 | 26.44 |

续表

| 项目 | 循环名称 | | |
|---|---|---|---|
| | NEDC | WLTC | CLTC |
| 匀速占比/% | 37.5 | 27.8 | 22.83 |
| 怠速占比/% | 22.6 | 12.7 | 22.11 |

国六排放法规引入了实际行驶条件污染物排放测试，用以监控车辆实际行驶过程的排放水平。实际道路排放的测试和认证都是在实际道路上进行的，法规要求在路试时需要使用便携式排放测试系统（PEMS）采集气态排放物、颗粒物、发动机排气流量等基本参数，还需要温度、湿度、全球定位系统（GPS）、车载诊断系统（OBD）端口（非必需）等辅助数据用来对排放污染物的结果进行修正和 RDE 里程评估。传统排放试验在实验室中进行，环境恒温恒湿、转向阻力矩和坡度恒定，且在试验中有固定的车速曲线跟随。而 RDE 试验则是在真实环境道路上，根据实际路况行驶，环境温度、风阻、路面坡度等都不可控，且驾驶时交通路况复杂，对试验结果的影响很大。因此，RDE 试验与传统排放试验完全不同，影响因素更多，故每次试验都无法复现。

#### 2.6.2.2　重型车测试循环

重型车的排放检测只要求在发动机台架上对发动机进行测试，其结果用发动机的比排放量（g/(kW · h)）表示。图 2.9 所示为对重型车用柴油机进行

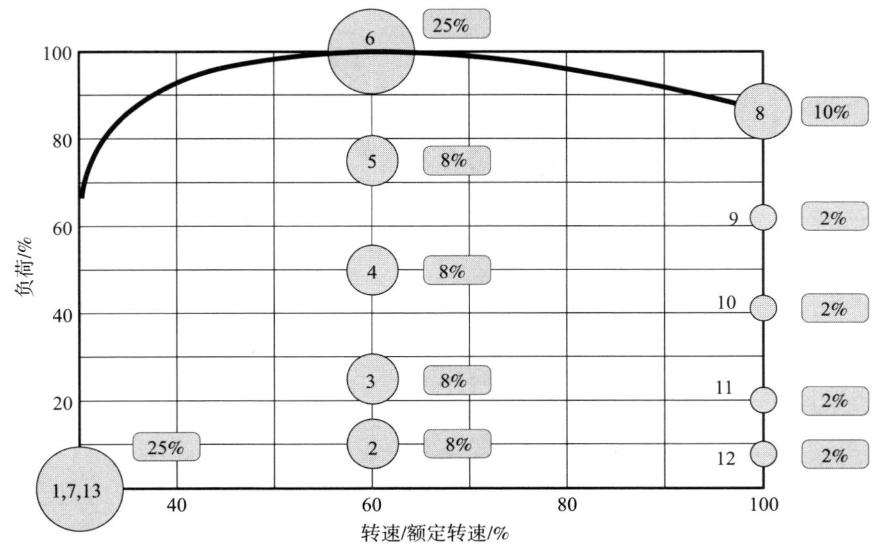


图 2.9　ECE R49 13 工况点分布

国一和国二测试时所采用的测试循环，即 ECE R49 13 工况法。该循环选择 13 个工况点，然后对各工况点的排放进行加权计算。13 个工况点的发动机转速分别为怠速、最大扭矩转速和标定转速。

图 2.10 所示为国三及国四所采用的稳态测试循环的工况点分布。中国稳态测试循环与原 13 工况法相比，测试点的分布更为合理。同时，其也可以防止汽车制造商利用电控程序作弊增加了三个由检测者自由选择的点。中国稳态测试循环测试点转速的确定比较复杂，需要根据发动机外特性上对应的功率点来确定 $A$，$B$，$C$ 三个转速。$A$，$B$，$C$ 转速的确定如下：

$$\left.\begin{aligned} A &= N_L + 0.25 \times (N_H - N_L) \\ B &= N_L + 0.5 \times (N_H - N_L) \\ C &= N_L + 0.75 \times (N_H - N_L) \end{aligned}\right\} \tag{2.1}$$

式中，$N_L$ 为发动机外特性曲线上 50% 额定功率点对应的低于额定转速的转速；$N_H$ 为发动机外特性曲线上 70% 额定功率点对应的处于额定转速和最高转速之间的转速。

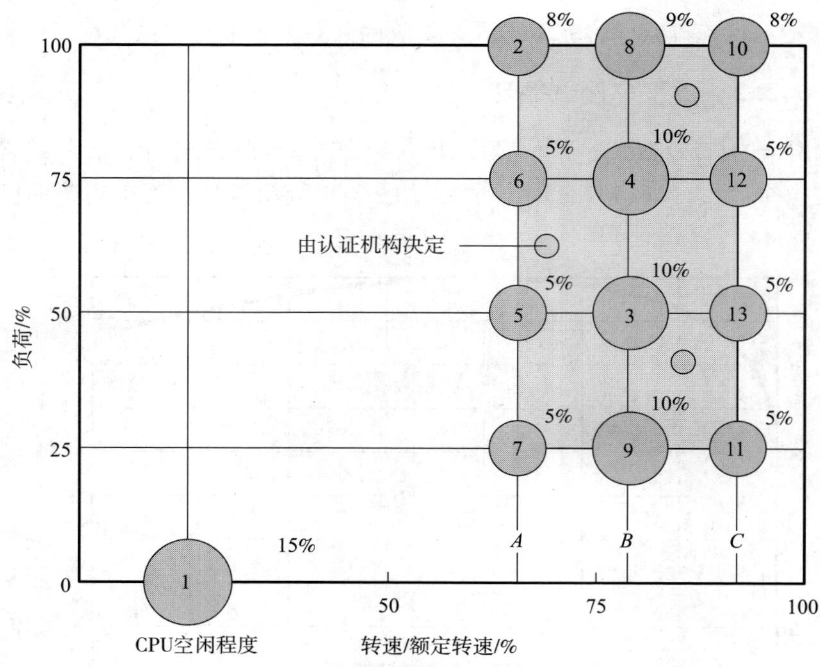


图 2.10　稳态测试循环的工况点分布[11]

ETC 循环（中国瞬态测试循环）由城市、城郊和高速三部分工况组成，每部分测试时长均为600 s。城市工况最高速度为 50 km/h，具有频繁的车辆起停和怠速工况；城郊工况具有急加速过程，平均速度为72 km/h；高速工况平均速度最高，可达到88 km/h。为了能在发动机台架上模拟ETC循环所代表的车辆运行交通特征，通常将ETC循环表示为相对转速和相对扭矩的形式。

图2.11所示为国三及国四所用到的ETC循环的转速和扭矩。ETC循环主要针对带有先进排放控制系统的柴油机和使用气体燃料的发动机。在ETC循环中，发动机转速和扭矩急剧变化，ETC循环和ESC循环完全不同。

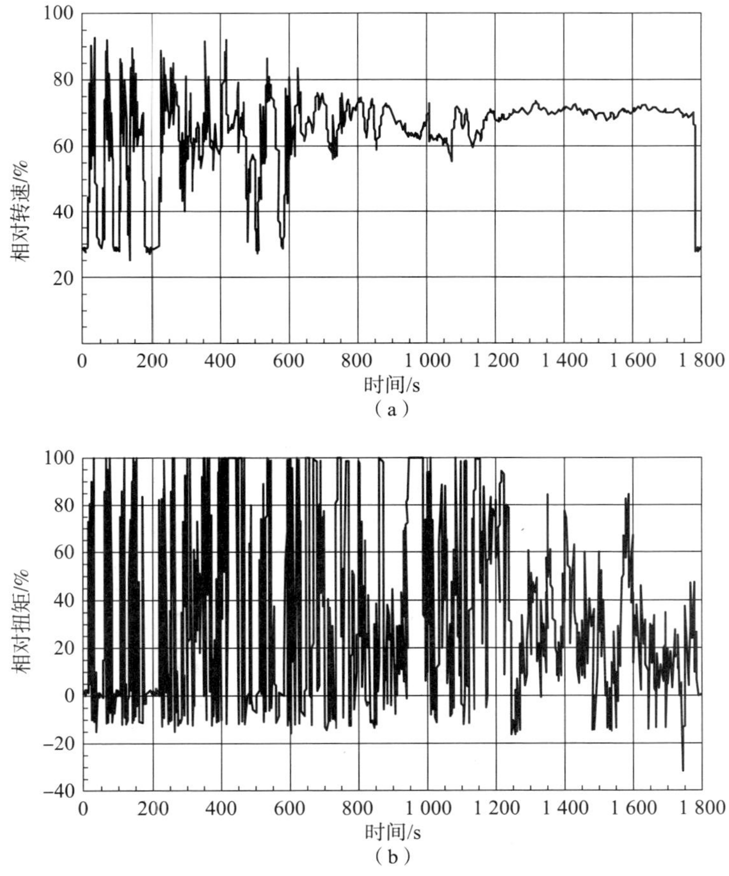


**图2.11 ETC循环的发动机转速和扭矩**

（a）ETC循环的发动机转速（纵坐标为发动机转速和额定转速之比）；
（b）ETC循环的发动机扭矩（纵坐标为发动机扭矩与最大扭矩之比）

WHSC（世界统一稳态测试循环）/WHTC（世界统一瞬态循环）是由联合国欧洲经济委员会（UNECE）和欧盟委员会共同开发的，旨在为全球重型柴油车制造商提供统一的测试标准，以保证全球范围内的排放测试结果具有可比性。该测试标准已被中国、美国、日本等国家采用。WHSC 循环同样包含 13 个工况点，如图 2.12 所示。

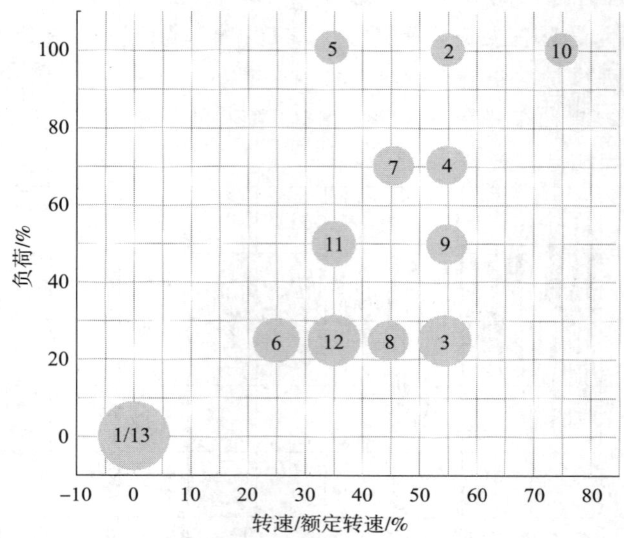


图 2.12　WHSC 循环的工况点分布[12]

WHTC 循环（图 2.13）模拟了重型柴油车在实际道路上的行驶情况，包括起步、加速、匀速巡航和减速等阶段。测试循环的总时长为 1 800 s，包括 4

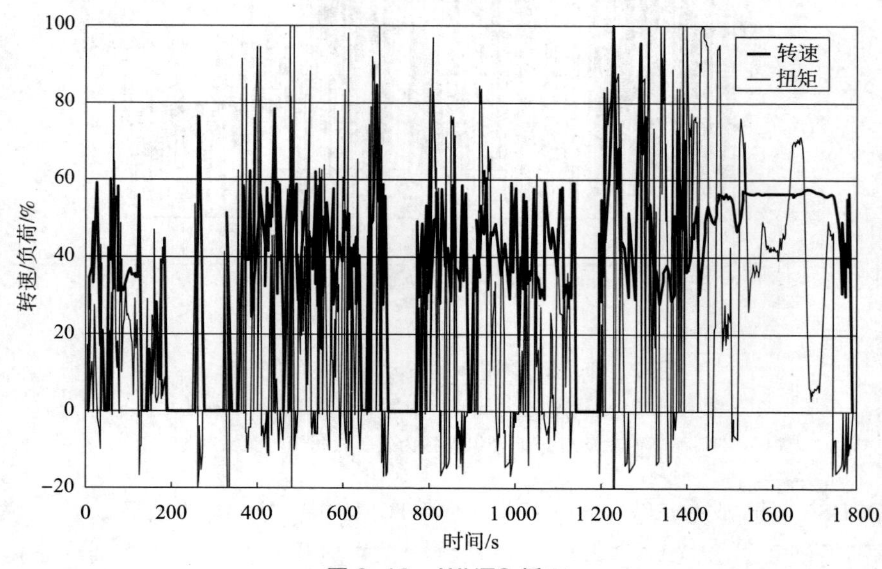


图 2.13　WHTC 循环

个工况，分别是低速工况、高速工况、高速加速工况及惯性减速工况。在WHTC循环中，重型柴油车必须在一定的负载和转速下进行测试，以模拟实际行驶情况。测试中会记录车辆的燃油消耗和有害物排放量，如 $NO_x$、颗粒物，测试结果会被用于评估车辆排放的水平是否符合法规标准。

### 2.6.2.3 取样和分析系统

对于特定的测试循环，轻型车的排放检测是在底盘测功机上进行的，底盘测功机能模拟汽车在道路上的行驶工况。底盘测功机的路面模拟是通过滚筒转鼓测功机实现的，即以转鼓的表面取代路面，转鼓的表面相对于汽车做旋转运动。汽车底盘测功机在试验时通过控制试验条件来降低对周围环境的影响；同时，通过功率吸收加载装置模拟道路行驶阻力，控制行驶状况，能进行符合实际的复杂循环试验，因此被广泛应用。目前，底盘测功机以单鼓电力测功机为主，其缺点是滚筒直径大，制造和安装费用高，优点是测试精度高。

对于在底盘测功机上进行的轻型车排放检测，目前，世界各国都规定采用定容取样器（CVS），其原理简图如图 2.14 所示。被测车辆在转鼓试验台上按规定的测试循环运转，将排出的气体全部排入稀释风道中，与空气混合、稀释，形成流量恒定的稀释排气。将部分稀释排气收集到采样气袋中。测试循环结束后，用规定的分析仪器测量气袋中各污染物的浓度，再乘以定容取样器中

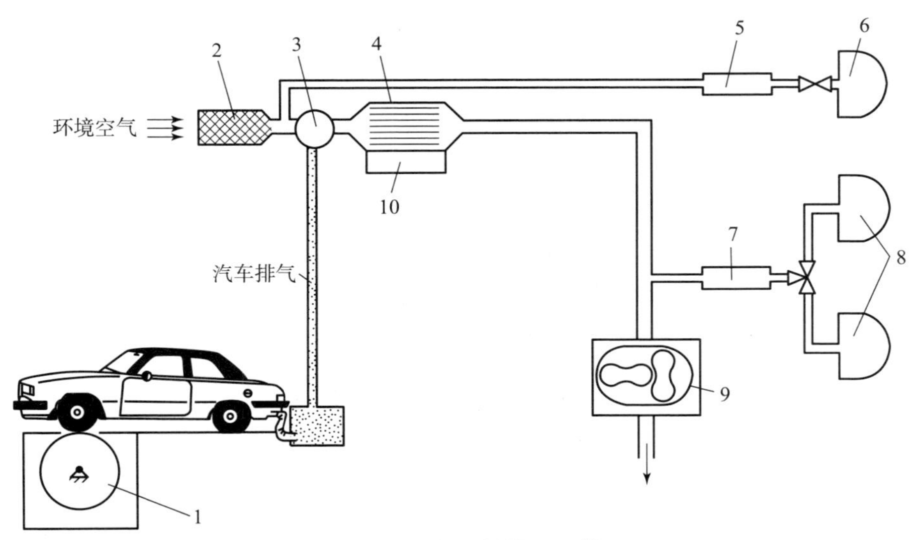


图 2.14 定容取样器原理简图

1—底盘测功机转鼓；2—过滤器；3—混合气；4—换热器；5—空气取样泵；6—环境空气袋；7—排气取样泵；8—样气袋；9—容积式泵；10—加热器

流过的稀释排气总量，就可以得到各种成分的总排放量，然后分别除以测试循环的总运转里程，就可以得到比排放量（g/km）。

对于重型柴油车则需要在发动机台架上进行排放测试。对气态成分一般采用直接采样分析的方法，即被测样气不经稀释直接进行分析。为防止一些气体成分在常温下发生冷凝，必须对采样管等部分进行加热；但对颗粒物排放进行测量时，必须对排气进行稀释，以防止细颗粒物发生冷凝并生成大颗粒物并且保持滤纸表面温度在一定范围内。

在对排气成分进行分析时，一般采用不分光红外分析仪（NDIR）测量CO和$CO_2$，采用火焰离子化检测器（FID）测量HC，采用化学发光检测器（CLD）测量$NO_x$。

1）不分光红外分析仪

除单原子气体和同原子的双原子气体（如$N_2$、$O_2$等），大多数非对称分子都具有吸收红外线的特性。汽车排气中的有害气体均为非对称分子，如CO能吸收波长为4.5～5 μm的红外线，$CO_2$能吸收波长为4～4.5 μm的红外线。

不分光红外分析仪的工作原理是基于大多数非对称气体分子能吸收特定波长段的红外线，并且其吸收程度与气体的浓度有关的特性。所谓“不分光红外”则是指对于特定的被测气体，测量时所用的红外光的波长是一定的。

2）火焰离子化检测器

火焰离子化检测器的工作原理是利用HC在氢火焰的高温（2 000 ℃左右）中受热后被电离形成自由离子，而离子数与碳原子数基本成正比。被测气体与含有40%氢气（$H_2$），其余为氦气（He）的燃料气体混合后进入燃烧器，在氢火焰的高温作用下，HC裂解形成碳离子（$C^+$），$C^+$在100～300 V的外加电压作用下形成离子流，这些微弱的离子流经放大后便会输出。

为了防止高沸点的HC在采样过程中发生凝结，应对采样管路进行加热。柴油机要求采用加热式火焰离子化检测器。

3）化学发光检测器

用化学发光检测器测量$NO_x$的原理如式（2.2）和式（2.3）所示。

$$NO + O_3 = NO_2^* + O_2 \tag{2.2}$$

$$NO_2^* = NO_2 + h\nu \tag{2.3}$$

式中，$NO_2^*$为激发态$NO_2$；$h$为普朗克常数；$\nu$为光量子频率。

其原理为：首先使被测气体中的NO与$O_3$发生反应，生成激发态的$NO_2^*$，当$NO_2^*$由激发态衰减到基态的过程中，会发出波长为0.6～3 μm的光波，称为化学发光。这种化学发光的强度与NO浓度成正比，因此通过检测发光强度就可以确定被测气体中的 NO 浓度。对于 $NO_2$，应先通过催化剂将其转换成 NO，再进行检测。

4）微粒及烟度测量

微粒通常定义为排气经稀释后，在滤纸上收集到的所有物质，滤纸表面温度要求≤52 ℃，但滤纸上收集到的自由态的水不能算作微粒。微粒是由干炭烟、干炭烟上吸附的大分子 HC 及无机盐构成的。由于发动机类型、发动机的转速与负荷不同，干炭烟在微粒中所占比例存在很大差异。所以微粒排放和烟度是两个迥然不同的概念。

由于要保持滤纸表面温度≤52 ℃，在微粒采样时，排气必须经过稀释。相应的微粒采样系统也可以分为两种，即全流式稀释风道和分流式稀释风道。前者将全部排气引入稀释风道，测量精度高，但体积庞大，价格昂贵；后者仅将部分排气引入稀释风道，因此体积小，价格相对便宜。

使用微克级精密天平对滤纸在排气经过前后分别进行称量，二者的质量差即为滤纸上收集到的微粒质量。通过一定的计算程序即可计算出微粒的比排放量（g/km 或 g/(kW · h)）。

现代柴油机的高压供油技术虽然降低了微粒排放的质量，但是微粒排放的数量并未减少，只是单个微粒的粒径减小了。而这些小粒径的微粒对人体的危害更为严重。所以在国五、国六排放法规中规定了柴油车和点燃式缸内直喷、天然气汽车的颗粒物数量排放因子的限值。

烟度测量常用的主要有波许（BOSCH）烟度计和哈特里奇烟度计。烟度与微粒排放是两个概念，它们之间有一定的联系。烟度表征的是排气可见的程度，即排气颜色越深，烟度指标就越差。显然，烟度越高，则微粒排放越高。但是由于微粒成分中，除黑色的干炭烟之外，还包括其他成分，因此，微粒排放高，并不一定意味着烟度高。

我国对内燃机排气微粒数量的测量方法提出了相应规定。由于内燃机排气微粒中的可溶性有机物部分（SOF）和无机盐等挥发性成分会凝缩产生新的颗粒物，且新产生的液相颗粒物数量与气体排出后的稀释条件密切相关，因此，只测量固相微粒数量。

## 2.7　制动系统和轮胎磨损颗粒物排放测试

目前，轮胎磨损和制动系统的颗粒物排放没有纳入现行的排放法规，但是其排放及其对环境和人类健康的危害不容忽视。随着汽车尾气中颗粒物排放量的下降，轮胎磨损和制动系统的颗粒物排放在整车排放中的比例逐渐凸显，其颗粒物排放已经成为众多科研单位的研究焦点。

制动系统颗粒物排放检测可以分为实际道路检测和模拟系统检测。制动系统颗粒物实际道路检测系统主要由采样系统、输气系统和检测系统构成。采样系统安装于轮毂外侧，制动过程中产生的颗粒物被采样系统收集后经输气系统输送至检测系统，以便获得实际道路行驶过程中制动系统的颗粒物排放情况；输气系统中包含鼓风机，可以为采样系统提供负压，从而有效采集颗粒物。

由于汽车的制动系统为开放式，在一定程度上无法有效避免环境扬尘对测试结果的影响，因此，众多研究机构采用模拟的方法获得制动系统的颗粒物排放情况。颗粒物检测模拟系统主要包含制动器、采样腔体、过滤器、鼓风机、颗粒物输送系统和检测系统。采样腔体能够有效地将制动系统与外界环境分离；同时，过滤器能够将大气中的颗粒物去除，避免外界环境带来的影响；鼓风机通过抽吸的方法将制动器产生的颗粒物输送至检测系统。

在行驶过程中，汽车轮胎磨损产生的颗粒物检测同样分为实际道路检测和模拟系统检测。实际道路轮胎磨损颗粒物检测时需要将采样系统安装于轮胎附近，（图 2. 15），轮胎系统无法做到全封闭状态，故此种方法检测到的颗粒物包含轮胎磨损颗粒物和行驶过程中的扬尘。轮胎磨损颗粒物排放模拟检测系统通过对安装在试验台架上的车轮加压来模拟轮胎受力情况，通过改变转速模拟汽车不同的行驶速度。该模拟检测系统可以有效避免扬尘带来的影响，但检测结果仍然包含道路由于磨损而排放出的颗粒物。

图 2. 15　实际道路轮胎磨损颗粒物检测系统

目前，中国已经投入大量人力、物力、财力来研究制动系统和轮胎磨损造成的颗粒物排放问题，并且已经制定颗粒物检测程序和手段，为后续制动系统和轮胎磨损颗粒物排放控制奠定基础。国七排放法规将刹车片和轮胎导致的微粒排放纳入监管范围。

## 2.8 面向未来

在控制汽车尾气排放方面，人类经过了多年的努力，已经获得了长足的进步。虽然现在几十辆汽车的有害排放量比过去一辆汽车的有害排放量都要少很多，但是仍应注意以下两点。

（1）随着全球经济的发展，全球的汽车保有量在持续增加。中国的汽车保有量在过去30多年间取得了快速增长，且目前已经达到相当高的水平。现在市场上在售的汽车排放因子已经很低，但是仍有大量高排放车辆在行驶，汽车尾气排放控制仍具有很大的挑战；同时，随着燃烧系统和后处理系统的性能逐渐恶化，尾气排放量随汽车使用年限的增加显著提高。

（2）人类对美好生活、优良生活环境的追求永无止境，因此汽车排放立法必将越来越严格，直至趋向零排放。

由于温室气体增多，全球变暖加剧，于汽车 $CO_2$ 排放的控制也将越来越严格。“碳达峰”“碳中和”战略的提出对未来汽车的发展既是重要机遇，也是巨大的挑战。

### 2.8.1 对 $CO_2$ 排放的关注

全球气候变暖受到人们越来越多的关注，机动车尾气造成的温室气体也引起人们的关注。对于汽车而言，温室气体排放主要是指 $CO_2$ 排放。$CO_2$ 本身对人体没有直接的有害作用，所以以前也不被认作有害物质，也没有相关法规明确限制 $CO_2$ 的排放。但是自《京都议定书》签署以后，情况发生了变化。

1997年12月，世界各国代表齐聚日本京都，签署了《京都议定书》，并于1998年3月16日至1999年3月15日开放签字，共有84国签署且于2005年2月16日生效。截至2009年2月，共有183个国家通过了该条约。该协议的主要内容如下。

（1）减少碳排放。《京都议定书》确定，到2010年，联合国气候变化框架公约内的发达国家的碳排放量比1990年降低5%。具体来说，2008—2012

年，发达国家必须完成的减碳目标是与1990年相比，欧盟成员国削减8%、美国削减7%、日本削减6%、加拿大削减6%、东欧各国（除新西兰、俄罗斯和乌克兰）削减5%~8%。新西兰、俄罗斯和乌克兰应将排放量稳定在1990年的水平。

（2）涉及的气体共6种，$CO_2$、$CH_4$、氧化亚氮（$N_2O$）和用来替代破坏臭氧层的氯氟烃（CFC）的三种卤烃。

（3）达不到排放目标的国家，可以与做得比《京都议定书》中所要求的指标好的国家达成协议，向其购买超出部分的配额。

（4）在其后的会议中，与会各方就针对不遵守协议的行为制定具体“合适且有效”的办法达成了一致意见。

（5）对于发展中国家（包括主要的温室气体排放国），如中国、印度，则要求其设定自愿的排放削减指标。

《京都议定书》给削减$CO_2$排放带来了直接动力和压力。而汽车排放的$CO_2$在各工业化国家的$CO_2$排放中都占较大比例，所以削减汽车的$CO_2$排放也将成为必然。$CO_2$排放和汽车油耗成正比，削减$CO_2$排放就是要求降低汽车油耗。

1992年发布的《联合国气候变化框架公约》的近200个缔约方在2015年12月的第21届联合国气候变化大会上通过了《巴黎协定》，2016年4月22日缔约国在美国纽约签署了《巴黎协定》。《巴黎协定》提出的目标是将21世纪全球平均气温较前工业化时期上升幅度控制在2 ℃以内，并努力将温度升幅限制在1.5℃以内。

2021年3月10日，欧盟议会通过了关于与世贸组织兼容的欧盟碳边境调节机制（CBAM）的决议。该议案称，如果与欧盟成员国有贸易往来的国家不能遵守碳排放相关规定，欧盟将对这些国家的进口商品征收碳关税。

1）美国汽车碳排放政策

美国人口仅占全球人口的5%，而$CO_2$年排放量却占全球年排放量的14%左右。为了降低汽车碳排放，美国政府采取了一系列政策，包括鼓励使用新能源汽车。1992年，在美国能源政策法案中，美国第一次明确鼓励使用乙醇燃料。在1993年，美国政府启动了新一代汽车合作伙伴（PNGV）计划，来自汽车工业界的工程师和来自美国国家实验室的研究者共同协作，进行新一代汽车的研究，汽车工业界和美国政府共享技术。该计划的目标是在2004年研制出一辆超级汽车，可以达到美国第二阶段排放法规的要求。该计划充分反映了美国政府对降低汽车油耗和$CO_2$排放的高度重视。

2002年，美国能源部调整了该计划，启动了自由汽车（FreedomCAR）计划。新的研究发展计划集中于燃料电池汽车、HEV 等的研究。FreedomCAR 计划由美国能源部领导，汽车制造商协会协调，而且燃料供应商参与了 FreedomCAR 计划。

2011 年，EPA 和美国国家公路交通安全管理局（NHTSA）共同制定了针对轻型车辆的温室气体排放和燃油经济性标准。为了进一步改善标准，2020 年 4 月，这两个机构修改了相关规定，并制定了《安全和可负担的燃油效率车辆规则》。该规则设定了严格且可行的标准，还规定 2021—2026 年生产的轻型机动车的 $CO_2$ 排放标准每年提高 1.5%。EPA 于 2021 年 12 月 20 日发布了最新版汽车排放规定，这些规定在 60 天内生效。根据这些规定，到 2026 年，美国销售的所有车辆的平均碳排放量将下降至 100 g/km，分别在 2023—2026 年期间下降 9.8%，5.1%，6.6% 和 10.3%。此外，EPA 于 2021 年 12 月签署了一项行政命令，要求美国政府在 2030 年将 $CO_2$ 排放量减少 65%。该命令还规定到 2030 年，美国政府要使用 100% 无 $CO_2$ 电力供电，并且到 2035 年，美国政府只能购买零排放的车辆。

针对重型车辆，EPA 和 NHTSA 于 2011 年联合发布了针对 2014—2018 年车型和发动机的第一阶段重型/中型汽车的温室气体排放和燃油效率标准。2016 年，其又发布了第二阶段标准，规定针对 2019—2027 年生产的车辆，预计减少 9.59 亿 ~ 10.98 亿 t 的 $CO_2$ 排放量。两个机构密切合作，通过制定重型车辆和重型发动机协调一致的温室气体和燃油经济性标准，平衡了 EPA 保护人类健康和环境的使命与 NHTSA 关注汽车安全和节能的目标。

2）欧洲国家汽车碳排放政策

2020 年，欧洲国家注册的新车按 NEDC 标准测得平均 $CO_2$ 排放量为 106.7 g/km。虽然高于欧盟新法规要求的 95 g/km 的平均排放目标，但是相对于 2017 年的 117.7 g/km，新车平均排放量降低了 11 g/km。欧盟各成员国在汽车碳减排方面一直走在世界前列。

1998 年，欧盟汽车制造商联盟承诺，到 2008 年将新售汽车的 $CO_2$ 平均排放量减至 140 g/km。同年 10 月，欧盟各成员国汽车生产厂家提交了一项环境保护计划，承诺采取措施提高汽车发动机的热效率、降低汽车燃油消耗，在 10 年内使汽车尾气排放的 $CO_2$ 在 1990 年基础上减少 15%[13]。

2000 年，欧盟委员会发布了《汽车二氧化碳排放标准》，要求汽车制造商将新车的 $CO_2$ 平均排放量降低。

2009 年 4 月，欧盟通过了乘用车 $CO_2$ 减排法规 443/2009/EC，旨在通过法律手段达到 $CO_2$ 减排目标；同时，激励汽车行业在技术方面的创新。根据该法规可知，短期目标是到 2015 年分步实现 $CO_2$ 平均排放量达到 130 g/km，长期目标是到2020年新售乘用车的$CO_2$平均排放量达到95 g/km。

2013年，欧盟批准了一项加强$CO_2$排放标准的协议，要求到2020年，欧盟地区新车单位里程内$CO_2$排放量必须控制在95 g/km的水平。根据欧洲环境署的数据，2012年欧盟新车平均$CO_2$排放量为132.2 g/km，较2009年降低了9%。该法规规定，到2020年将欧盟新车的$CO_2$排放量降低28.1%。

2019年，欧盟通过了首个重型车辆$CO_2$排放标准，设定了2025年和2030年减少新卡车平均排放量目标的法规。重型车辆$CO_2$排放标准于2019年8月14日生效。另外，该法规中还包括一种机制，就是以技术中立的方式激励零排放和低排放车辆的使用。

2021年7月14日，欧盟执委会公布了，涵盖气候、能源、建筑、碳交易、土地利用、交通运输、税赋等方面的相关法案，以推动经济和社会转型。*Fit for 55* 中规定，将分阶段淘汰使用汽油与柴油的内燃机汽车。

2022年6月29日，欧盟27国环境部长在比利时首都布鲁塞尔表决通过决议，在2035年欧盟成员国全境内停止燃油新车销售，以实现2050年欧盟碳中和的目标。

3）中国汽车碳排放政策

目前，中国碳排放总量居全球第一，2018年和2019年的增长率分别为2.3%和1.9%，道路运输占交通运输部门总碳排放的74.5%左右。碳中和是我国绿色和可持续发展的重大战略；交通节能减排是实现交通强国和碳中和的重要战略举措。汽车工业是碳排放的重要领域，实现汽车工业低碳减排至关重要，开发新能源和推广应用新能源汽车是必由之路。

2007年6月3日，国务院印发发展改革委会同有关部门制定的《节能减排综合性工作方案》指出，控制高油耗、高污染机动车数量，严格执行乘用车、轻型商用车燃料消耗量限值标准，建立汽车产品燃料消耗量申报和公示制度；继续实行财政补贴政策，加快老旧汽车报废更新。公布实施新能源汽车生产准入管理规则，推进替代能源汽车产业化。

2012年6月28日，国务院发布的《节能与新能源汽车产业发展规划(2012—2020年)》中明确了我国汽车节能标准的整体目标，要求2020年乘用车新车平均燃料消耗量不高于5.0 L/100 km。

2013年11月，中国确定第四阶段采用更加严格的车型燃料消耗量限值和企业平均燃料消耗量目标值，并着手对《乘用车燃料消耗量限值》标准进行修订。

2014年5月7日，工信部发布了《关于加强乘用车企业平均燃料消耗量管理的通知（征求意见稿）》，根据此前出台的《乘用车燃料消耗量限值》的规定提出，到2015年，我国生产的乘用车平均燃料消耗量要降至6.9 L/100 km，到2020年则进一步降至5.0 L/100 km。

2017年，工信部发布了《乘用车企业平均燃料消耗量与新能源汽车积分并行管理办法》，对乘用车企业设定了燃油汽车节能和发展新能源汽车两个考核目标。

根据《节能与新能源汽车技术路线图（2.0版）》，汽车产业碳排放总量将于2028年先于国家碳减排承诺提前达峰；到2035年，汽车产业碳排放总量将较峰值下降20%以上。

根据中国汽车技术研究中心公布的2022年度《中国汽车低碳行动计划》，中国汽车行业全生命周期碳排放总量达到12亿t，其中乘用车约占58%。通过推广新能源汽车及相关控碳措施，预计到2030年，中国汽车行业全生命周期碳减排量将达到7亿t左右。

### 2.8.2　面向未来的中国

中国的排放法规已经与国际接轨。现行的排放法规基于欧洲的排放法规，其中的排放测试流程、测试循环相较于欧洲排放法规中的测试进行了优化，但是欧洲排放测试循环与中国实际道路工况截然不同。为了更好地控制机动车在实际道路的空气污染物排放，生态环境部已经基于中国实际道路循环建立了机动车循环和测试流程，采用多种手段减少尾气中有害物质的排放。

燃烧过程是内燃机车产生尾气污染物排放的最主要因素，燃油品质决定燃料在气缸内的燃烧特性，影响污染物的生成。国家要求严格机动车尾气排放标准，加速燃油品质升级。国家鼓励相关企业研发和采用低排放技术，加快行业制造水平升级。改善燃油品质的措施主要包含降低PAH的含量以降低颗粒物的生成、增加燃油添加剂促进燃油的完全燃烧以减少发动机积炭、采用含氧生物燃油以提高燃料的燃烧速率、采用低碳/零碳燃料[14]。

通过改善内燃机缸内燃烧情况可以有效抑制尾气中有害污染物的生成。例如，采用新型燃烧模式可以同时降低多种有害污染物的生成；使用组织进气的方式，可以有效促进缸内燃烧，从而降低CO和HC的生成。EGR也是目前内燃机常用的技术手段，可以降低缸内燃烧温度，抑制$NO_x$的生成。

为了实现超低的内燃机汽车尾气排放，仅仅依靠改善缸内燃烧已经无法满足排放法规对尾气污染物的限制，必须依靠高效的后处理技术。三元催化器、柴油机氧化型催化转化器、颗粒物捕集器、选择性催化转化器已经广泛应用于内燃机汽车。在催化器完全起燃情况下，后处理器对有害物的去除率在90%以上。为了改善内燃机车冷起动工况下催化器减排效果欠佳的情况，往往采用相关技术手段提高内燃机车尾气的温度以迅速起燃催化器，提高有害排放物的去除效果。

随着汽车使用年限的增加和内燃机缸内燃烧的严重恶化，污染物的生成量也逐渐增加；同时，内燃机零部件的老化会导致燃油、新鲜空气供应精度变差，加剧污染物的生成；尤其是后处理装置的长期使用，会导致后处理器净化效率显著下降。对在用车进行强制性定期检测，并对出现故障的车辆进行强制修理的制度是降低老旧车辆尾气排放的有效措施。老旧车辆污染物排放在内燃机汽车污染物的排放总量中的占比很高。为达到报废年限的老旧车辆及时办理车辆报废手续，可以大幅降低内燃机汽车污染物的排放总量[15]。

随着“碳达峰”“碳中和”目标的提出，零碳燃料逐渐受到国家的关注。$H_2$ 完全燃烧生成的产物中没有 $CO_2$，被部分学者视为最具发展潜力的燃料。氨气作为 $H_2$ 的载体，具有廉价、易得、易挥发、便于储存、低污染、高热值、高辛烷值、操作相对安全和可与一般材料兼容等优点。在全球汽车行业碳中和共识下，氨—氢发动机正成为内燃动力新风口。

由于电动汽车主要依靠电力驱动，不依赖内燃机缸内燃烧产生的动力，可以有效避免燃料在发动机缸内燃烧过程中有害物的生成。截至 2022 年年底，中国新能源汽车保有量超过 780 万辆，每年减少汽车尾气碳排放量 1 500 万 t 左右。

## 2.9 参考文献

[1] 朱庆云，温旭虹，宫兰斌. 美国加州汽车排放法规和汽油标准的发展 [J]. 石油商技，2004，22 (3)：44 - 47.

[2] 卓浩天. 美国汽车排放法规探析 [J]. 汽车维护与修理，2021 (15)：12 - 20.

[3] GAO J，HUANG J，LI X，et al. Challenges of the UK government and industries regarding emission control after ICE vehicle bans [J]. Science of the total environment，2022：155406.

[4] 邹欣芯. 日本汽车尾气排放标准演进的法律分析 [J]. 法制与社会，2014 (13)：194 - 195.

[5] 王生昌，李茂月，范良瑛. 日本降低汽车尾气排放的动向与启示 [J]. 公路与汽运，2006 (5)：11 - 13.

[6] 轻型汽车污染物排放限值及测量方法（中国 Ⅲ、Ⅳ阶段）[J]. 中国质量技术监督，2005（6）：10－12.

[7] 国家质检总局. 车用压燃式、气体燃料点燃式发动机与汽车排气污染物排放限值及测量方法（中国Ⅲ、Ⅳ、Ⅴ阶段）：GB 17691—2005 [S]. 北京：国家质检总局，2005.

[8] 盛海霞. 美欧日汽柴油标准分析及启示 [J]. 工程技术与管理，2019，3（1）：151－152.

[9] 赵国斌，盖永田，耿帅，等. WHSC/WHTC 与 ESC/ETC 测试循环的试验比较与研究 [J]. 汽车工程学报，2015，5（1）：29－34.

[10] 张强华，李强，万钧. 采用 KRG 的动力电机集成驱动性能匹配研究 [J]. 浙江科技学院学报，2018，30（3）：244－250.

[11] United Nations Economic Commission for Europe. ECE Regulation No. 49, 1995.

[12] 汪晓伟，关娇，高涛，等. 重型车国六法规和中国工况发动机测试循环的差异分析 [J]. 小型内燃机与车辆技术，2021，50（3）：55－58＋87.

[13] 佚名. 欧洲汽车尾气二氧化碳含量10年内减15% [J]. 交通环保，1998（06）：38.

[14] 张松泓. 我国机动车尾气排放控制现状与对策 [J]. 河北农机，2018（1）：67.

[15] 魏名山. 汽车与环境 [M]. 北京：化学工业出版社，2004.

第 3 章

# 汽车燃油经济性政策

在汽车保有量较多的国家，汽车消耗的石油在石油需求总量中所占的比例很高。各汽车工业国在充分意识到降低汽车油耗的重要性后，均制定了各种符合国情的汽车油耗标准。在过去的 30 多年里，我国汽车保有量快速增长，交通工具的石油消耗量在石油总消耗量中所占比例不断上升，面对复杂而紧张的国际能源形势和日益严重的温室效应，提高汽车的燃油经济性，减少对进口石油的依赖是当务之急。为此，中国制定了相应的汽车油耗标准。

## 3.1 美国 CAFE 政策的发展

### 3.1.1 CAFE 的定义

CAFE 是汽车公司销售汽车加权平均后的燃油经济性，是指汽车在保证动力性的前提下，以尽量小的耗油量经济行驶的能力。对汽车燃油经济性的测试是按照 EPA 制定的测试和评价方法进行的。

### 3.1.2 美国 CAFE 标准的制定与变迁

美国国会指定美国交通部负责 CAFE 标准的制定。美国交通部将建立 CAFE 标准的任务委托给美国国家公路交通安全管理委员会。美国国家公路交通安全管理委员会负责建立和修正 CAFE 标准，颁布 CAFE 相关规定、报告等，不仅要考虑小产量厂家提出的免于 CAFE 标准考核的诉求，并为其建立另外的标准，还要执行燃油经济性标准和相关法规等涉及的各方面事务。

美国国会指出，CAFE 标准的制定应遵循最大限度可行的原则，也必须考虑下列 4 个因素。

（1）技术上的可行性，即所制定的燃油经济性标准应在目前及将来的技术所能达到的范围之内。

（2）经济上的实用性，即为满足燃油经济性标准所增加的汽车生产成本不应过高，汽车价格应在消费者可接受的范围之内。

（3）其他标准对燃油经济性的影响，即在制定标准时必须考虑汽车的排放标准、汽车的安全性标准等强制性标准对燃油经济性的影响，不应出现相互抵触的规定。

（4）国家节约能源的需要，即在考虑前三项因素的基础上，必须最大限度地考虑国家节约能源的需要，并尽量提高燃油经济性标准。

图 3.1 所示为 1978—2016 年美国小轿车和轻型货车 CAFE 标准的年度值。小轿车和轻型货车的燃油经济性标准不同，如果一家公司同时生产小轿车与轻型货车，则两者应分别计算。

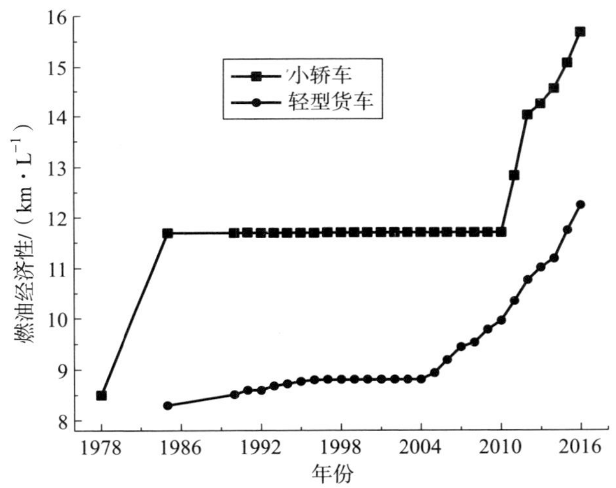


**图 3.1　1978—2016 年美国小轿车和轻型货车 CAFE 标准的年度值**

由图 3.1 可知，1985—2010 年，小轿车燃油经济性标准一直保持不变，轻型货车燃油经济性标准在 1996—2004 年也一直保持不变，因为美国国会在 1996 年冻结了 CAFE 标准。为了应对全球气候变化，美国在 2004 年以后对轻型货车的燃油经济性要求显著加严。2010 年以后，美国对小轿车的燃油经济性要求显著加严。2009 年，美国政府推行的“旧车换现金”项目极大地促进了美国汽车燃油经济性的改善。2016 年，美国小轿车的燃油经济性比 1980 年提高了 90% 以上；轻型货车的燃油经济性提高了 50% 左右。

为满足 CAFE 标准，美国各大汽车厂商纷纷开发小排量、低油耗发动机的轿车，淘汰大排量、高油耗发动机的轿车和轻型货车。大排量发动机车辆的市场占有率从 1975 年的 60% 下降到 1995 年的 11%[1]。

2000 年前后，由于轻型货车及多用途运动车辆的数量不断增加，加之能源形势不容乐观，美国国会在 2001 年 12 月 18 日，要求重新提升燃油经济性标准。2003 年 3 月 31 日，美国国家公路交通安全管理委员会签署了新的轻型货车燃油经济性标准。2003 年 12 月，美国国家公路交通安全管理委员会就加严 CAFE 标准发布征求意见的通知。近年来，为了应对全球气候变暖的问题，美国也大力发展新能源汽车，以降低 $CO_2$ 排放量。

2005 年，美国国会通过了能源政策法案，要求美国汽车厂商提高车型的 CAFE 标准。随后，美国国家高速公路交通安全管理局与 EPA 共同制定了 2008—2011 年的 CAFE 标准，要求各汽车厂商在 2011 年前将车型的 CAFE 标准值提高至 11.69 km/L。

2010 年，美国国会颁布了更具挑战性的 CAFE 标准，要求各汽车厂商在 2016 年前将 CAFE 标准值提高至 15.09 km/L。此外，该法案还规定，轻型货车的燃油经济性也要得到提高。为了实现这一目标，各汽车厂商开始推广电动汽车和 HEV 等新能源汽车。

2017 年，EPA 与 NHTSA 共同宣布将 CAFE 标准进一步提高。根据新标准，各汽车厂商在 2025 年前需要将车型的 CAFE 标准值提高至 19.29 km/L。此外，新标准还要求将汽车排放量进一步降低，以降低车辆对环境的影响。

2018 年，NHTSA 宣布暂停调整 CAFE 标准，以便进行评估和修订。2019 年，美国政府宣布放宽 CAFE 标准，引发了各种争议。目前，CAFE 标准的未来仍然不确定，但是美国许多州和城市都在推出自己的环保法规，以保护环境和减少碳排放量。

图 3.2 所示为美国历年轻型汽车的燃油经济性。1991 年之前，受益于车

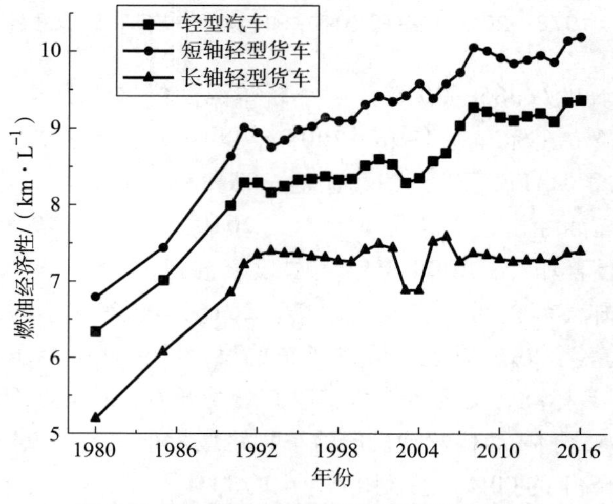


图 3.2 美国历年轻型汽车的燃油经济性

辆技术的显著发展和燃油质量的持续提高，轻型汽车的燃油经济性显著提高；1991 年之后，年度燃油经济性的改善逐渐变缓，长轴轻型汽车甚至有略微恶化的现象。

图 3.3 所示为美国历年新注册的轿车和轻型货车的燃油经济性。在 1998 年以前，新注册的轿车中进口轿车的燃油经济性显著高于国内轿车的燃油经济性。新注册的轿车燃油经济性从 1980 年的 10.3 km/L 左右提高到 2016 年的 16 km/L 左右；新注册的轻型货车的燃油经济性从 1980 年的 7.9 km/L 提高到 2016 年的 11.6 km/L。

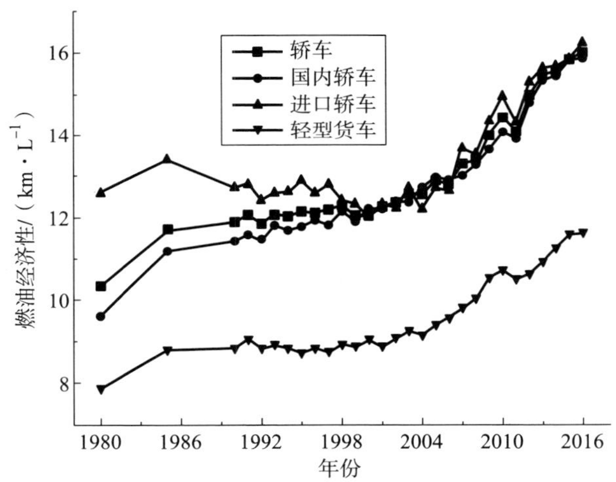


**图 3.3　美国历年新注册轿车和轻型货车的燃油经济性**

## 3.1.3　CAFE 的计算与罚款的计算

对某汽车厂商进行 CAFE 计算，实际上就是对该汽车厂商所生产的汽车的燃油经济性进行加权平均。CAFE 标准规定的平均方法为某一汽车厂商在该年度所生产车辆的总数除以由各车型各自的数量除以该车型各自燃油经济性后相加的总和，可以用算例解释这一过程。假设某汽车厂商 2004 年生产的车型中有 4 种轻型货车，其燃油经济性、汽车总质量及汽车产量如表 3.1 所示。

**表 3.1　某汽车厂商 2004 年度车型指标（虚拟算例）**

| 车型 | 燃油经济性/(km·L$^{-1}$) | 汽车总质量/kg | 汽车产量/辆 |
|---|---|---|---|
| 车型 A | 9.35 | 1 360.8 | 130 000 |
| 车型 B | 8.5 | 1 587.6 | 120 000 |

续表

| 车型 | 燃油经济性/(km·L⁻¹) | 汽车总质量/kg | 汽车产量/辆 |
|---|---|---|---|
| 车型 C | 6.8 | 1 814.4 | 100 000 |
| 车型 D | 4.25 | 4 037.0 | 40 000 |

从表 3.1 中可以看出，车型 D 的总质量超过 3 855.5 kg，所以不列入计算，则该制造商的轻型货车燃油经济性的计算见式（3.1）和式（3.2）。

$$\frac{\text{总产量}}{\frac{\text{A 产量}}{\text{A 燃油经济性}}+\frac{\text{B 产量}}{\text{B 燃油经济性}}+\frac{\text{C 产量}}{\text{C 燃油经济性}}}=\text{轻型货车燃油经济性} \tag{3.1}$$

$$\frac{350\ 000}{\frac{130\ 000}{9.35}+\frac{120\ 000}{8.5}+\frac{100\ 000}{6.8}}\ \text{km/L}=8.19\ \text{km/L} \tag{3.2}$$

由式（3.2）计算可得，该汽车厂商的轻型货车燃油经济性为 8.19 km/L。而从图 3.1 中可知，在 2004 年生产的车型中，轻型货车的 CAFE 标准为 8.80 km/L，所以该制造商没有达到要求，将被处以罚款。目前，对于罚款的计算规则为汽车厂商与 CAFE 的标准每相差 0.042 5 km/L，平均每辆汽车就罚款 5.5 美元。该汽车厂商总罚款的计算如式（3.3）和式（3.4）所示。

$$[(8.80-\text{燃油经济性})/0.042\ 5]\times 5.5\times\text{总产量}=\text{总罚款} \tag{3.3}$$

$$[(8.80-8.19)/0.042\ 5]\times 5.5\times 350\ 000\ \text{美元}=27\ 629\ 412\ \text{美元} \tag{3.4}$$

所以该制造商需要缴纳罚款 27 629 412 美元。CAFE 标准还规定，汽车厂商可以用 CAFE 积分来抵消三年内的罚款。CAFE 积分是指当制造商某年度车型（不管是小轿车还是轻型货车）的燃油经济性优于 CAFE 的标准，就可以获得积分。如果在获得后的三年内没有使用，积分便会自动失效。积分不能在各汽车厂商之间转让，也不能在不同车型之间转让，即不能把小轿车上取得的积分转让给轻型货车或相反。

关于美国 CAFE 标准，还有其他规定，内容涉及对车型的认定、免予考核的规定、积分的计算等方面。

美国 CAFE 标准限制的其实是生产大排量豪华轿车的汽车厂商和生产大排量轻型货车（包括多用途车）的汽车厂商。以美国当前的小轿车燃油经济性标准 23.26 km/L 为例，这样的要求对于普通的小型家用轿车来说是可以达到的，而对于大排量的轿车难度较大。在美国接受燃油经济性处罚的基本上都是生产豪华轿车的公司。对于豪华轿车和其他高动力性的轿车，美国还征收油老虎税（对高油耗、高排放车辆征收的惩罚性环保税），而该税由买主支付。

美国CAFE积分制度自实施以来，经历多个阶段的调整。自2011年后，该制度引入积分交易和转换，即制造商可以购买其他制造商的积分用以抵偿自身的“积分债务”，也可以将轻型货车的积分通过一定的折算系数转换为轿车积分，用以抵偿自身的“积分债务”。

## 3.2　欧洲国家的汽车油耗法规

欧洲国家控制汽车油耗的思路和美国的不同，没有强制性的油耗标准，主要通过控制$CO_2$排放达到控制油耗的目的。1980年，欧洲经济共同体（EEC）颁布了燃油消耗量相关指令，并分别于1989年、1993年、1999年对80/1268/EEC进行修订，分别通过了89/451/EEC、93/116/EC和99/100/EC指令，其中没有油耗限值，只有试验方法。欧洲汽车生产厂商协会及它的成员承诺自愿削减在欧盟成员国销售的机动车$CO_2$排放率。协议规定：到2008年，在欧洲国家销售的新机动车要达到每千米行驶排放140 g $CO_2$的目标，到2012年达到每千米行驶排放120 g $CO_2$。80/1268/EEC号指令是欧盟认证程序的一项单独指令，涉及车辆系统、部件及单个技术总成，包括90 km/h及120 km/h匀速行驶工况下进行的ECE 15/04燃料消耗量试验，是评价所有汽车燃油消耗量法规的基础，但该指令仅适用于M1类乘用车。由于欧洲国家的油价高于美国，各国政府只要公布每年各车型的实测油耗值就可以引导用户的购买意向，采用的是市场竞争机制，不是政府的强制控制。由于高油耗的车型对于普通用户来说没有任何吸引力，自然会被市场淘汰。

一些专家认为，欧洲国家通过征收高额燃油税提高油价来控制燃油消耗量，比美国的政策要好，这样不仅可以控制汽车的油耗，而且官方得到了大笔额外税收，可以用作改善公众交通设施的社会基金。这样一方面，小汽车使用成本较高，另一方面，由于公共交通系统得到改善，使用公共交通工具的人增多，交通拥堵情况减少，汽车排放量也随之降低。

现在，欧洲国家已经将汽车的$CO_2$排放和燃油消耗量结合起来考虑。2014年2月25日，欧盟公布了$CO_2$排放量的新标准，计划到2025年，将百公里油耗控制在2.9～3.3 L。

欧洲国家燃油消耗量的测定也是结合排放测试进行的，油耗的测量方法随排放测量方法的变化而变化。目前欧洲国家轻型汽车的排放测试方法为测量每种车型的废气排放，依据燃油中的碳原子数和排气中的碳原子数相等的碳平衡原理，通过排气中的 HC、CO 和 $CO_2$ 的排放量来计算汽车的燃油消耗量。

## 3.3 中国的汽车燃油经济性政策

截至 2022 年，中国机动车保有量已达到 4.02 亿辆，原油产量为 1.99 亿 t，进口石油约 5.13 亿 t，石油对外依存度超过 70%。汽车每天消耗的燃油量非常庞大，而能源供应形势并不乐观。国际上油气资源丰富的地区，政治安全形势也大都不理想。因此，在发展汽车产业的同时，应提高汽车的燃油经济性、减少石油资源的消耗、降低中国对进口石油的依赖。

中国从 20 世纪 80 年代初开始制定汽车油耗标准、制定测量汽车油耗的试验方法，以及颁布各类车辆的行业性燃油消耗量限值。但是，由于这些标准都是推荐性标准或行业标准，并不具备强制性，作用有限。

2004 年 10 月，中国国家质量监督检验检疫总局（现国家市场监督管理总局）和国家标准化管理委员会联合发布了强制性国家标准《乘用车燃料消耗量限值》（GB 19578—2004），旨在控制汽车油耗、节约石油能源。该标准按照整车整备质量对乘用车燃料消耗量的限值提出了要求限定的车型为最大设计总质量≤3 500 kg 且最大设计车速≥50 km/h 的乘用车。该标准与美国标准不同，美国标准只要求汽车公司所有车型的平均油耗水平达标，中国标准要求汽车公司所生产的每一款车型的油耗都要低于该限值的要求。该标准将分两个阶段实施。对于新开发的车型，第一阶段的执行日期为 2005 年 7 月 1 日，第二阶段的执行日期为 2008 年 1 月 1 日。正在生产的车型分别比新开发车型推迟一年实施，第一阶段的执行日期为 2006 年 7 月 1 日，第二阶段的执行日期为 2009 年 1 月 1 日。届时，没有达到标准的车辆将不再生产和销售。燃烧气体燃料和醇类燃料的乘用车不在该标准的限制之列。该政策主要解决的是不断增加的汽车保有量所带来的汽车总耗油量增加的问题，用以缓解中国的能源压力。

表 3.2 为《乘用车燃料消耗量限值》（GB 19578—2004）中规定的乘用车油耗限值，单位为 L/100 km，即百公里油耗。汽车的油耗测量就是使汽车在模拟的城市和市郊工况下运行（中国测量轻型汽车排放所用的测试循环相同），通过测定排气中的 $CO_2$、CO 和 HC，利用碳平衡法计算燃料消耗量。

表3.2　《乘用车燃料消耗量限值》（GB 19578—2004）　L/100 km

| 整车整备质量 CM/kg | 普通类乘用车 | | 带有自动挡变速器的乘用车、具有三排或三排以上座椅等其他类型的乘用车 | |
|---|---|---|---|---|
| | 第一阶段 | 第二阶段 | 第一阶段 | 第二阶段 |
| CM≤750 | 7.2 | 6.2 | 7.6 | 6.6 |
| 750＜CM≤865 | 7.2 | 6.5 | 7.6 | 6.9 |
| 865＜CM≤980 | 7.7 | 7.0 | 8.2 | 7.4 |
| 980＜CM≤1 090 | 8.3 | 7.5 | 8.8 | 8.0 |
| 1 090＜CM≤1 205 | 8.9 | 8.1 | 9.4 | 8.6 |
| 1 205＜CM≤1 320 | 9.5 | 8.6 | 10.1 | 9.1 |
| 1 320＜CM≤1 430 | 10.1 | 9.2 | 10.7 | 9.8 |
| 1 430＜CM≤1 540 | 10.7 | 9.7 | 11.3 | 10.3 |
| 1 540＜CM≤1 660 | 11.3 | 10.2 | 12.0 | 10.8 |
| 1 660＜CM≤1 770 | 11.9 | 10.7 | 12.6 | 11.3 |
| 1 770＜CM≤1 880 | 12.4 | 11.1 | 13.1 | 11.8 |
| 1 880＜CM≤2 000 | 12.8 | 11.5 | 13.6 | 12.2 |
| 2 000＜CM≤2 110 | 13.2 | 11.9 | 14.0 | 12.6 |
| 2 110＜CM≤2 280 | 13.7 | 12.3 | 14.5 | 13.0 |
| 2 280＜CM≤2 510 | 14.6 | 13.1 | 15.5 | 13.9 |
| 2 510＜CM≤3 500 | 15.5 | 13.9 | 16.4 | 14.7 |

《乘用车燃料消耗量限值》（GB 19578—2004）的实施有效减少了汽车造成的能源浪费。自该标准实施后，汽车油耗水平降低了5%～10%。之后，中国针对轻型商用车、混合动力轻型车（3 500 kg以下）、混合动力客车（3 500 kg以上）等制定了燃料消耗量限值标准，逐步建立和完善适应资源节约型社会的汽车燃油经济性标准体系。

根据国家发展和改革委员会于2004年发布的《节能中长期专项规划》，在公布乘用车燃料消耗量限值以后，我国还将建立和实施机动车燃油经济性申报、标识和公布三项制度，以使政策更加完备，更有利于法规的有效实施。

《乘用车燃料消耗量限值》（GB 19578—2004）的发布，是中国在改善汽车燃油经济性，控制汽车燃油消耗总量方面迈出的第一步，是中国面对汽车社会的能源问题所采取的重要对策。

2009—2012年，中国政府加强了对汽车燃油经济性标准的监管和执行力度，制定了更为严格的标准和法规，并加大了对不符合标准的车型的限制和处罚力度。同时，中国政府推广新能源汽车，通过补贴和税收优惠等措施鼓励消费者购买新能源汽车，促进新能源汽车产业的发展。

2014 年 12 月 22 日，中华人民共和国国家质量监督检验检疫总局、中国国家标准化管理委员会发布《乘用车燃料消耗量限值》（GB 19578—2014）。该标准自 2016 年 1 月 1 日起正式实施，全面取代标准《乘用车燃料消耗量限值》（GB 19578—2004）。

《乘用车燃料消耗量限值》（GB 19578—2014）规定了能够燃用汽油或柴油燃料、最大整车整备质量不超过 3 500 kg 的 M1 类车辆的燃料消耗量限制，见表 3.3 所示。该标准不适用于仅燃用气体燃料或醇醚类燃料的车辆。

表 3.3 《乘用车燃料消耗量限值》（GB 19578—2014） L/100 km

| 整车整备质量 CM/kg | 带有手动挡变速器的乘用车、具有三排或三排以下座椅的乘用车 | 其他车辆 |
|---|---|---|
| CM≤750 | 5.2 | 5.6 |
| 750＜CM≤865 | 5.5 | 5.9 |
| 865＜CM≤980 | 5.8 | 6.1 |
| 980＜CM≤1 090 | 6.1 | 6.5 |
| 1 090＜CM≤1 205 | 6.5 | 6.8 |
| 1 205＜CM≤1 320 | 6.9 | 7.2 |
| 1 320＜CM≤1 430 | 7.3 | 7.6 |
| 1 430＜CM≤1 540 | 7.7 | 8.0 |
| 1 540＜CM≤1 660 | 8.1 | 8.4 |
| 1 660＜CM≤1 770 | 8.5 | 8.8 |
| 1 770＜CM≤1 880 | 8.9 | 9.2 |
| 1 880＜CM≤2 000 | 9.3 | 9.6 |
| 2 000＜CM≤2 110 | 9.7 | 10.1 |
| 2 110＜CM≤2 280 | 10.1 | 10.6 |
| 2 280＜CM≤2 510 | 10.8 | 11.2 |
| 2 510＜CM≤3 500 | 11.5 | 11.9 |

国家市场监督管理总局和中国国家标准化管理委员会于 2021 年 2 月 20 日发布了《乘用车燃料消耗量限值》（GB 19578—2021）。该标准自 2021 年 7 月 1 日起实施，归口于工业和信息化部。《乘用车燃料消耗量限值》（GB 19578—2021）规定了乘用车燃料消耗量的限值、型式认证的申请、燃料消耗量的测定、型式认证值的确定和记录、生产一致性、更改和认证扩展及实施日期等内

容。该标准适用于能够燃用汽油或柴油燃料、整车整备质量不超过 3 500 kg 的 M1 类车辆，但不适用于仅燃用气体燃料或醇醚类燃料的车辆。

《乘用车燃料消耗量限值》（GB 19578—2021）中燃油消耗量限值的计算方法区别于《乘用车燃料消耗量限值》（GB 19578—2004）和《乘用车燃料消耗量限值》（GB 19578—2014）。装有手动挡变速器且具有三排及以下座椅的车辆的燃油消耗量限值应按照式（3.5）计算，计算结果四舍五入保留小数点后两位。

$$FC_L=\begin{cases}5.82, & CM\leqslant 750\\ 0.004\ 1\times(CM-1\ 415)+8.55, & 750<CM\leqslant 2\ 510\\ 13.04, & CM>2\ 510\end{cases} \tag{3.5}$$

式中，CM 为整车整备质量，kg；$FC_L$ 为车型燃料消耗量限值，L/100 km。

其他车辆的燃料消耗量限值应按照式（3.6）计算，计算结果四舍五入保留小数点后两位。

$$FC_L=\begin{cases}6.27, & CM\leqslant 750\\ 0.004\ 2\times(CM-1\ 415)+9.66, & 750<CM\leqslant 2\ 510\\ 13.66, & CM>2\ 510\end{cases} \tag{3.6}$$

式中，CM 为整车整备质量，kg；$FC_L$ 为车型燃料消耗量限值，L/100 km。

2017 年和 2020 年，国家相继出台第四阶段（2016—2020 年）和第五阶段（2021—2025 年）《乘用车企业平均燃油消耗量与新能源汽车积分并行管理办法》（简称《双积分管理办法》），该办法通过法规的不断加严，持续推进汽车燃油消耗量的降低，以提高我国汽车产品节能水平，从而实现与国际水平接轨[2]。

中国第五阶段的《双积分管理办法》分为乘用车企业平均燃料消耗积分（CAFC 积分）和新能源汽车积分（NEV 积分）管理办法，计算方法如下：

$$\text{CAFC 积分}=(\text{CAFC 达标值}-\text{CAFC 实际值})\times\text{乘用车数量} \tag{3.7}$$

$$\text{NEV 积分}=\text{NEV 实际值}-\text{NEV 达标值} \tag{3.8}$$

乘用车企业 NEV 积分实际值是指该企业在核算年度内生产或者进口的新能源乘用车各车型的积分与该车型生产量或者进口量乘积之和，计算方法如下：

$$\text{NEV 实际值}=\sum(\text{NEV 单车积分}\times\text{车型产量/进口量}) \tag{3.9}$$

乘用车企业新能源汽车积分达标值是指该企业在核算年度内传统能源乘用车的生产量或者进口量，与新能源汽车积分要求比例的乘积（2021 年、2022 年和 2023 年要求比例分别为 14%、16% 和 18%），计算方法如下：

$$\text{NEV 达标值} = \sum[(\text{传统能源车产量/进口量}) \times \text{新能源汽车积分比例要求}] \tag{3.10}$$

新能源汽车车型积分计算方法和积分使用管理办法见表 3.4 和表 3.5。

**表 3.4　新能源汽车车型积分计算方法**

| 类型 | 分值 |
|---|---|
| EV | （0.005 6 × 续驶里程 + 0.4）× EC 系数 × 里程系数 × 能量密度系数 |
| PHEV | 1.6 |
| FCV | 0.08 × $P$ |
| 注：EV 是电动汽车，PHEV 是插电式混动汽车，FCV 是燃料电池汽车 | |

**表 3.5　积分使用管理办法**

| 积分类型 | 第五阶段<br>（2021—2025 年） | |
|---|---|---|
| CAFC 积分 | 正积分 | 1. 结转：可结转至下年度，有效期为 3 年（2019 年及以后结转系数为 90%）。<br>2. 转让：可以在关联的企业范围内进行积分转让。<br>3. 交易：不允许交易 |
| | 负积分 | 1. 使用结转积分抵偿。<br>2. 使用转让的油耗积分抵偿。<br>3. 使用本企业的新能源结余正积分抵偿。<br>4. 购买新能源积分进行抵偿 |
| EV 积分 | 正积分 | 1. 结转（结转有效期不超过 3 年）。<br>（1）2021 年以后，年度企业传统能源车平均燃油消耗量实际值与当年度达标值比例不高于 123% 的，允许其当年度生产的新能源汽车正积分向后结转，每年结转 1 次，结转比例为 50%；<br>（2）2021 年以后，只生产或者进口新能源汽车的企业生产的新能源汽车的正积分按照 50% 的比例结转。<br>2. 交易：可自由交易，限当年使用 |
| | 负积分 | 购买新能源车时可以用正积分抵偿 |

## 3.4　日本的汽车燃油经济性标准

自 1979 年起，日本政府先后颁布了《节能法》《关于确定机动车能源利用率的省令》等，其中规定了汽车油耗的测试循环和限值。

日本采用按车辆整备质量分段的办法规定乘用车和货车油耗限值，共 6 个质量段，每个质量段内的油耗限值见表 3.6。

表 3.6　2004 年日本乘用车和货车油耗限值[2]

| 整车整备质量 CM/kg | | 限值/(km·L⁻¹) |
|---|---|---|
| 乘用车 | | |
| CM≤702.5 | | 19.2 |
| 702.5≤CM<827.5 | | 18.2 |
| 827.5≤CM<1 015.5 | | 16.3 |
| 1 015.5≤CM<1 515.5 | | 12.1 |
| 1 515.5≤CM<2 015.5 | | 9.1 |
| 2 015.5≤CM | | 5.8 |
| 货车 | | |
| 微型货车 | CM≤702.5 | 16.5 |
| | 702.5≤CM | 14.6 |
| 小型货车<br>CM≤1 700 | CM≤1 015.5 | 15.2 |
| | 1 015.5≤CM | 13.9 |
| 轻型货车<br>1 700<CM≤2 500 | CM≤1 265.5 | 11.5 |
| | 1 265.5≤CM | 9.5 |

1999 年 3 月，日本政府颁布的制造者等关于改善乘用车性能的准则第 2 号公告和制造者等关于改善货车性能的准则第 3 号公告中都提出了对于 2005 年和 2010 年油耗限值的要求，见表 3.7 和表 3.8。

表 3.7　2005 年和 2010 年日本乘用车油耗限值

| 汽油乘用车油耗限值（2010 年） | | | | | | | | | |
|---|---|---|---|---|---|---|---|---|---|
| 整车整备质量/kg | ≤702 | 703～827 | 828～1 015 | 1 016～1 265 | 1 266～1 515 | 1 516～1 765 | 1 766～2 015 | 2 016～2 265 | ≥2 266 |
| 限值/(km·L⁻¹) | 21.2 | 18.8 | 17.9 | 16.0 | 13.0 | 10.5 | 8.9 | 7.8 | 6.4 |
| 柴油乘用车油耗限值（2005 年） | | | | | | | | | |
| 整车整备质量/kg | ≤1 015 | | | 1 016～1 265 | 1 266～1 515 | 1 516～1 765 | 1 766～2 015 | 2 016～2 265 | ≥2 266 |
| 限值/(km·L⁻¹) | 18.9 | | | 16.2 | 13.2 | 11.9 | 10.8 | 9.8 | 8.7 |

表 3.8 2005 年和 2010 年日本货车油耗限值

<table>
<tr><th colspan="5">汽油货车油耗限值（2010 年）</th></tr>
<tr><th rowspan="2">类别</th><th rowspan="2" colspan="2">整车整备质量 CM/kg</th><th colspan="2">限值/(km · L$^{-1}$)</th></tr>
<tr><th>自动变速器</th><th>手动变速器</th></tr>
<tr><td rowspan="5">微型货车</td><td rowspan="2">CM≤702</td><td>乘用车派生①</td><td>18.9</td><td>20.2</td></tr>
<tr><td>其他</td><td>16.2</td><td>17.0</td></tr>
<tr><td rowspan="2">703≤CM≤827</td><td>乘用车派生①</td><td>16.5</td><td>18.0</td></tr>
<tr><td>其他</td><td>15.5</td><td>16.7</td></tr>
<tr><td colspan="2">828≤CM</td><td>14.9</td><td>15.5</td></tr>
<tr><td rowspan="2">小型货车<br>总质量≤1 700 kg</td><td colspan="2">CM≤1 015</td><td>14.9</td><td>17.8</td></tr>
<tr><td colspan="2">1 016≤CM</td><td>13.8</td><td>15.7</td></tr>
<tr><td rowspan="4">轻型货车<br>1 700 kg<总质量≤2 500 kg</td><td rowspan="2">CM≤1 265</td><td>乘用车派生①</td><td>12.5</td><td>14.5</td></tr>
<tr><td>其他</td><td>11.2</td><td>12.3</td></tr>
<tr><td colspan="2">1 266≤CM≤1 515</td><td rowspan="2">10.3</td><td>10.7</td></tr>
<tr><td colspan="2">CM≥1 516</td><td>9.3</td></tr>
<tr><td colspan="5">柴油货车油耗限值（2005 年）</td></tr>
<tr><td>小型货车</td><td colspan="2">总质量≤1 700</td><td>15.1</td><td>17.7</td></tr>
<tr><td rowspan="5">轻型货车<br>1 700 kg<总质量≤2 500 kg</td><td rowspan="2">CM≤1 265</td><td>乘用车派生①</td><td>14.5</td><td>17.4</td></tr>
<tr><td>其他</td><td>12.6</td><td>14.6</td></tr>
<tr><td colspan="2">1 266≤CM≤1 515</td><td>12.3</td><td>14.1</td></tr>
<tr><td colspan="2">1 516≤CM≤1 765</td><td>10.8</td><td rowspan="2">12.5</td></tr>
<tr><td colspan="2">CM≥1 766</td><td>9.9</td></tr>
<tr><td colspan="5">注：①由乘用车派生出来的货车，其结构特点为最大装载能力不超过总质量的 30%，驾驶舱和货物舱不分开，发动机前置、前驱动</td></tr>
</table>

日本还采用碳平衡法计算汽车的油耗。日本在汽车的每个质量段范围内采用 CAFE 的方法，即某一汽车厂在某一质量段范围内销售的汽车，只要各车型的加权油耗的总和满足该质量段的限值要求即可。

未来各国还会进一步提高燃油经济性标准，以降低汽车消耗的燃油量，减少交通工具的 $CO_2$ 排放量。这要求各汽车研究机构和汽车制造商进一步研发新技术，在严格控制车辆有害物排放的同时，还要提高车辆运行效率，降低油耗。同时，为了应对新能源汽车低碳排放的挑战，传统燃油车的运行效率需要不断提高，还要降低燃油消耗。

## 3.5 参考文献

[1] FARRELL A. Historical patterns in the science, engineering, and policy of vehicle emissions [D]. Pittsburgh: Carnegie Mellon University.

[2] 罗雄，孙磊，龚诗祺．中美汽车燃油经济性管理制度研究 [J]. 中国汽车, 2020 (10): 22-26.

[3] 魏名山．汽车与环境 [M]. 北京：化学工业出版社，2004.

第4章

# 汽油机和柴油机的排放及控制技术

传统燃油汽车由各种形式的发动机驱动行驶。发动机是汽车的动力源，是一种可以将某种形式的能量转换为机械能的装置。

将燃料燃烧产生的热能转换为机械能的发动机叫作热力发动机。热力发动机分为内燃机和外燃机。内燃机的工作原理是将燃料在机器内部燃烧释放的热量直接转换为动力。它的典型代表是汽油机、柴油机和燃气轮机。前两者主要用于各类车辆，后者主要用于飞行器，也有一些用于地面特种车辆。大多数汽车使用内燃机作为动力装置。

## 4.1　活塞式发动机

汽车使用的发动机主要是往复活塞式发动机。按使用的燃料分类，其可以分为汽油机、柴油机、天然气发动机、液化石油气发动机、甲醇发动机、氢发动机、氨发动机等。按点火方式分类，其可以分为点燃式发动机和压燃式发动机。点燃式发动机利用火花塞放电释放的能量，点燃燃料和空气的混合气而点火燃烧，点燃式发动机的代表是汽油机。压燃式发动机的工作原理是通过压缩气缸内的空气来产生高温，从而引起燃油自燃。

### 4.1.1　往复活塞式发动机的基本结构

目前，大多数传统燃油汽车的动力为汽油机、柴油机。对于小轿车来说，汽油机占多数；对于重型货车和公共汽车而言，柴油机占绝大多数。柴油机由于较好的燃油经济性，因此在欧洲轿车的市场份额较高，如截至2023年6月，德国柴油轿车占比为16.7%。汽油机和柴油机在结构上有一定的区别，但也有很多共同点，如都含有以下几个重要部分（图4.1）。

（1）机体组：由气缸盖、气缸体、油底壳等组成，构成发动机骨架，发动机所有其他零部件都安装在机体组上。

（2）曲柄连杆机构：通常由活塞、连杆和曲轴飞轮组成。其主要作用是将气缸内燃气膨胀推动活塞的直线运动转变为曲轴的旋转运动并对外做功。

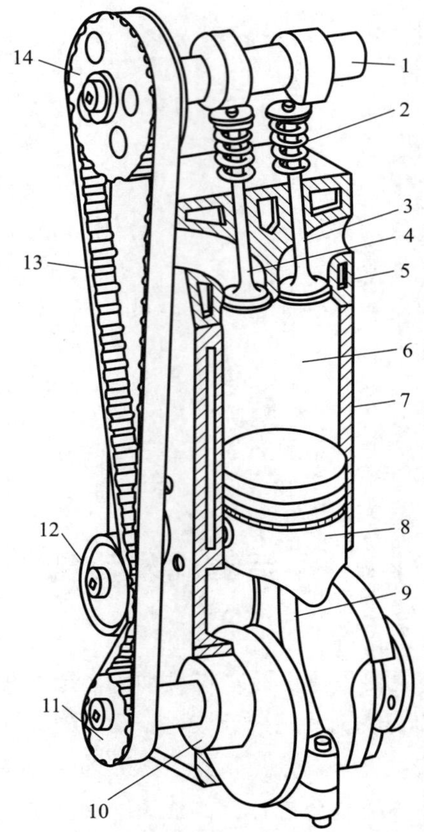


**图 4.1 发动机的基本结构**

1—凸轮轴；2—气门弹簧；3—进气门；4—排气门；5—气缸盖；6—气缸；
7—机体；8—活塞；9—连杆；10—曲轴；11—曲轴齿形带轮；
12—张紧轮；13—齿形带；14—凸轮轴齿形带轮

（3）配气机构：由气门、气门弹簧、凸轮轴、驱动机构等组成，主要作用是完成发动机的进、排气过程，可以使新鲜空气进入气缸并将燃烧产生的废气排出。

（4）燃料供给系统：主要由油箱、燃油滤清器、燃油泵和喷油嘴等组成。汽油机的燃料供给系统和柴油机的燃料供给系统有很大的不同。为达到良好的燃烧效果，柴油机要求的燃油压力非常高，因此使用的燃油泵为高压油泵，且要求喷油嘴能承受高压。燃油泵和喷油嘴制造精度都很高，供油系统价格昂贵。高压共轨柴油机的喷油压力高达 2 000 bar①；同时，还能够精确控制燃油喷射正时，有效促进柴油和空气的充分混合，提高燃烧室油气混合速率和燃烧效率。由于汽油雾化性能较好，而且汽油和空气一般在气缸外形成混合气，有较长的混合时间，汽油机的供油压力要求较低。但是进气道喷射汽油机的燃油经济性较差、未燃 HC 排放相对较高。相比于进气道喷射，缸内直喷汽油机由于较高的燃油经济性和功率密度，大量应用于中高级轿车。但是由于燃烧形式的改变，缸内直喷汽油机颗粒物的生成量较高，已经接近柴油机的水平。

（5）点火系统：汽油机所特有的系统，主要由蓄电池、发电机、分电器、点火线圈、火花塞及点火开关等组成，用来在规定时刻点燃汽油和空气形成的可燃混合气。

（6）冷却系统：主要包括水泵、散热器、冷却风扇、水套、进水管、排水管、节温器等部件。主要功用是把受热零件产生的热量散发到大气中，保证发动机能够正常工作。

（7）润滑系统：主要将润滑油输送到有相对运动的零件表面，以减少运动件之间的摩擦、磨损，并兼有清洗、冷却等作用。润滑系统主要由机油泵、机油滤清器、机油冷却器、机油油道等零件组成。

（8）起动系统，主要作用是使静止的发动机起动运转，主要由起动电机等组成。

（9）电子控制系统：现代汽油机和柴油机都带有电子控制系统，以控制喷油量、喷油时刻等并对发动机的运转进行监控和管理。

### 4.1.2　旋转活塞式发动机的基本结构

旋转活塞式发动机，又称转子发动机或汪克尔发动机，是由汪克尔博士发明的。转子发动机的基本结构如图 4.2 所示。与传统的往复活塞式发动机直线运动不同，转子发动机通过三角形转子旋转运动实现压缩和排气。与往复活塞式发动机相比，转子发动机机构的差异在于使用膨胀压力的方式。在往复活塞式发动机中，活塞顶部的膨胀压力向下推动活塞，机械力被传给连杆，带动曲轴转动。而对于转子发动机，膨胀压力作用在转子的侧面，将三角形转子的三个面之一推向偏心轴的中心。这一运动在两个分力的作用下进行，一个是指向输出轴中心的向心力；另一个是使输出轴转动的切向力。

① 1 bar = 100 kPa。

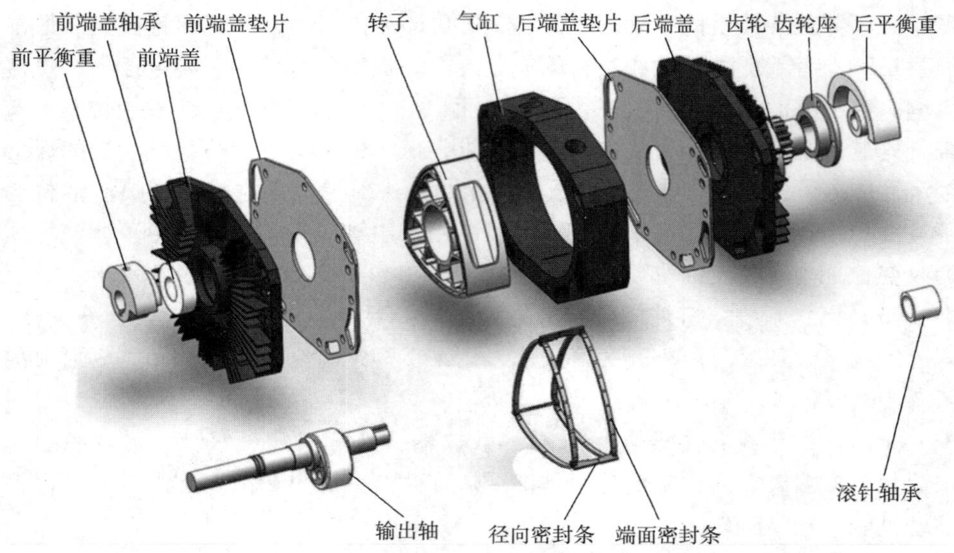


图 4.2　转子发动机的基本结构[1]

1）转子

转子拥有三个凸面，相当于三个活塞。每个凸面均有一个凹陷，用于增加发动机的排气量，容纳更多空气、燃油混合气。每个凸面的顶点通过一个金属片密封系统与燃烧室外部形成密封。转子的两侧有金属环，用于密封燃烧室的两侧。而转子其中一个侧面的中心拥有一组内部轮齿，能与固定在气缸上的齿轮相啮合。这种啮合决定了转子在气缸内运动的路径和方向。

2）气缸

气缸的形状大致呈椭圆形。该设计是为了使转子的各个顶点始终能够与燃烧室壁面接触，从而形成三个独立的密封气室。

3）输出轴

输出轴上有一个离心式圆形凸轴，称为偏心轴，即它偏离轴的中心线。偏心轴与往复活塞式发动机中曲轴的作用相似。当转子在气缸内沿其路径旋转时，会推动偏心轴。由于偏心轴是以离心方式安装在输出轴上，因此转子施加给偏心轴的力会在输出轴中产生力矩，从而使输出轴旋转。

转子发动机的转子每旋转一圈就能产生三次动力输出，而一般的四冲程发动机每旋转两圈才能产生一次动力输出，因此，转子发动机具有高功率密度的优点。此外，由于转子引擎的轴向运转特性，它需要精密的曲轴平衡就能达到较高的运转转速。整个发动机只有两个转动部件，相对于一般的四冲程发动机的 20 多个活动部件（如配气机构等），结构大大简化。除此之外，转子引擎的优点还包括体积小、质量轻、重心低、振动小等。目前，转子发动机主要应用于一些特殊领域，如赛车、航空、船舶等。

但是，由于转子发动机特殊的燃烧室形状及密封系统，转子发动机的油耗高、污染严重。由于压缩比较低且燃烧室为细长型，导致缸内燃料燃烧不充分；而且转子发动机的泄漏比传统发动机更为严重。虽然马自达公司曾经通过为转子发动机增加单涡轮增压和双涡轮增压等装置来改善缸内燃烧情况并有效减少了尾气排放，但转子发动机仍与往复活塞式发动机有显著的差距。

转子发动机磨损严重，零部件寿命短。由于三角形转子引擎的相邻容腔间只有一个径向密封片，径向密封片与缸体始终为线接触，并且径向密封片与缸体接触的位置始终在变化，因此，三个燃烧室并不能完全密封，径向密封片磨损较快。引擎使用一段时间之后容易因为油封材料磨损而发生漏气问题，进而大幅增加油耗并污染环境。三角形转子独特的机械结构使这类引擎较难进行维修。

### 4.1.3　往复活塞式发动机相关的基本定义

为了更好地理解发动机的排放过程，需要理解以下概念。

（1）排量：内燃机所有气缸工作容积的总和称为内燃机的排量，气缸工作容积是指图 4.3 所示的上止点和下止点之间包含的气缸容积。上止点和下止点是活塞做往复直线运动的两个端点。

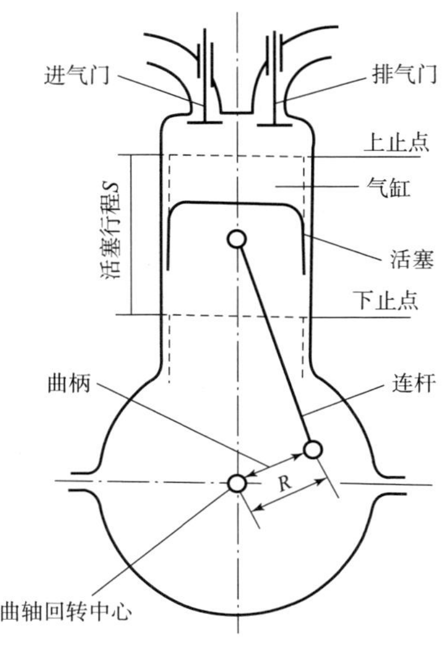


图 4.3　往复活塞式发动机示意

（2）压缩比：压缩比是指气缸总容积与燃烧室容积之比。燃烧室容积是指活塞位于上止点时，活塞顶面和气缸盖底面所夹的所有空间。气缸总容积为燃烧室容积和气缸工作容积之和。压缩比反映了气缸内空气被压缩的程度，压缩比越高，发动机热效率越高。

（3）转速：发动机曲轴旋转的速度，一般以 r/min 为单位。轿车用汽油机的最高转速一般在 6 000 ~ 8 000 r/min，轿车用柴油机的最高转速一般在 4 000 ~ 5 000 r/min，货车柴油机的最高转速一般为 2 000 ~ 3 000 r/min。

（4）扭矩：发动机所能产生的转动能力的大小，单位为 N · m。在同一转速下，油门越大，扭矩越大。

（5）负荷：表征发动机负载的大小，表示发动机在某转速条件下扭矩输出的大小。其可以定义为内燃机在某一转速下的功率与该转速下的最大功率之比，以百分数表示；也可以定义为内燃机在某一转速下的扭矩与该转速下的最大扭矩之比。

（6）功率：发动机在单位时间内对外输出的有效功称为有效功率，单位为 kW，在传统上以 hp① 为单位。根据发动机的转速和扭矩可以计算功率。

（7）过量空气系数和空燃比：进入发动机气缸的空气量和理论上燃油完全燃烧所需空气量的比值定义为过量空气系数。空燃比是指进入气缸的空气和燃油的质量比值。从化学理论上分析，完全燃烧 1 kg 汽油，需要 14. 7 kg 空气；完全燃烧 1 kg 柴油，需要 14. 3 kg 空气。以一台汽油机为例，如果某一循环，进入气缸的空气量和燃油量的比例恰好为 14. 7 : 1，则空燃比为 14. 7，过量空气系数为 1。以一台柴油机为例，如果某一循环，进入气缸的空气质量和燃油质量的比例为 28. 6 : 1，则空燃比为 28. 6，过量空气系数为 2。

（8）浓混合气与稀混合气：过量空气系数大于 1 的燃油与空气的混合气称为稀混合气，过量空气系数小于 1 的燃油与空气的混合气称为浓混合气。燃油的相对比例越小，表示混合气越稀。

## 4. 2　汽油机的结构、原理及污染物生成

### 4. 2. 1　往复活塞式汽油机的结构和原理

往复活塞式汽油机的典型构造示意如图 4. 4 所示，凸轮轴驱动进、排气门

① 1 hp = 745. 7 W。

开启或者关闭以实现进气和排气，火花塞点燃空气和汽油的混合气，混合气剧烈燃烧后，产生高温高压的燃气推动活塞下行，从而驱动曲轴对外输出功率。汽油机在结构上的显著特点是气缸内有火花塞，活塞一般为平顶，汽油和空气的混合一般在气缸外完成。中、高级轿车多采用汽油缸内直喷的方式，可以提高汽油机的热效率和功率输出。

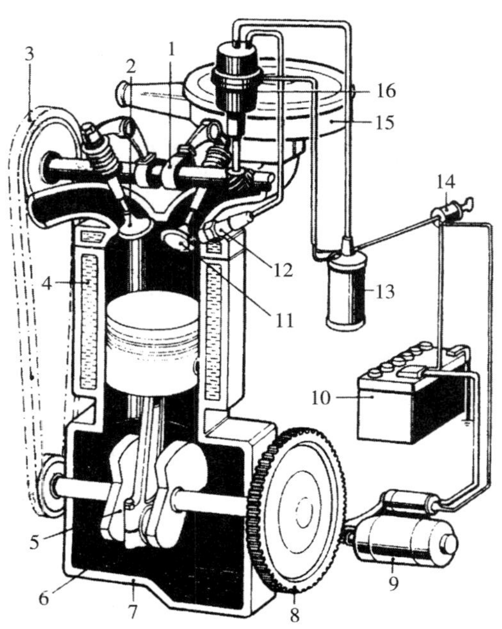


**图 4.4　往复活塞式汽油机的典型构造示意**

1—凸轮轴；2—排气门；3—正时皮带；4—冷却液；5—曲轴；6—润滑油；7—油底壳；8—飞轮；9—起动机；10—蓄电池；11—进气门；12—火花塞；13—点火线圈；14—点火开关；15—空气滤清器；16—分电器

往复活塞式汽油机的工作过程如图 4.5 所示，每个工作循环可以分为 4 个冲程，即进气冲程、压缩冲程、膨胀冲程（做功冲程）和排气冲程。

（1）进气冲程，如图 4.5（a）所示，进气门开启，排气门关闭，活塞由上止点向下止点移动。当容积增大后，气缸内产生真空度，汽油和空气的混合气在真空吸力的作用下进入气缸。对于电喷汽油机而言，汽油喷油嘴安装于进气歧管，进气过程中将汽油喷射到进气歧管形成混合气。

（2）压缩冲程，如图 4.5（b）所示，进、排气门全部关闭，活塞由下止点向上止点移动并压缩混合气，使缸内气体的压力和温度升高。

(3) 膨胀冲程，如图4.5 (c) 所示，在压缩行程末端，火花塞产生电火花，点燃被压缩的可燃混合气。混合气燃烧放出大量的热量，气缸内压力、温度迅速升高，推动活塞快速下行，带动曲柄连杆机构对外做功。

(4) 排气冲程，如图4.5 (d) 所示，排气门开启，活塞上行，废气排出。

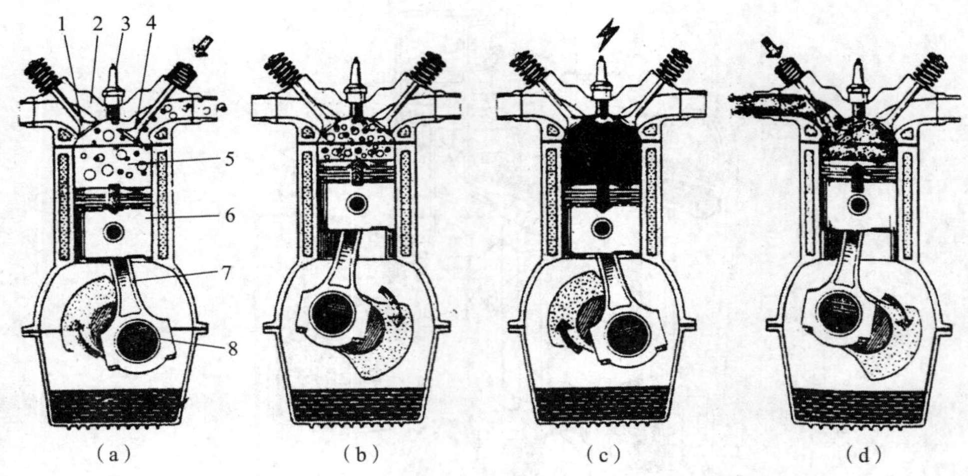


**图4.5　往复活塞式汽油机的工作过程**

(a) 进气冲程；(b) 压缩冲程；(c) 膨胀冲程；(d) 排气冲程

1—排气门；2—气缸盖；3—火花塞；4—进气门；5—气缸；

6—活塞；7—连杠；8—曲轴

现代汽油机为实现良好的燃油经济性并提高排放性能均采用电控喷油系统及其他系统进行电子控制，如图4.6所示。汽油和空气的混合气制备主要由电磁喷油器完成。在冷起动时，为了保证汽油机稳定燃烧，须加浓混合气，有的汽油机还有专门的冷起动喷油器，在冷起动时提供额外的燃油。现代电喷汽油机的电控供油基本原理是利用空气流量计测量进气流量，电子控制单元 (ECU) 根据空气流量及其他信号计算燃油喷射量并根据安装在排气管上的氧传感器获得的空燃比信号对燃油喷射量进行反馈，然后修正，以实现对喷油量的精确控制。

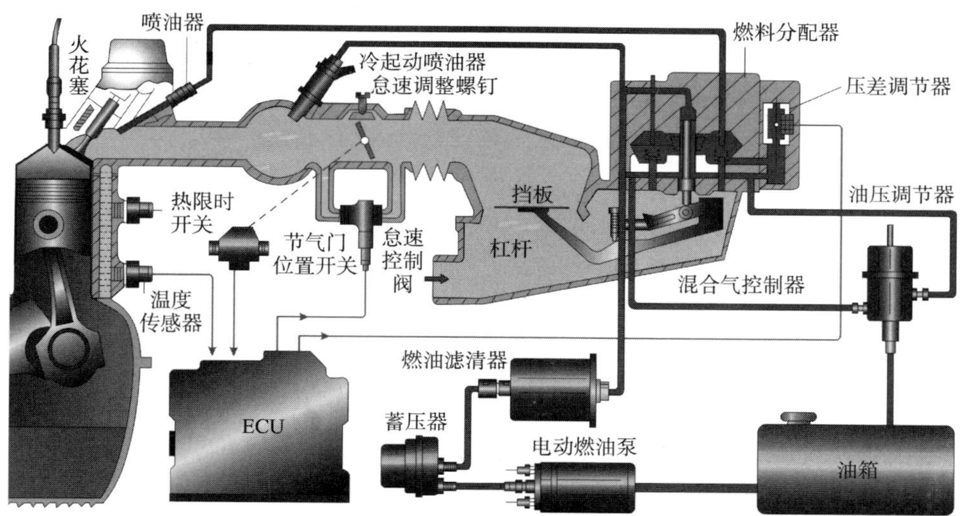


图4.6 电子控制的汽油机原理示意

## 4.2.2 转子发动机工作过程分析

三角形转子绕输出轴中心公转的同时，本身又绕其中心自转。在三角形转子的运转过程中，以三角形转子中心为中心的内齿圈与以输出轴中心为中心的齿轮相啮合。齿轮固定在缸体上不转动，而内齿圈与齿轮的齿数之比为3∶2。这种运动关系使得三角形转子顶点的运动轨迹（气缸壁的形状）呈现8字形。三角形转子将气缸分成三个独立空间，每个空间各自完成进气、压缩、做功和排气过程，因此，三角形转子自转一周，发动机点火做功3次。由以上运动关系可知，输出轴的转速是转子自转速度的3倍，这与往复活塞式发动机中活塞与曲轴1∶1的运动关系完全不同。

转子发动机的工作过程包含进气、压缩、膨胀、排气4个冲程，如图4.7所示。

(a) (b) (c) (d)

图4.7 转子发动机的工作过程

循环的进气阶段始于转子顶点经过进气口的那一刻。当进气口打开并接通燃烧室时，燃烧室的体积接近最小值。随着转子继续转动，燃烧室的体积逐渐增大，从而将空气和燃油混合气吸入燃烧室。

当燃烧室的顶点经过进气口时，燃烧室被密封，并开始压缩空气和燃油的混合气。随着转子在壳体内的运动，燃烧室的体积变得更小，从而进一步压缩空气和燃油的混合气。当转子的凸面转到火花塞处时，燃烧室的体积再次接近最小值，此时燃烧过程便开始了。

多数转子发动机有两个火花塞，燃烧室比较狭长。如果只有一个火花塞，火焰的扩散速度便会很慢。当火花塞点燃空气和燃油的混合气时，燃烧会迅速产生压力，驱动转子运动。燃烧的压力会驱动转子沿着燃烧室体积增大的方向转动。接下来，燃烧气体继续膨胀，推动转子并产生动力，直至转子的顶点经过排气口。

当转子的顶点经过排气口时，高压燃气会被释放到排气装置中。随着转子继续运动，燃烧室开始压缩，迫使剩余废气排出。当燃烧室体积接近最小时，转子的顶点将经过进气口，整个循环便会再次开始。

### 4.2.3 汽油机污染物的生成

汽油机排放的主要污染物为 HC、CO 和 $NO_x$，对于缸内直喷汽油机，PM 则是主要的有害排放物。这些污染物的生成原因不同。

汽油机的 HC 排放有三个来源：排气管的尾气排放、曲轴箱的通风排放和油箱的蒸发排放。当汽油机处于工作状态时，如果燃油箱内的蒸气压力超过预定值，则汽油蒸气排放控制双向阀打开，使蒸气进入汽油蒸气排放控制系统的活性炭罐，HC 被吸附并暂时保存在活性炭罐内。随着发动机的运转，新鲜空气进入活性炭罐的底部并将燃油蒸气带入进气歧管，从而进入燃烧循环。本处主要讨论来自排气管的 HC 排放。

汽油机污染物中的 HC 的生成原因很复杂，总体说来可分为 4 个。

（1）气缸壁面火焰淬熄：燃烧的火焰接触到气缸壁面，由于壁面温度较低，燃烧反应变缓或终止，从而导致 HC 排放出来。

（2）狭缝效应：燃烧室中存在的各种间隙（如活塞、活塞环和气缸壁之间的间隙），其会使火焰熄灭，在燃烧过程中，由于缸内较高的压力，狭缝中会有部分未燃烧 HC，在排气过程中，由于缸内压力的降低，狭缝中未燃烧的 HC 便会释放到气缸内并随尾气排出。

（3）气缸壁面的润滑油膜对 HC 蒸气的高压吸附和低压解析作用会导致 HC 的排放。

（4）燃烧室中沉积物的影响，燃烧室壁面、活塞顶部、进气门和排气门处会形成含碳沉积物或金属氧化物沉积物。实验证明，这些沉积物会使 HC 的排放量增加。沉积物为多孔介质，HC 在高压的作用下被吸附到沉积物内部，在排气过程中，由于压力降低，HC 从沉积物中解析出来，但缸内温度和含氧量低，不能继续发生氧化反应，进而随尾气排出。

CO 是 HC 燃料未完全燃烧的产物。HC 经氧化过程最终生成 $CO_2$，而 CO 的生成是此过程的重要中间步骤。当 $O_2$ 浓度不足时，易生成 CO。在汽油机（缸内直喷汽油机除外）中，燃油和空气可以充分混合。在这种情况下，汽油机的 CO 排放量完全取决于燃油和空气的相对含量。随着在空气中相对含量的增加，CO 排放量逐渐降低。

现代车用汽油机在部分负荷区域工作时，为保证三元催化器的高效工作，过量空气系数保持在 1.0 左右，此时的 CO 排放量极低。汽油机在负荷很小时，为保证燃烧稳定，混合气需要适当加浓（混合气加浓就是指多喷射燃油，使过量空气系数小于 1），导致 CO 的排放量略有上升。当汽油机以满负荷或接近满负荷工作时，为保证发动机的功率输出，混合气显著加浓，导致空气不足，此时的 CO 排放量开始急剧上升。在汽油机冷起动时，由于需要加浓混合气来保证稳定起动，且冷起动情况下三元催化器的温度较低，有害污染物的转化效率较低，因此，CO 的排放量也很高。在发动机加速、减速的过程中，由于空气和燃油响应性的差别，混合气偏浓，导致 CO 的排放量较高。

汽油机污染物 $NO_x$ 的生成主要与温度和氧浓度有关。由于空气中既有 $N_2$ 又有 $O_2$，而汽油机的缸内燃烧温度可以达到 2 000 ℃以上，为 $N_2$ 和 $O_2$ 的反应提供了温度条件，因此，汽油机工作时必然生成 $NO_x$。在常规火焰温度下，$NO_2$ 的生成量与 NO 相比，可以忽略不计。当过量空气系数 $>1.15$ 时，$NO_2$ 的占比不超过 2%，在怠速工况下，$NO_2$ 的排放量较高[2]。

$NO_x$ 按照其生成环境及机理可以分为热 NO、瞬态 NO 和燃料型 NO。主要生成于焰后高温区域的 NO，称为热 NO。$N_2$ 和 $O_2$ 在高温下发生反应生成 NO，NO 的生成速率随温度呈指数函数的关系变化。当温度 $<1\ 800$ ℃时，NO 的生成速率较低，但当温度 $>2\ 000$ ℃时，NO 生成速率显著升高，温度每升高 100 ℃，NO 生成速率就增大 1 倍。在缸内可燃混合气很浓的条件下，$N_2$ 与 ·OH 发生反应，也会生成 NO，且该反应时间很短，称为瞬态 NO。由于汽油中含有一定量的氮元素，燃料在高温环境中燃烧，燃料中的氮元素会与 $O_2$ 发生反应，生成 NO，称为燃料型 NO。

与进气道喷射汽油机不同的是，缸内直喷汽油机缸内混合气总体处于理论空燃比附近，但是缸内直喷汽油机空气和燃油的混合时间较短，仍然有局部区域处于浓混合气状态，导致汽油在燃烧过程中由于局部缺氧而生成颗粒物。缸内直喷汽油机颗粒物的排放数量已经达到柴油机的水平，我国现行的相关排放法规已经严格限制了缸内直喷汽油机颗粒物的排放量。缸内直喷汽油机颗粒物的主要成分与柴油机颗粒物的主要成分有显著差异，其中有机碳的占比较大。

## 4.3 汽油机的三元催化器

目前，控制汽油机污染物排放最主要的措施就是采用电喷技术，精确控制汽车在各工况时汽油的喷射量，使汽油尽量完全燃烧，同时配合点火时刻的电子控制，使燃烧过程尽量可控，以减少汽油机的排放量。对于汽油机来说，减少污染物排放另一项必不可少的措施就是三元催化器。三元催化器已成为现代汽油机的重要组成部分之一。

### 4.3.1 三元催化器基本结构和原理

三元是指该催化器能够同时净化处理汽油机汽车尾气中的 HC、CO、$NO_x$ 三种有害物质。三元催化器安装在汽油机的排气管上（图 4.8）。三元催化器一般包括不锈钢壳体、减震密封垫、陶瓷载体及催化剂。

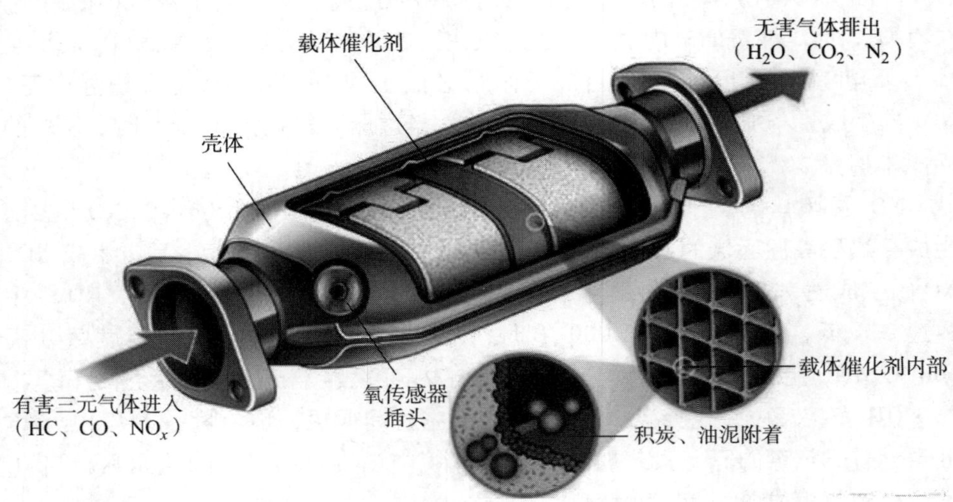


图 4.8 三元催化器的基本结构

催化剂涂附在蜂窝状陶瓷载体或金属载体上，如图 4.9 所示。经特殊工艺处理过的蜂窝状陶瓷载体或金属载体能提供非常大的表面积，以促进化学反应的快速进行。可以根据需要，将载体制成椭圆形、圆形或者其他形状。

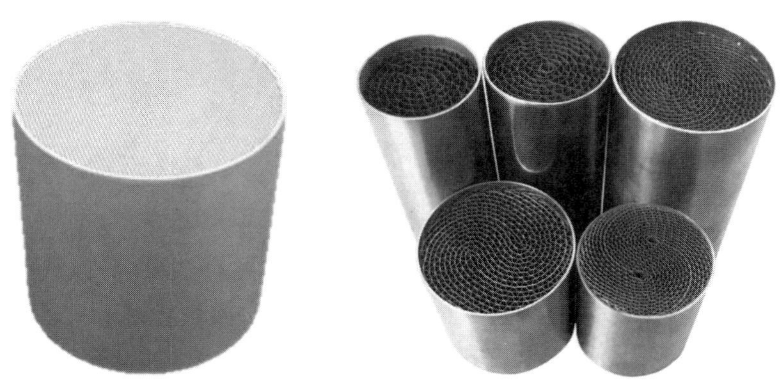

**图 4.9　蜂窝状陶瓷载体和金属载体**

蜂窝状载体孔密度一般为 400 孔/$in^2$① 左右。整体蜂窝状陶瓷载体或金属载体在未经特殊处理之前，其表面积很小。在载体通道的表面涂覆活性涂层可以使催化剂载体表面积增大。活性涂层一般使用比表面积更大的 $\gamma-Al_2O_3$，其表面积可达 100 ~ 200 $m^2/g$。通俗地讲，$\gamma-Al_2O_3$ 的作用就是将载体通道的表面变得粗糙（图 4.10），使催化剂载体表面的实际面积扩大上万倍，进而增大三元催化器的活性表面，增加排气和催化剂接触的机会，使三元催化器的效率提高。

三元催化器所使用的主要活性催化材料是贵金属铂（Pt）和铑（Rh），用量为 1.4 ~ 1.7 g/L。铂和铑的比例为 5 : 1。

三元催化器的主要原理是利用排气自身组分的化学特点促成反应，即排气中的 HC 和 CO 的还原性比较强，而排气中的 $NO_x$ 具有一定的氧化性，在催化剂的作用下，三者可发生氧化还原反应，将 HC 和 CO 氧化为 $H_2O$ 和 $CO_2$，使 $NO_x$ 还原为 $N_2$。在三元催化器中，铂主要催化 HC 和 CO 的氧化反应，铑催化 $NO_x$ 的还原反应。在三元催化反应器中发生的主要反应，如式（4.1）~ 式（4.6）。其中，式（4.1）~ 式（4.3）为氧化反应，式（4.4）~ 式（4.6）为还原反应。

$$2CO + O_2 = 2CO_2 \tag{4.1}$$

① $1\ in^2 = 6.452\ cm^2$。

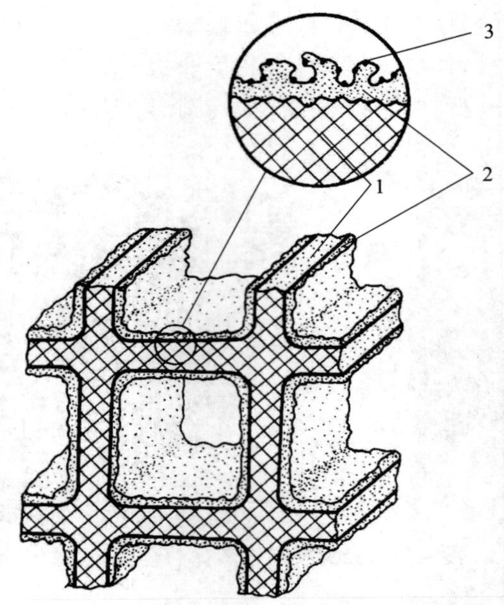


图 4.10　三元催化器载体表面的微观结构

1—陶瓷蜂窝状载体；2—$\gamma-Al_2O_3$ 活性涂层；3—催化活性物质

$$CO + H_2O \xlongequal{} CO_2 + H_2 \tag{4.2}$$

$$2C_xH_y + \left(2x + \frac{1}{2}y\right)O_2 \xlongequal{} yH_2O + 2xCO_2 \tag{4.3}$$

$$2NO + 2CO \xlongequal{} 2CO_2 + N_2 \tag{4.4}$$

$$2NO + 2H_2 \xlongequal{} 2H_2O + N_2 \tag{4.5}$$

$$C_xH_y + \left(2x + \frac{1}{2}y\right)NO \xlongequal{} \frac{1}{2}yH_2O + xCO_2 + \left(x + \frac{1}{4}y\right)N_2 \tag{4.6}$$

因为 $NO_x$ 在催化器中的还原反应需要使用 CO、$H_2$ 和 HC 作为还原剂，所以如果排气中 $O_2$ 过量，还原剂首先和 $O_2$ 反应，$NO_x$ 的还原反应就不能正常进行。而如果 $O_2$ 浓度不足，CO 和 HC 就不能被完全氧化。因此，必须严格控制混合气的过量空气系数，才能确保排气中的氧浓度适中，保证排气中的 $NO_x$、HC、CO 的浓度成一定比例，只有这样，三种有害排放物质才能同时被高效清除。

## 4.3.2　三元催化器的工作特点

汽油机喷油量的控制系统示意如图 4.11 所示。汽油机的 ECU 根据进气流量计测量的空气质量流量确定汽油的喷射量，然后根据氧传感器的信号修正燃油喷射量。

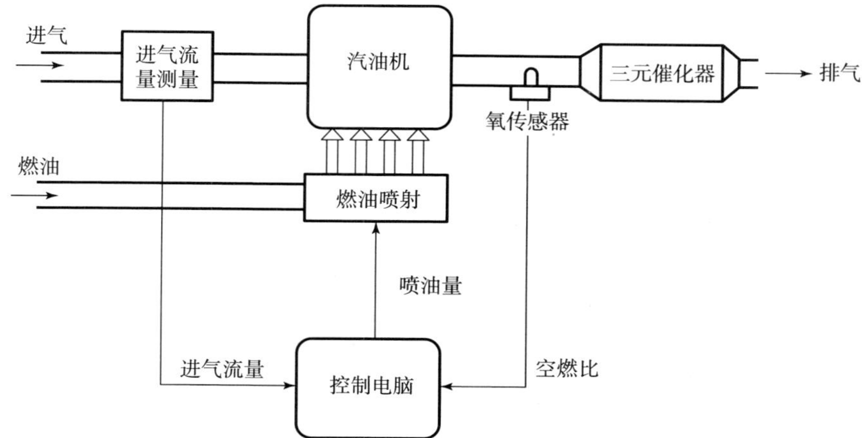


**图 4.11　汽油机喷油量的控制系统示意**

三元催化器的转化效率和空燃比的关系如图 4.12 所示。由图 4.12 可知，只有很好地将空燃比控制在 14.7 附近很小的范围之内，排气污染物的催化去除效率才比较高。汽油机的 ECU 根据氧传感器的反馈的电压信号来判定空燃比并据此修正喷油量，从而将空燃比的变动控制在非常严格的范围内。

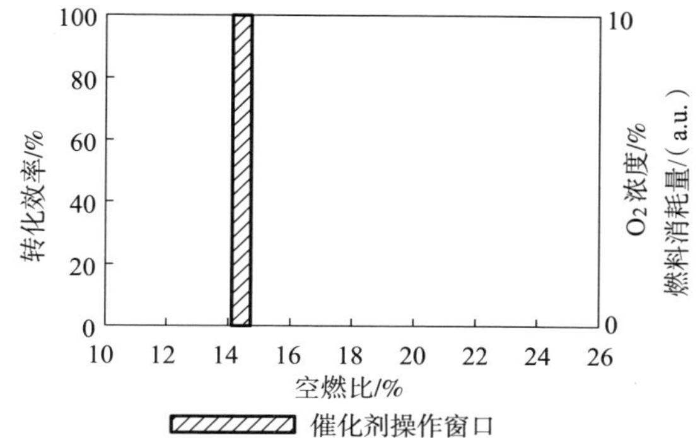


**图 4.12　三元催化器的转化效率和空燃比的关系**[3]

汽油机在常用工况下的排放问题通过三元催化器基本能够解决，但是由于三元催化器只有在达到一定的温度后才能工作，因此，汽油机面临的主要问题是冷起动的排放问题[4]。在汽油机冷起动暖机的过程中，CO 和 HC 的排放量为正常工作状态下的几十倍。对于混合动力汽车来说，冷起动阶段排放量占比越来越明显。汽油机冷起动阶段通常采用增加燃油后喷量、推迟点火等方式迅速提高三元催化器的温度。当然，汽油机在冷起动时 CO 和 HC 的排放量较高还有其他原因，如冷起动时为使汽油机稳定燃烧要多喷油以加浓混合气，造成汽油燃烧不充分，从而导致排放较高。另外，当排气温度在300 ℃以下时，氧传感器不能高效工作，控制器不能根据氧传感器的信号精确控制喷油量，也是导致冷起动时污染物排放多的原因之一。

由图4.13可见，只有在进口温度达到350 ℃以上时，三元催化器的转化效率才能达到50%，通常把达到50%转化效率对应的温度称为催化剂起燃温度。汽油机在冷起动时，排气温度较低，三元催化器的转化效率也比较低，所以会排出大量的HC、$NO_x$及CO。

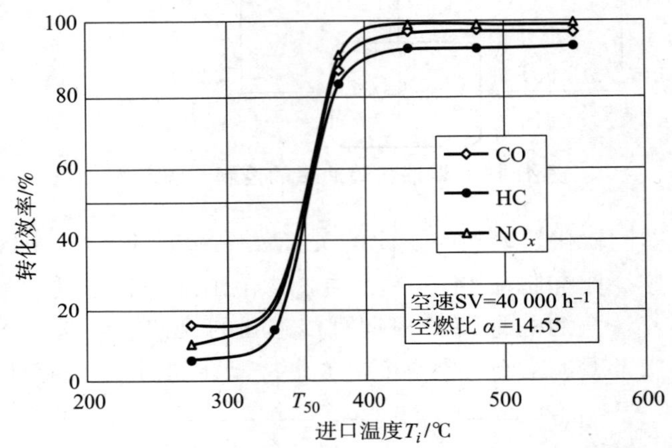


图4.13　三元催化器转化效率和进口温度的关系

## 4.4　汽油机排放控制技术

面对不断加严的汽车排放法规，汽车行业发展出很多应对措施，主要包括对汽油机本体结构的改进与控制优化、催化转换器技术的进步两个方面。只有从系统的角度考虑，将这两个方面有效地配合起来，才能达到降低汽车排放的目的。

### 4.4.1　汽油机本体结构的改进与控制优化

#### 4.4.1.1　多点喷射稀燃

多点喷射稀燃中的多点是指在发动机每个气缸的进气支管都有一个喷油嘴，而早期的电喷汽油机往往只在进气总管上安装一个喷油嘴。采用多点喷射的方式可以让汽油喷射量更精确，有利于改善排放。稀燃是指发动机在多数工况下，空气相对于汽油过量。多点喷射稀燃使空气和燃油的混合气完全或近乎完全燃烧，因此燃油消耗率得到降低，有害污染物排放得到控制。一般而言，在部分负荷下，现代汽油机的空燃比为约14.7，而稀燃发动机可以在高空燃比下工作，稀燃发动机的空燃比可为21～23甚至更高。所以稀燃汽油的燃烧更为充分，燃油消耗率更低。

丰田、本田、马自达、尼桑和三菱等公司多点喷射稀燃汽油机设计的共同特点如下。

（1）通过控制进气涡流控制阀、进气道结构优化设计、可变气门正时（VVT）等手段改善缸内气流运动，即产生进气涡流、滚流、旋流等。各个公司的设计不尽相同，混合气可能是均匀的，也可以是轻微分层或分层的。分层是指在气缸内部分区域混合气浓，部分区域混合气稀，呈层状分布，靠近火花塞的地方混合气浓度较高，以便使火花塞能够有效点燃混合气。

（2）通过将空燃比传感器、氧传感器、燃烧压力传感器等传感器和先进的发动机管理系统结合，实现对空燃比的精确控制。

（3）根据前面所述的三元催化器工作原理，由于稀燃汽油机的空燃比偏离理论值14.7，普通三元催化器已不能有效发挥作用，可以采用带有稀燃$NO_x$捕集（LNT）的系统降低汽车排放量。

和单点喷射相比，该技术有较好的燃油经济性，可节油10%左右。该技术的缺点在于多点喷射会导致汽油机的成本增加5%左右，还会增加发动机精确控制的难度。如果要达到国六排放标准，则需要使用LNT催化剂。另外，该技术还需解决冷起动时排放HC的问题。

#### 4.4.1.2　稀燃汽油直喷发动机

汽油直喷技术和传统的进气道喷射不同，它是将燃油直接喷射到燃烧室中，汽油喷射压力一般为120～200 bar。在发动机管理系统的控制下，直喷式汽油机有多种运行模式。如果燃油在压缩冲程内喷射，空气燃油混合气保持分层，再加上必要的空气扰动（涡流和滚流），使总体空燃比变得非常高，但是由于火花塞附近混合气较浓，也能够顺利点燃。如果喷射发生在进气冲程，空气燃油混合气是均质的，此时的混合气空燃比可能是当量的（过量空气系数为1），也可能是稀的，这取决于喷油量。提示：可以根据需要在一个循环中多次喷射。

分层稀薄燃烧只有在发动机低速时可以实现，在部分负荷工况下可以采用均质稀混合气，在大负荷时则必须使用当量空燃比，即空燃比为14.7，以兼顾发动机的动力性。增加发动机分层燃烧的范围可以有效改善燃油经济性，但会使 $NO_x$ 排放恶化。因此，对于不同国家和地区，针对不同的排放测试循环，厂家将采用不同的控制策略。

该技术的优点在于缸内直喷稀燃可以给汽油机带来较低的燃油消耗率。其燃油消耗率比普通多点电喷汽油机低 20% 左右。缸内直喷稀燃汽油机的 $NO_x$ 排放比传统多点电喷发动机低。扭矩特性和驾驶性都比多点电喷汽油发动机好。该技术的缺点是其价格比传统的汽油机高。稀燃条件下，对 $NO_x$ 的催化转换难度较大。另外，缸内直喷会导致尾气中颗粒物排放的急剧增加。

德国大众汽车公司的燃油分层喷射（FSI）技术就是一种汽油稀燃缸内直喷技术。在 1999 年的法兰克福车展上，大众公司展出了装备 FSI 发动机的 Lupo 轿车。该汽油机的排量是 1.4 L，功率为 77 kW，该款 Lupo 轿车油耗仅为 4.9 L/100 km。采用 FSI 技术的汽油机在低转速时运行在稀燃状态，通过直接减少供油量降低汽油机的功率输出，不需要使用节气阀对进气量进行节流，可以显著减小进气阻力，降低泵气损失，提高汽油机的热效率。此工况下的混合气为分层燃烧。该汽油机在高转速时运行在均质混合气状态，即燃油和空气均匀混合。

该汽油机混合气分层是通过在汽油机进气管中安装滚流板来实现的。滚流板通过使进气气流产生滚动，采使汽油机火花塞附近混合气浓度较高、其他区域的混合气浓度较低，最终使混合气分层，如图 4.14 所示。

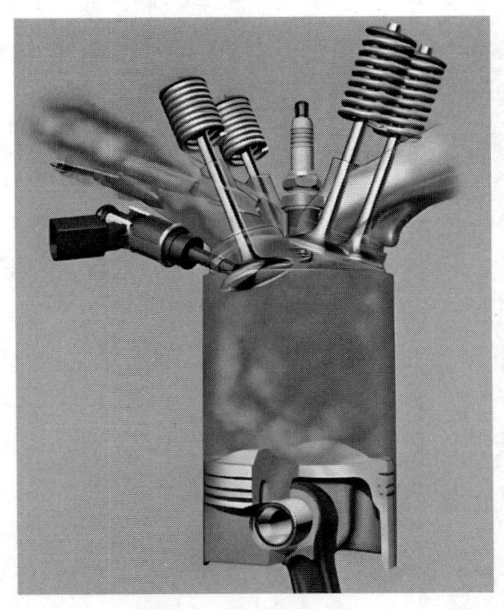

图 4.14　德国大众公司 FSI 技术原理示意

针对稀燃汽油机 $NO_x$ 排放量较高的问题，大众公司在稀燃汽油机的排放系统上采取了相应的措施。首先，采用高效 EGR 技术降低 $NO_x$ 的生成量；其次，在催化系统上安装 $NO_x$ 吸附催化器，当汽油机运行在稀燃状态时，$NO_x$ 吸附催化器将 $NO_x$ 吸附；此外，在排气系统上还安装了 $NO_x$ 传感器，当吸附催化器的 $NO_x$ 储存能力达到极限时，$NO_x$ 传感器给汽油机的控制系统发出信号，控制系统增大供油量加浓混合气，此时，被吸附的 $NO_x$ 可被转化成无害的 $N_2$，而后汽油机又迅速恢复运行在稀燃状态。大众公司的宝来（Bora）、高尔夫（Golf）、Polo 等品牌都有装备 FSI 发动机的车型。

#### 4.4.1.3　理论空燃比汽油缸内直喷

理论空燃比汽油缸内直喷和稀燃直喷不同，理论空燃比汽油缸内直喷发动机中，空燃比维持在 14.7，即燃油和空气的比例，理论上维持在刚好完全燃烧的比值。缸内直喷方式可以冷却燃烧室内的气体，提高充气效率。细小的油滴在空气中更易蒸发，而且贯穿度较低，不易碰到固体壁面，所有的汽化潜热都来源于缸内高温气体，而不从壁面吸热。缸内混合气温度较低，降低了汽油机的爆震倾向。压缩比和充气效率提高的综合效果使发动机性能改善，燃油消耗率降低。虽然理论空燃比汽油缸内直喷发动机的管理系统是基于多点喷射系统的硬件/软件，但是该方案的喷油定时是可调的，而对于直喷发动机来说，这是一个重要的优势，因为可以通过改变喷油正时降低排放来改善缸内燃烧。

该方案的优点如下。

（1）通过提高压缩比，相较于进气道喷射汽油机，可以在燃油经济性和 $CO_2$ 排放上取得 10% 左右的收益。

（2）和稀燃直喷发动机相比，$NO_x$ 排放可以降低 50% 左右。

（3）和稀燃直喷发动机相比，对喷油器和燃烧系统的要求降低，可使成本显著下降。

该方案的缺点如下。

（1）燃油消耗率比稀燃直喷发动机略高。

（2）进气门和燃烧室的沉积物较多。

（3）比多点喷射系统的成本高。

#### 4.4.1.4　可变气门正时系统

为使发动机满足越来越严格的排放要求和燃油经济性要求，可变气门正时（VVT）系统已经广泛应用于现代汽油机。VVT 系统可以根据发动机工况的变化，调整进气门和排气门的开启和关闭时刻，以使发动机性能达到最优状态。

以下系统可以分为简单 VVT 系统，如 Alfa Romeo 的液压系统，Honda VTEC 的机械系统等；全独立 VVT 系统，如 FEV 公司的电磁系统，Fiat 公司的电液系统。

该方案的优点在于可以提高 10% ~15% 的燃油经济性，减少尾气排放，尤其是 $NO_x$ 的排放；还可以通过提高容积效率和低速扭矩，来改善发动机瞬态性能。VVT 系统的使用，可以显著降低发动机换气过程中的泵气损失，以此提高充量系数。同时，使用 VVT 系统有助于新型燃烧技术的推广和新循环的实现，如均质充量压燃（HCCI）、预混压燃（PCCI）、阿特金森循环等。

#### 4.4.1.5 可变压缩比汽油机

由于汽油机容易在大负荷下发生爆震，传统汽油机的压缩比限制为 9∶1 ~ 11∶1。爆震是指在燃烧室内，离火花塞距离较远的地方，在火焰还未传播到时，混合气即发生剧烈自燃，发动机机体产生震动，易造成机器损坏，同时发动机的动力性、经济性及排放指标都会显著恶化。汽油机压缩比越高，负荷越大，越容易产生爆震。而汽油机在压缩比为 13∶1 ~14∶1 时才能取得比较高的热效率和较好的经济性。可变压缩比（VCR）发动机能够在部分负荷工况下，即常用的驾驶工况下，采用比较高的压缩比，而在大负荷工况下，为避免爆震而采用较低的压缩比。直喷汽油机的压缩比可达 12.5∶1。实现 VCR 的方案也有多种，例如，可以通过将缸盖装在铰链上来控制压缩比。

采用 VCR 的优点在于不用稀燃技术，燃油消耗率就可降低 30%。其缺点主要是成本及耐久性的问题，压缩比的变化要求执行器的行动速度很快，否则可能会发生爆震。

#### 4.4.1.6 先进的发动机管理策略

1）冷起动点火延迟和稀混合气

冷起动时，使发动机运行在空气燃油混合气偏稀的状态（过量空气系数达 1.05），点火正时推迟到大约上止点后 20℃。虽然可能会使发动机噪声增大，怠速稳定性变差，但是该管理策略后燃较为严重，在排气管中产生较大的热量，导致催化器中温度的升高。这种策略和近距催化器技术联合使用，可使催化器快速起燃。

该方法可以使催化器快速起燃，显著缩短催化器起燃所用的时间，降低冷起动排放，不需要额外的硬件投入。该方法的缺点是排气门温度上升过快，可能导致气门沉积物快速形成；气门杆膨胀过快可能导致气门被卡住；发动机的噪声增大，怠速稳定性变差；燃油消耗率增加后，催化器起燃过程中排放恶化。

2）浓混合气起动和二次空气喷射

汽车在冷起动时采用浓混合气，并在排气管内进行二次空气喷射。浓混合气中包含的 CO、HC 及裂解产生的 $H_2$ 会和额外的二次空气反应产生热量，提高催化器入口的温度，加速催化器的起燃。

该方法可以使催化器快速起燃。在美国 FTP 测试循环，运用上述技术可使在整车起动后大约 30 s 内催化器起燃，而传统技术则大约需要 65 s，显著降低了冷起动排放。这种方法的缺点在于需要增加硬件设施（空气泵），因此成本比传统技术高。同时，由于采用浓混合气，燃油消耗率会上升，而且在催化器起燃之前，尾气污染物排放情况会恶化得相当严重。

以上两种策略都是针对发动机冷起动排放问题所采取的措施。冷起动排放问题是汽油机排放控制目前面临的最主要的问题。

#### 4.4.1.7　车载诊断系统

车载诊断系统（OBD）的作用是检测排放控制系统和燃油计量系统，以保证车辆排放水平在可接受的范围内。当车辆有故障发生时，OBD 通过报警装置通知司机，以缩短系统故障和维修之间的时间，从而减少车辆在使用期间的排放。OBD 可以用来检测催化器的工作状态。

氧存储能力通常被当作催化剂有效性的标志，因为随着催化剂的老化，催化剂的氧存储能力下降。检测氧存储能力的变化可以推断催化剂的有效性。可以在三元催化器的上游和下游分别安装一个氧传感器，通过比较两个氧传感器的信号检测催化剂的存氧能力。当用来控制空燃比的上游传感器探测到氧浓度由于循环变动而波动时，下游传感器的信号由于催化剂具有一定的氧储存能力而表现得相对稳定。基于该原理，当催化剂正常工作时，下游传感器和上游传感器的信号相比将产生很小的信号波动。当催化剂老化且不再能够储存氧和释放氧时，这种现象将不会发生。比较前后两个氧传感器响应的频率和峰值电压后，可以推断催化剂的效率。

OBD 的优点有以下几点：①有助于确保车上的排放控制设备保持良好状态；②可以为汽车生产厂提供来自客户车的宝贵信息，以改善整车和排放控制设备的设计；③有助于汽车实现良好的维护。

OBD 的缺点是燃油含硫造成的催化剂短暂失效可能使汽车的故障灯亮起。另外，采用 OBD 还会增加成本。国三以后的排放法规要求汽车必须安装 OBD。

#### 4.4.1.8　汽油机排气再循环

排气再循环（EGR）是指将一部分排气通过进气系统返回燃烧室，以降低最高燃烧温度，从而减少 $NO_x$ 生成的方法。由于 EGR 可以降低汽油机的最高燃烧温度，而 $NO_x$ 排放和最高燃烧温度密切相关，使用 EGR 是降低 $NO_x$ 排放的有效手段。EGR 之所以能降低最高燃烧温度是因为排气中含有大量的三原子气体，如 $H_2O$、$CO_2$ 等。这些气体的比热容比空气的平均比热容大，在燃烧过程中，相同的热量使三原子气体的温度升高较慢，因此 EGR 可以降低最高燃烧温度。在安装 VVT 系统的发动机上，可以有效控制内部 EGR 的量。但是大多数发动机使用的是外部 EGR，它通过一个 EGR 阀控制进入进气管的 EGR 量，如图 4. 15 所示。其优点是可以降低 $NO_x$ 排放量 40%；其缺点主要有：增加了额外的硬件（EGR 阀）投资；当排气形成较多沉积物时容易堵塞 EGR 阀，使 EGR 阀失效或降低 EGR 量；增加发动机噪声；会加剧润滑油污染，增加发动机磨损；会导致燃油消耗率的增加。

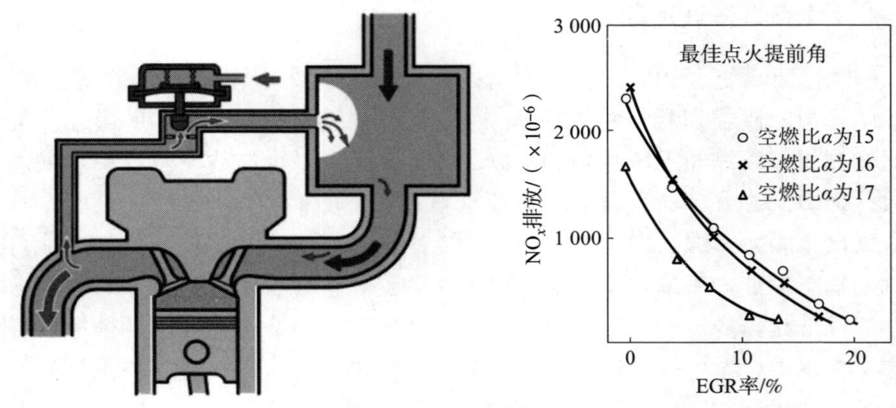


图 4. 15 汽油机的 EGR

#### 4. 4. 1. 9 宽域空燃比氧传感器简介

宽域空燃比氧传感器可以用来监测车辆过渡工况（如急加速或急减速）时，空气燃油混合气浓度漂移的时间和程度，可以利用这些信息调整发动机管理系统模型的有关参数，以使未来空气燃油混合气漂移的时间和程度降到最低。减少空气燃油混合气浓度的漂移能够有效降低尾气排放。其优点是能够有效降低发动机排放，使发动机排放量对燃油组分的敏感性降低。

#### 4. 4. 1. 10 其他技术

1）三阀发动机

奔驰 2. 8 L 和 3. 2 L V6 发动机上应用了三阀技术。这种发动机有两个进气门和一个大的钠冷却排气门，排气门头部直径为 41 mm。排气口的面积比相同类型的四阀发动机小 30%，可以减少排气的热损失，使排气温度增加约 70 ℃，这样可以使催化剂快速起燃，进而使汽车排放下降 40% 左右。三阀技术使得缸盖有足够的空间安装第二只火花塞，可以缩短火焰传播距离。两只火花塞都安装在靠近缸壁的位置，以使混合气完全点燃。

2）灭缸

灭缸是指在发动机部分负荷时，使多缸发动机的某一个或几个气缸不工作，以达到节约燃油的目的。灭缸可以同时提高工作缸的负荷、提高热效率和尾气温度。可以用以下方法实现。

（1）最简单的方法是关闭所选择气缸的喷油嘴和火花塞以中止燃烧过程。但此方法存在两个缺点。一方面，部分未燃 HC 可以由进气歧管通过发动机进入排气歧管；另一方面，由于气缸仍然在泵气，发动机的泵气损失并不会大幅降低。

（2）关闭进气门或排气门。如果气门关闭，气体就不会通过发动机，这样能防止 HC 泄漏排放的问题，然而一定程度的泵气损失还是无法避免。

（3）进气门和排气门都关闭，既可以防止 HC 泄漏排放的问题，也可以消除所灭气缸的泵气损失。这些系统的共同特点是可以改善燃油经济性和 $CO_2$ 排放，减少污染物排放。但是有些系统相当复杂，可能会增加不少成本。

上述技术措施都是针对发动机本体结构或工作过程控制所采取的措施，这些措施在一定程度上可以降低燃油消耗率、减少有害物质的生成，为催化器高效工作提供条件。

## 4.4.2　汽油机催化转换器技术的发展

普通汽油机所使用的三元催化器的基本原理和结构，前文中已经有所叙述，但是催化转换器技术必须进一步发展，才能满足不断加严的排放法规的要求。

### 4.4.2.1　近距催化器

近距是指将催化器安装在离发动机排气歧管较近的位置，以降低催化器前排气管的散热量，从而缩短汽油机冷起动时催化器的起燃时间。近距催化器通常布置在车体下，和排气歧管距离很近的位置。冷起动时，大部分热量通过排气散出，如果催化器和排气歧管距离更近，则排气进入催化器时温度更高，催化器能更快地达到起燃温度，这样便可降低冷起动排放量，尤其是其中的 HC 排放量。

当车速较高时，排气温度较高，由于催化器距离排气歧管很近，可能加速近距催化器失效，从而使催化器的耐久性变差。由于含钯催化剂的热稳定性要高于铂/铑催化剂，因此，含钯催化剂更适用于近距催化剂。但是，较高的尾气温度可能造成催化器滤芯烧蚀、烧裂，导致尾气净化效果的降低和使用寿命的下降。

#### 4.4.2.2 电加热催化器

降低汽车冷起动排放的另一种方法是加热排气，或在催化剂表面使用阻性材料并同时使用电源直接加热催化器。如果催化剂载体直接被电加热，那么预热就直接作用在催化剂表面。在这样的系统中，除电加热催化器外，还需要一个常规催化器，即体积较大的车厢底板催化器，它的作用是在冷起动后的其他阶段中提供有效反应。电加热催化器的构成有两种方式。一种方式是先利用金属箔片构成电阻性元件，将催化剂的涂层沉积在金属表面，再给金属箔片通电，使其快速加热至催化器的起燃温度；另一种方式是利用烧结金属压制成整体催化剂载体，然后将催化剂涂层沉积在其表面。上述两种方法使用的基体金属材料都是铁素体钢及添加剂。电加热催化器中的加热元件也可以安装于催化器入口，通过加热催化器入口尾气温度，缩短催化器的起燃时间。电加热催化器的功率消耗已大幅降低，不需要使用额外的电池，可直接使用汽车的蓄电池供电。使用电加热催化器可达到超低排放，但其耐久性仍为关键问题。电加热催化器的优点是响应快、无额外的有害排放。电加热催化器更适用于混合动力汽车，尤其是经常工作于低负荷、低尾气温度工况的汽车，而且加热电源的能量可来自制动能量的回收。

还有一种电加热催化器带有二次空气喷射。当汽车冷起动时，由空气泵在催化器前泵入二次空气。由于发动机在冷起动时直到进入闭环控制之前都运行在浓混合气的状态，需要给电加热催化器提供额外的 $O_2$ 来氧化 HC 和 CO，进而释放额外的热量加热催化器。

#### 4.4.2.3 含钯三元催化器

在催化剂中，钯既可以和铑联合使用，也可以和铑及铂联合使用，而后者就是通常所指的三金属催化剂。它们的作用和通常所指的铂/铑构成的三元催化器完全相同，即将工作在当量空燃比的汽油机排出的 HC、CO 和 $NO_x$ 转换成无害物质。

在贵金属家族中，钯的价格比铂或铑便宜很多，但是有研究认为钯对铅或硫中毒的耐受性比铂和铑差。目前，我国汽油中的硫含量已经降到相当低的水平。相关研究表明，提高燃油品质（降低铅含量，重整汽油）；控制发动机的空燃比；提高催化剂的运行温度以及改善催化剂的制作过程等。含钯催化剂可以在更高的运行温度下满足未来更为严格的排放法规。

对于只含贵金属钯而不含其他贵金属的催化剂来说，钯需要和某些金属氧化物联合使用，并且需要重新设计三元催化器以优化其性能。三元催化器厂家已经在提高含钯催化剂耐久性和耐硫性上取得显著进展。

含钯催化剂与同样成本的含铂催化剂相比，总碳氢（THC）、CO、$NO_x$ 排放都得到大幅改善。除此之外，它还具有更高的热稳定性，不仅可以用作近距催化剂，还更短的起燃时间以及和铂/铑催化剂相同的耐硫性。

### 4.4.2.4　直喷汽油机 $NO_x$ 捕集器

对于稀燃直喷汽油机，三元催化器和 $NO_x$ 捕集器的联合使用可以有效控制的 $NO_x$ 排放量。当汽油机运行在稀燃状态时，由于排气中的氧过量，三元催化器并不能有效降低 $NO_x$ 排放。一种碱金属氧化物可以在稀燃工况下捕集并吸附 $NO_x$。在稀燃催化剂中铂的作用下，NO 必须先转化成 $NO_2$，如式（4.7）所示

$$NO + O_2 \xrightarrow{Pt} NO_2 \tag{4.7}$$

当温度 >500 ℃时，$NO_2$ 并不稳定。然而，由于 $NO_2$ 捕集器持续不断地将 $NO_2$ 吸附，因此，上述方程还是向 $NO_2$ 生成的方向移动。于是，$NO_2$ 被捕集并吸附在碱金属氧化物上。

运用此技术的发动机典型的运行工况是为了燃油经济性，以稀燃工况运行 60 s，然后发动机以浓混合气（过量空气系数 <1）运行 <1 s 的时间，在这段时间内，吸附的 $NO_2$ 被脱附，被催化剂中的铑催化转换成无害的 $N_2$。但是汽油中的硫可能使 $NO_x$ 捕集器失效，因为硫的氧化物可以和碱金属氧化物形成比硝酸盐更为稳定的化合物。这些化合物在浓混合气阶段可能不被转化，$NO_x$ 捕集器也将逐步失效。如果汽油中硫含量 <10 ppm，则该系统对 $NO_x$ 的降低率可以达到 90%。因此，如果要使该系统得到实际的应用，则必须降低燃油中的硫含量。目前，我国已经实现超低硫含量汽油的供给。另外，由于碱金属氧化物可能会和载体在高温下发生反应，因此，必须防止催化剂的热失效问题的发生。

丰田的混合动力电动车采用 $NO_x$ 捕集器。在汽车行驶时，汽油机采用稀燃工作方式，可节约燃油 5% ~6%。$NO_x$ 存储在三元催化器中的碱金属氧化物中，如 BaO。发动机定期以比理论空燃比浓的混合气短时运行，存储的 $NO_x$ 被三元催化器催化还原。这种 $NO_x$ 存储功能的实现一般要求使用低硫含量的汽

油或无硫汽油，因为如果使用含硫汽油，排气中酸性的硫氧化物，也会存储在三元催化器中。发动机运行在浓混合气时，部分硫的氧化物以比 $NO_x$ 低的速率释放出来，便可能导致 $NO_x$ 存储功能长期失效。

#### 4.4.2.5 稀燃汽油机的 $NO_x$ 催化剂

提高燃油经济性、减少温室气体排放的发动机新技术正在蓬勃发展。稀燃发动机具有良好的燃油经济性，可以降低 $CO_2$ 的排放量。以欧洲为例，2020 年作为过渡年份，95% 的新车需要达到 95 g/km 的碳排放要求。丰田、本田、马自达和其他汽车厂商已经实现将全稀燃的汽油发动机装车。但是稀燃条件下，传统的三元催化器或柴油机氧化催化剂不能在大量 $O_2$ 中选择性催化降低 $NO_x$ 排放。未来的排放标准要求大幅降低 $NO_x$ 排放，因此，较为理想的措施就是使用催化剂直接分解 $NO_x$，如式（4.8）所示。

$$NO \xrightarrow{\text{催化剂}} N_2 + O_2 \tag{4.8}$$

但是目前还没有这样的催化剂，所以只得采用另一种方式，利用车上燃油产生的 HC 选择性催化降低 $NO_x$ 排放。其主要的反应如式（4.9）和式（4.10）所示。

$$HC + NO_x + O_2 \longrightarrow CO_2 + H_2O + N_2 \tag{4.9}$$

$$HC + O_2 \longrightarrow CO_2 + H_2O \tag{4.10}$$

式（4.10）的反应，消耗了还原剂 HC，因此是不希望进行的反应。但是，当排气温度上升时，该反应会占主导地位，进而抑制式（4.9）的反应，因此，将导致 $NO_x$ 转化效率的降低。这种情况可以用氧化铝（$Al_2O_3$）为载体的 Pt 催化剂来促进第一个反应的进行。选择性催化是指该催化剂能够促进式（4.9）反应的进行，而抑制式（4.10）的反应。

#### 4.4.2.6 稀燃汽油机的含铱催化剂

稀燃汽油机的含铱（Ir）催化剂催化器系统中含有 2 g/L 的铱。在稀燃状态下，当排气温度达到 380 ℃时，$NO_x$ 的最大转化效率达 70%。这种催化器系统一般安装在传统三元催化器的出口，可以为稀燃直喷汽油发动机提供足够的转化效率，使其满足更严格的排放法规。该催化剂对含硫燃料有良好的耐受性，对稀燃汽油机有足够的热耐久性。但其缺点是当温度达到 800 ℃时，铱具有一定的挥发性，可能会产生一定的毒性。

#### 4.4.2.7 催化器结构的改进

现在最主要的汽车催化剂载体是整体蜂窝状陶瓷。可以将整体蜂窝状陶瓷看作一系列并列在一起的管，蜂窝孔密度范围为 300 ~ 1 200 孔/$in^2$。整体蜂窝状陶瓷催化器具有安装方法较为简单、设计柔性较大、排气通过时压降较低、传热率较高且气体通过性较好等优点。以上特点使得整体蜂窝状陶瓷技术成为目前最理想的催化剂载体并主导整个市场。最为理想的陶瓷材料是堇青石陶瓷。堇青石陶瓷的主要成分为 $2MgO \cdot 5SiO_2 \cdot 2Al_2O_3$，其软化温度超过 1 300 ℃。

市场上大部分整体堇青石蜂窝状陶瓷分为两种：一种的蜂窝密度为 400 孔/$in^2$，壁厚为 0.004 in；另一种的蜂窝密度为 600 孔/$in^2$，壁厚为 0.004 in。蜂窝密度为 900 孔/$in^2$ 和 1 200 孔/$in^2$ 的整体蜂窝状陶瓷载体主要用于 ULEV。

金属载体结构也有应用，因为金属载体的壁厚可以做得更薄，通道面积可以占整体截面积的 90% 以上，使得压降较低。通道密度可以大于 400 孔/$in^2$，使得催化转换器的体积较小。这种金属材料的主要构成为铁素体不锈钢合金，其成分包括铁、铬、铝以及稀土元素等。通常这种载体的蜂窝密度范围为 400 ~ 600 孔/$in^2$，壁厚为 0.002 in。

催化器壁厚减薄导致其比热容减小，可以更快达到起燃温度，从而有效降低汽车冷起动的排放量。增加蜂窝密度可以提高催化器的表面积，使在贵金属量不增加的情况下，催化器具有更大的活性，从而降低尾气排放量。

#### 4.4.2.8　快速起燃氧传感器

氧传感器只有在排气达到一定温度后才可以有效工作。当汽车冷起动时，由于此时排气温度在该温度值以下，氧传感器不能高效工作。在这种情况下，多数发动机管理系统默认以浓混合气状态运行，这会导致燃油消耗率增加和排放升高，因此需要快速起燃氧传感器。通过将氧传感器移近排气歧管或者使用加热氧传感器的方式快速起燃氧传感器，可以使发动机管理系统更及时有效地工作，从而可以控制发动机更快地以理论混合气状态运行。这样不仅能大幅降低尾气排放量，还可以在一定程度上降低冷起动时的油耗。

#### 4.4.2.9　汽车排放的替代催化技术

传统的汽车排气污染控制方法是使燃烧过程中尽量少产生污染，或者使用催化剂降低尾气排放以减少进入大气环境的污染物。而一种叫作 PremAir 的催化剂系统采取了一种截然不同的方式，这种新技术通过式（4.13）的反应，将 $O_3$ 转换成 $O_2$，从而直接降低地表附近的 $O_3$ 浓度，可以在一定程度上降低光化学反应导致的汽车排气对大气环境造成的影响。不过该技术属于大气环境净化技术，已经超出内燃机车尾气后处理器的范畴。

$$2O_3 \xrightarrow{\text{碱金属催化剂}} 3O_2 \tag{4.11}$$

这项技术既可以用于移动平台，也可以用于固定平台。当用于汽车时，这种新催化剂系统可以将催化剂涂层覆盖在汽车散热器或空调的冷凝器上。空气通过散热器或冷凝器时，温度至少为 70 ℃，催化剂可以将空气中的 $O_3$ 转换成 $O_2$。这项技术已经在一系列车型和散热器上进行过试验。将 PremAir 技术和降低排气中的 HC 排放的技术相对比，可以在每辆车 HC 排放降低率和 $O_3$ 降低率之间建立起一种等效关系。利用这种技术便可以符合超低排放（SULEV）或更为严格的排放要求。

## 4.5　超低排放及零排放汽油车的排放控制技术

在过去的几十年里，汽车生产商、催化剂载体供应商、排气系统制造商、传感器制造商和催化剂制造商紧密合作，采用了一系列技术以达到制造超低排放或零排放汽油车的目的。近距催化器采用一系列改进措施（如冷起动时推迟点火）以使催化剂在冷起动时快速升温。另外，使用制造低热容量的排气管，可以减少排气系统在汽车冷起动阶段的热损失。

对于装备四缸汽油机的汽车来说，发动机排出的 HC 排放量为 1.5 ~ 2.0 g/mile，美国 ULEV 对尾气排放要求大概相当于催化系统要达到 98% 的 HC 转化效率。更高的转化效率要求催化剂载体供应商提供更高蜂窝孔密度的载体，现在的蜂窝孔密度可达 1 200 孔/$in^2$。

现在，LEV 已很普遍，ULEV 从 1998 年已开始供应美国加州市场。零排放车（ZEV）于 1999 年出现。表 4.1 是达到 ULEV 标准的本田汽油轿车的主要技术特点。

表 4.1　达到 ULEV 标准的本田汽油轿车技术特点

| 发动机改进 | 排气系统改进 |
| --- | --- |
| 带 VVT 系统的直列四缸汽油机 | 低热容量排气歧管 |
| ECU 为 32 b 的微处理器 | 第一个氧传感器为线性氧传感器 |
| 空气辅助喷油嘴 | 低热容量排气管 |
| 各缸独立精确的空燃比控制 | 全钯车厢底板催化器，600 孔/$in^2$ |
| 电控 EGR 阀 | 第二个氧传感器是加热氧传感器 |

如表 4.1 所示，在涉及催化剂性能等方面，该发动机的主要特点是在冷起

动时，发动机处于稀燃状态，为催化剂反应提供氧气。在冷起动时采用低热容量排气歧管，可以减少热损失。氧传感器是一个线性氧传感器（UEGO），它和加热氧传感器（HEGO）响应不同。利用 UEGO 氧传感器，可以直接获取排气中的实际空燃比。在排气系统中，第一个车厢底板催化器是 600 孔/$in^2$ 的全钯催化器，适合高温工况；第二个车厢底板催化器用来降低正常工况下的排放。

本田的 ZEV 基于同样的汽油机平台，但采用了相应措施进一步控制汽车冷起动时的 HC 排放，并对空燃比进行精确控制以控制 $NO_x$ 排放。该车的主要技术特点如表 4.2 所示。

**表 4.2　达到 ZEV 标准的本田汽油轿车技术特点**

| 发动机改进 | 排气系统改进 |
|---|---|
| 带 VVT 系统的直列四缸汽油机 | 低热容量排气歧管 |
| 改善喷油器喷油雾化 | 第一个氧传感器为线性氧传感器 |
| 精确空燃比控制 | 低热容量排气管 |
| 各缸独立空燃比控制 | 近距钯催化器，1 200 孔/$in^2$ |
| 铱和铂火花塞 | 车厢底板三元催化器和 HC 捕集/催化器 |
| 冷起动推迟点火并采用稀混合气 | 两个加热氧传感器 |
| 电控 EGR 阀 | |
| 催化剂状态预测控制 | |

该发动机在冷起动时推迟点火，使催化器快速升温并起燃。在1 200 孔/$in^2$ 的钯近距催化器后安装车厢底板催化器，车厢底板催化器由独立的三元催化器和 HC 捕集/催化器组成，HC 捕集/催化器用来控制冷起动前 10 s 的 HC 排放。汽车行驶 10 万 mile 后，所测的排放值 NMOG $<$ 0.004 g/mile，CO $<$ 0.17 g/mile，$NO_x$ $<$ 0.02 g/mile。该测量方法相当于考虑发电厂的排放污染在内的电动车排放水平。当汽车在市中心交通堵塞的道路上行驶时，排气中的 NMOG 浓度反而低于吸入空气中的 NMOG 浓度，因此，该车被称为零排放水平汽车。

## 4.6　柴油机的结构、原理及污染物生成

### 4.6.1　柴油机的结构和原理

柴油机和汽油机的主要结构相似。两者最大的区别是，在汽油机中，汽油

和空气的混合气是由火花塞点燃的；在柴油机中，柴油和空气的混合气是在一定温度和压力下自燃的，即汽油机是点燃的，柴油机是压燃的。所以，从结构上讲，柴油机的燃烧室内没有火花塞，但柴油机气缸内有喷油器。同时，为了保证柴油和空气在极短的时间内实现良好混合，对喷油器的喷射压力要求比较高，所以柴油机都带有高压油泵，且油泵所能提供的油压越来越高。现在，柴油机的供油系统大多采用高压共轨技术，可以使燃油供给更加精确，且提供较高的喷油压力，油压可以达到2 000 bar，这使喷射到燃烧室内的燃油更容易雾化。汽油机的活塞一般为平顶，柴油机的活塞顶部一般有深坑形的燃烧室，活塞顶部的深坑有利于气流在缸内形成适当的滚流和挤流，从而促进柴油和空气在气缸内的混合，提高可燃混合气的质量。柴油机的基本构造示意如图 4.16 所示。

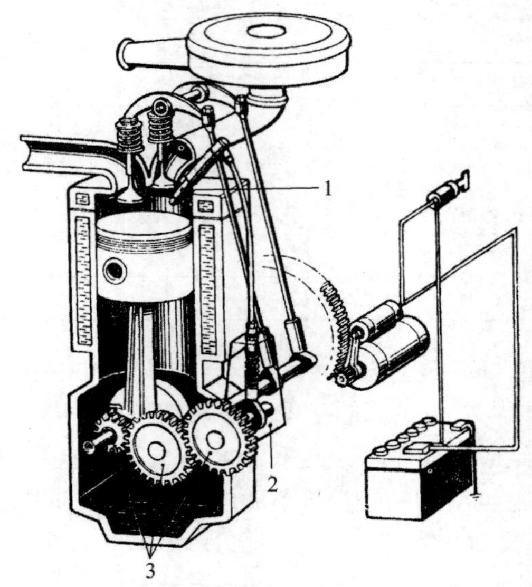


**图 4.16　柴油机的基本构造示意**

1—喷油器；2—喷油泵；3—正时齿轮

车用柴油机也包含 4 个冲程，即进气、压缩、膨胀（做功）和排气 4 个冲程。这 4 个冲程与汽油机的区别有两点。

（1）对进气道喷射汽油机而言，在进气冲程吸进去的是汽油和空气的混合气，而柴油机在进气冲程吸进去的是纯空气。

（2）在汽油机中，压缩冲程的末端，由火花塞点燃混合气。而在柴油机中，压缩冲程末端，喷油器开启，高压柴油喷入燃烧室，柴油迅速雾化，与空气混合。由于此时缸内空气经过压缩达到较高的压力和温度，已达到柴油自燃条件，因此，柴油经过短暂时间后开始燃烧，柴油和空气边燃烧边混合。

总体而言，当柴油机燃烧时，其中的空气是过量的，并不是所有空气都参与了燃烧过程。但是由于柴油和空气混合的时间非常短，柴油和空气混合极不均匀，因此，柴油燃烧时，在局部区域存在缺氧的情况，会导致颗粒物的生成。

现代柴油机供油系统都采用电子控制，供油量的精确控制对控制排放至关重要。同时，由于对柴油机供油系统的要求越来越高，也出现了很多类型的柴油机供油系统。图 4.17 是柴油机电控供油系统示意。

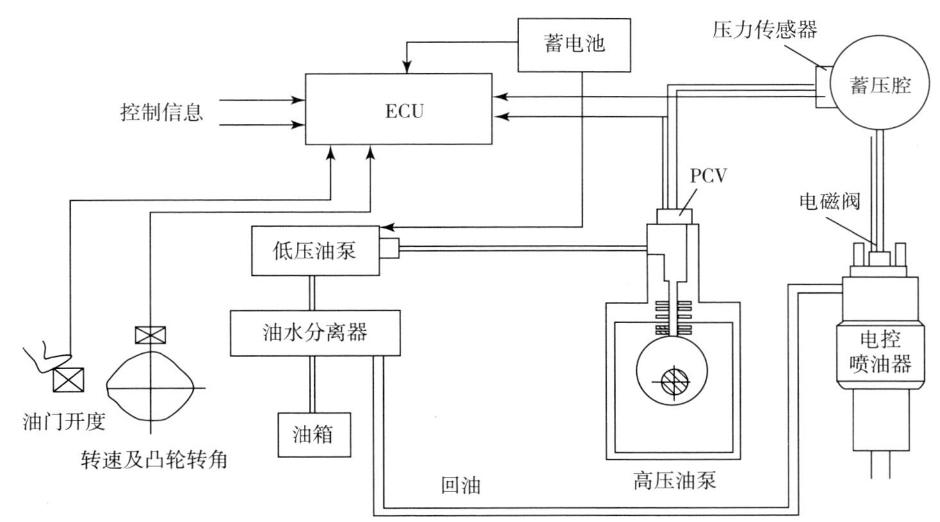


**图 4.17　柴油机电控供油系统示意**

目前，柴油机使用较为广泛的技术为高压共轨电喷技术，该技术是指在高压油泵、压力传感器和 ECU 组成的闭环系统中，将喷射压力的产生和喷射过程彼此完全分开的一种供油方式，如图 4.18 所示。它是由高压油泵将高压燃油输送到供油管，通过精确控制供油管内的油压，使高压油管压力大小与发动机的转速无关，可以大幅降低柴油机供油压力随发动机转速变化的程度。高压共轨系统与以凸轮轴驱动的柴油喷射系统不同，共轨式柴油喷射系统将喷射压力的产生和喷射过程彼此完全分开。由电磁阀控制的喷油器替代传统的机械式喷油器，燃油轨中的燃油压力由径向柱塞式高压泵产生，压力大小与发动机的转速无关，可以在一定范围内自由设定。共轨中的燃油压力由电磁压力调节阀控制，根据发动机的工作需要进行连续压力调节。由 ECU 作用于喷油器电磁阀上的脉冲信号控制燃油的喷射过程。喷油量取决于燃油轨中的油压和电磁阀开启时间的长短以及喷油嘴液体流动特性。

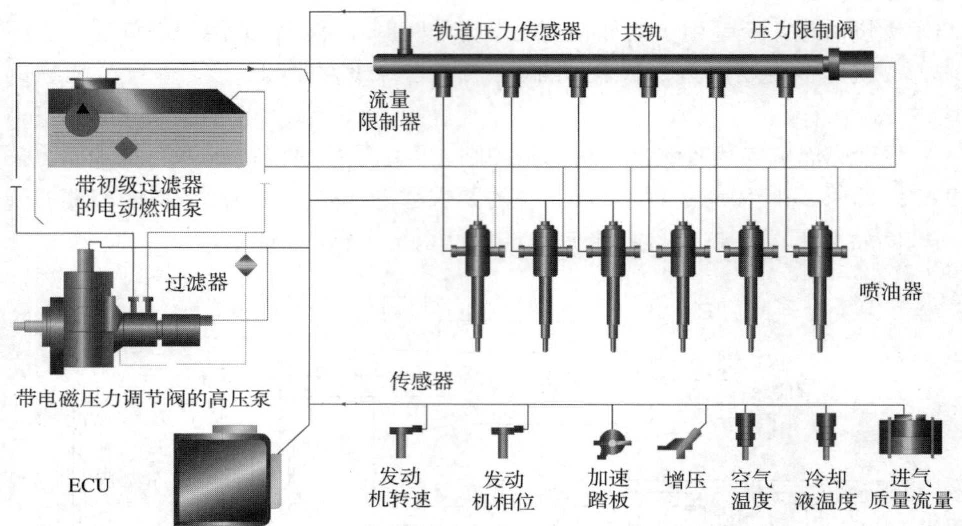


图 4.18 高压共轨燃油喷射系统

现代柴油机为达到提高单位体积功率、实现良好燃烧、获得良好燃油经济性的目标，都装有涡轮增压器。满足先进排放标准的柴油机还带有增压空气中冷器，涡轮增压发动机示意如图 4.19 所示。很多中、高档汽油机安装了涡轮增压器。涡轮增压器由压气机、涡轮及轴承体构成，其中的压气机用来压缩气体，涡轮用来利用排气能量做功，轴承体用来支撑转子轴旋转。

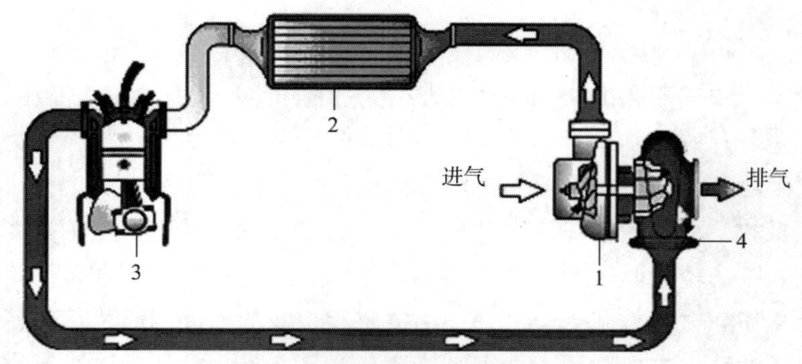


图 4.19 涡轮增压发动机示意

1—压气机；2—中冷器；3—发动机；4—涡轮

排气涡轮增压系统运转的基本原理是发动机的排气有较高的温度和压力且具有一定的能量，因此，排气会推动涡轮旋转，涡轮旋转带动同一根轴上的压气机旋转，压气机旋转就会压缩气体，使发动机的进气压力和密度升高，从而使发动机的进气量增加。这样，发动机就可以多供油来增加发动机的功率，同时发动机的机械效率和热效率都会显著提高。采用涡轮增压技术，不仅可以提高发动机功率，还能降低发动机油耗、降低噪声和减少排放。

压气机出口的气体温度较高，涡轮增压系统的中冷器可以用来冷却压气机出口的气体，以达到进一步提高进气密度的目的。同时，降低进气温度有利于降低发动机的 $NO_x$ 排放。

### 4.6.2　柴油机污染物的生成

柴油机汽车尾气排放的主要污染物为 HC、CO、$NO_x$、PM。PM 的排放是由于油气在燃烧时混合不均匀所致。柴油机最难解决的问题是 PM 排放和 $NO_x$ 排放。

对于柴油机，柴油和空气地混合在气缸内进行，边混合边燃烧，油气混合过程的时间极为短暂，加之柴油挥发性差，所以柴油和空气混合极不均匀，在燃烧室内存在混合气过浓或过稀的区域。混合气过浓时，柴油燃烧不完全或不能燃烧，当混合气过稀时，火焰不能传播，从而导致 HC 生成。另外，喷油器完成喷射后的滴油现象也是 HC 生成的重要原因。

CO 的生成是由于燃烧时供氧不足。从总体上来看，柴油机空气是过量的，但是由于柴油机是在气缸内喷油，油和空气的混合时间很短，柴油和空气很难混合均匀，局部区域可能缺氧，因此便会生成少量 CO。柴油机只在负荷很大时，才会生成较多 CO，但从总体上来看，柴油机的 CO 排放量比汽油机低很多。

$NO_x$ 的生成主要和温度及 $O_2$ 的浓度有关。柴油机气缸内的燃烧温度可以达到 2 000 ℃以上，且当柴油机燃烧时，氧含量过高，从而为 $NO_x$ 的生成提供了有利条件。

柴油机的混合气形成是在气缸内进行的，混合时间极短，边混合边燃烧，局部区域 $O_2$ 不足时会导致干炭烟的形成。干炭烟还会吸附大分子 HC。因此，柴油机颗粒物的主要成分为干炭烟、HC 及无机盐。

汽油机汽车尾气中的 HC 和 CO 的浓度比较高，柴油机汽车尾气中的 HC 和 CO 浓度较低，这是由于柴油在气缸内燃烧氧化过程中空气过量。柴油机的颗粒物排放量比较高，这是由于柴油边混合边燃烧，属于扩散燃烧，油气混合极不均匀，缺氧区域的燃油高温裂解生成颗粒物。

# 4.7 柴油机排放控制措施[5]

柴油机的排放从控制措施来讲，主要包含两个方面。一方面是通过柴油机结构的改进及燃烧控制减少排气污染物的生成；另一方面是通过采取后处理技术分解、转化或捕集排气污染物。

## 4.7.1 柴油机本体结构改进与燃烧优化控制

通过柴油机本体结构的改进与燃烧优化控制，即通过缸内措施减少柴油机燃烧过程中有害排放物的生成量。其主要技术路线和措施如下。

### 4.7.1.1 高压燃油喷射技术

高压燃油喷射技术能使柴油更好地雾化，实现柴油和空气的良好混合，大幅降低柴油机的颗粒物排放。现在采用的主要供油系统包括单体泵、泵喷嘴及高压共轨系统等。随着排放要求的提高，喷油压力要求也越来越高，现有的喷油系统喷油压力可以达到 2 000 bar，未来也许可以更高。图 4.20 所示为某柴油机微粒排放量与最高喷油压力之间的关系，从其中可以看出，随着最高喷油压力的升高，柴油机的微粒排放量大幅下降。

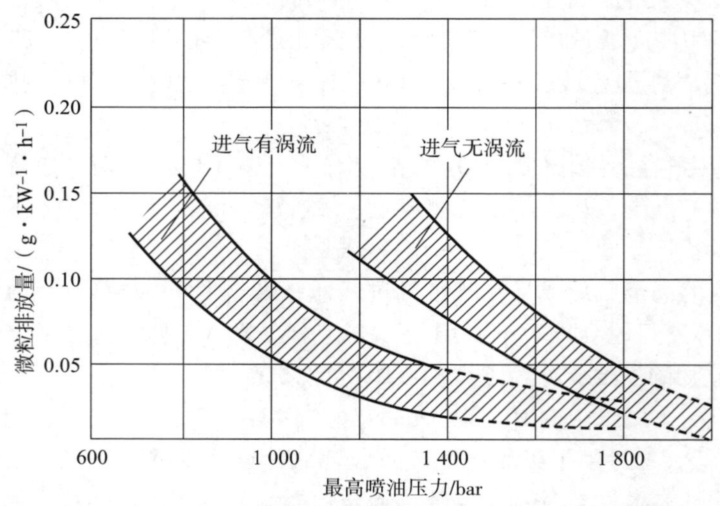


图 4.20 某柴油机微粒排放量与最高喷油压力之间的关系

传统的直列泵、分配泵、单体泵及泵喷嘴等供油系统，且喷油压力随柴油机转速的降低和供油量的减小而降低。这对于转速范围很宽的车用柴油机来说很不利。安装了此类供油系统的柴油机在低速工况或低负荷工况时，会因供油压力不足、柴油雾化不好以及油气混合均匀性变差，从而导致排放较差。高压共轨系统的出现彻底改变了这一状况。共轨是指柴油机各气缸的喷油器共用高压油管。柴油机的电控系统根据工况和环境条件，通过和发动机转速无关的高压油泵，将高压油管中的燃油压力控制在所需水平。充分利用高压共轨系统喷油策略的灵活性可以协助柴油机在排气后处理工作上更容易进行。

#### 4.7.1.2　柴油机结构设计的改进

重新设计燃烧室，可以使柴油和空气更好地混合。在采用四气门结构的同时，应把喷油器布置在中间位置。相对于两气门结构，四气门结构扩大了进气门和排气门的总流通面积，从而降低了进气阻力。在中间位置的喷油器，可以改善燃烧室内的柴油和空气的分布，使柴油和空气充分混合。以上措施都可以有效地改善燃烧过程，从而减少污染物生成。为了提高燃烧室内油气混合速率，需要对活塞顶部凹坑进行设计，提高燃烧室内滚流、挤流和逆挤流，增加湍流强度，进而有效促进燃烧室内油气混合质量。预燃室作为有效降低燃油消耗率和排放的技术手段，已经广泛应用在柴油机上。预燃室柴油机与非预燃室柴油机的工作过程不同，即预燃室的连接通道与内部空间不相切，会产生强大的湍流。在湍流的作用下，部分燃料雾化混合，且部分燃料首先在预燃室中点火燃烧，此时预燃室中的压力和温度迅速升高，促使预燃室中的混合气体高速喷射到主燃室中，使大部分燃料在主燃室中与空气混合燃烧。

另外，柴油机的颗粒物排放有一部分来自进入气缸的润滑油。由于柴油机在工作过程中会有少量润滑油进入气缸，润滑油没有很好地雾化就参与燃烧，因此燃烧得并不完全，这会造成颗粒物生成量的增加。通过改进活塞环和槽的设计来降低润滑油消耗，从而减少进入气缸参与燃烧过程的润滑油量，这样可以大幅改善颗粒物排放和HC排放。

#### 4.7.1.3　优化涡轮增压器与柴油机的匹配

采用增压中冷技术可降低柴油机的燃油消耗率。增压中冷技术会带来两个效果：进气密度增大和进气温度降低。一方面，由于进气量充足，因此，燃烧过程更为完善；另一方面，由于中冷后发动机的平均循环温度有所下降，相对散热损失减少，而且发动机的相对机械损失也会减少，因此，发动机的燃油消耗率有所降低。同时，增压中冷降低了最高燃烧温度，可使 $NO_x$ 排放量显著降低。满足国六排放标准的增压柴油机均需要采用增压中冷技术。

当采用可变喷嘴涡轮增压器（VNT）时，通过调节涡轮喷嘴叶片的角度，可以控制涡轮增压器增压比，进而调节发动机的进气量和进气压力，可以使柴油机与增压器在全工况范围内获得良好的匹配，较为全面地改善了发动机的排放和经济性，并改善柴油机的加速性，提高低速扭矩。图 4.21 为霍尼韦尔国际公司（Honeywell 公司）生产的可调喷嘴涡轮增压器模型的解剖图。

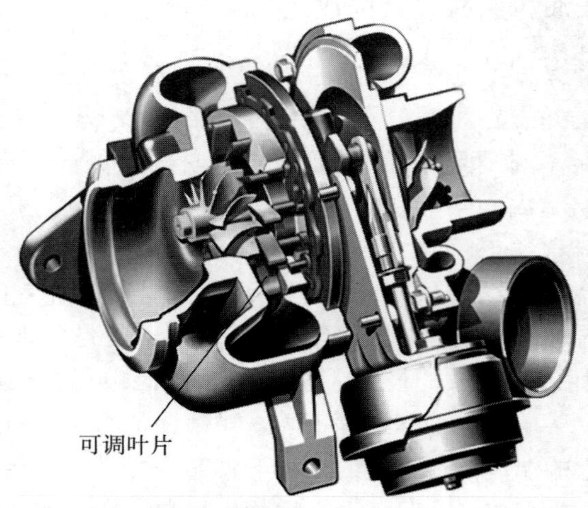


图 4.21　可调喷嘴涡轮增压器模型的解剖图

部分轿车柴油机采用二级涡轮增压系统可以提高增压柴油机的加速性、增大柴油机的升功率、改善扭矩特性，以及减少瞬态过程和低速时的有害气体排放。二级涡轮增压系统的基本原理是柴油机由两个涡轮增压器串联在一起，控制系统根据柴油机具体工况的性能要求，决定哪个涡轮增压器投入运转、是否两个涡轮增压器同时运转以及两个涡轮增压器之间的能量如何分配。图 4.22 所示为二级涡轮增压系统。二级涡轮增压系统能够提供更高的进气压力和进气量、回收更多的尾气能量，对于提高柴油机的功率密度更加有效。但是，由于二级涡轮增压系统的使用会显著增加发动机的热负荷，这便会给涡轮增压器和发动机的结构强度带来更大的考验。

图 4. 22　二级涡轮增压系统

#### 4. 7. 1. 4　新型喷油嘴

采用无压力室喷油嘴和小压力室喷油嘴来降低 HC 和颗粒物的排放量。传统的标准压力室喷油嘴在喷油结束时，针阀落座关闭，但此时压力室中还有燃油，部分燃油在高温环境下蒸发，以较大油滴的形式进入燃烧室燃烧。这部分燃油是在燃烧后期进入燃烧室的，而且雾化不好，会造成不完全燃烧，导致较高的排放。压力室容积对 HC 排放的影响最大，压力室容积越小，HC 排放量越低；压力室容积对微粒排放也有一定影响，微粒排放量也随着压力室容积的减小而降低，因为微粒的成分中包含有机成分。相关研究认为，无压力室喷油嘴也可使 $NO_x$ 的排放量得到一定程度的降低。各种喷油嘴的结构比较如图 4. 23 所示。在柴油机上逐步应用小压力室喷油嘴或无压力室喷油嘴是一种趋势。某柴油机无压力室喷油嘴排放实验效果如图 4. 24 所示，HC 排放量在采用无压力室喷油嘴后大幅降低。另外，喷油速率可以使喷油嘴更好地控制燃烧过程，从而降低最高燃烧温度，减少 $NO_x$ 的生成。

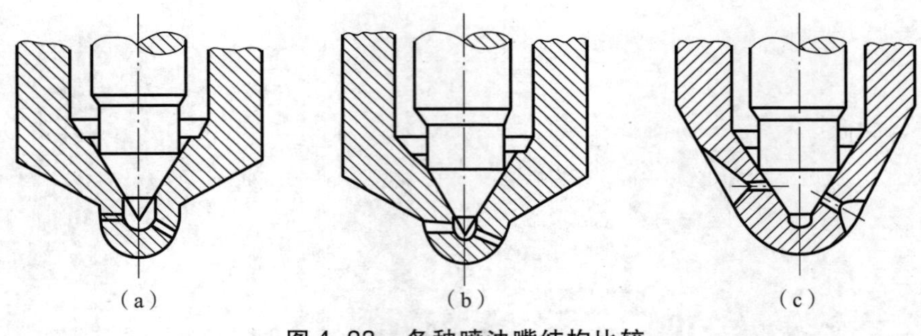


图 4.23　各种喷油嘴结构比较

(a) 标准压力室喷油嘴；(b) 小压力室喷油嘴；(c) 无压力室喷油嘴

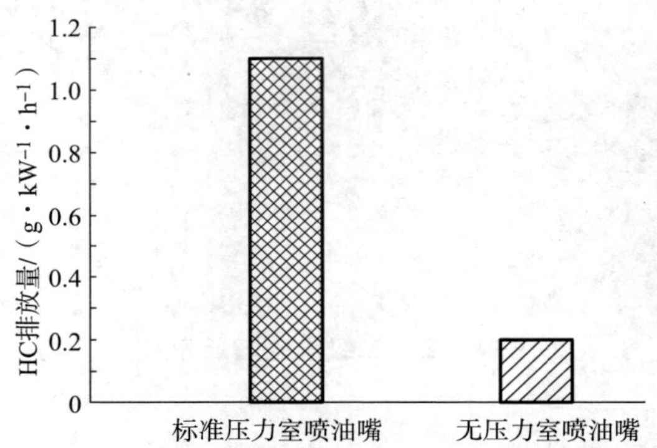


图 4.24　无压力室喷油嘴的排放实验效果

#### 4.7.1.5　EGR 技术

采用 EGR 技术可以降低参与燃烧的氧浓度和最高燃烧温度，$NO_x$ 的生成与 $O_2$ 浓度与最高燃烧温度有关，所以采用 EGR 技术可以降低柴油机的 $NO_x$ 排放量。按照废气循环的实现方式，EGR 可以分为内部 EGR 和外部 EGR 两种模式。内部 EGR 的废气在气缸内进行循环，通过调节气门正时，可以得到不同的 EGR 比例；外部 EGR 的废气来自排气管，而废气经过冷却器和进气管重新进入气缸，通过调节排气背压和 EGR 阀可以调节进入气缸的 EGR 量。在柴油机上采用 EGR，由于柴油机的过量空气系数大，允许较大的 EGR 量，最大可有 30% ~40% 的废气回流到进气管中。非冷却 EGR 可以降低 30% 的 $NO_x$ 排放量，冷却 EGR 联合其他技术（如提高喷射压力、改变喷油速率等）可以降低 50% 的 $NO_x$ 排放。冷却 EGR 是指对回流的废气进行冷却，降低回流废气的温度，从而进一步提高利用 EGR 降低 $NO_x$ 排放的效果。EGR 系统和高压共轨系统联合使用，可以使柴油机整机取得极低的排放效果。

柴油机采用 EGR 技术可能导致颗粒物排放的增加，增加润滑油的污染，并可能带来发动机的磨损，容易形成进气管沉积物，而且油耗可能有轻微增加。与此同时，部分 EGR 技术由于再循环，废气需要经过压气机，然后进入发动机。经过长时间的运行，EGR 会污染压气机压壳的内表面，增加压气机中的流动损失，降低压气机的效率，对发动机的性能带来负面影响。图 4.25 为某轻型柴油机带冷却 EGR 的结构示意。由于柴油机一般带有涡轮增压器，在大部分工况下的进气压力比排气压力高，要实现废气回流到进气管中有一定难度；因此，柴油机实现 EGR 比汽油机实现困难。现在的 EGR 系统主要通过安装进气节流阀或文丘里管，通过在进气管路上形成局部低压来实现 EGR。

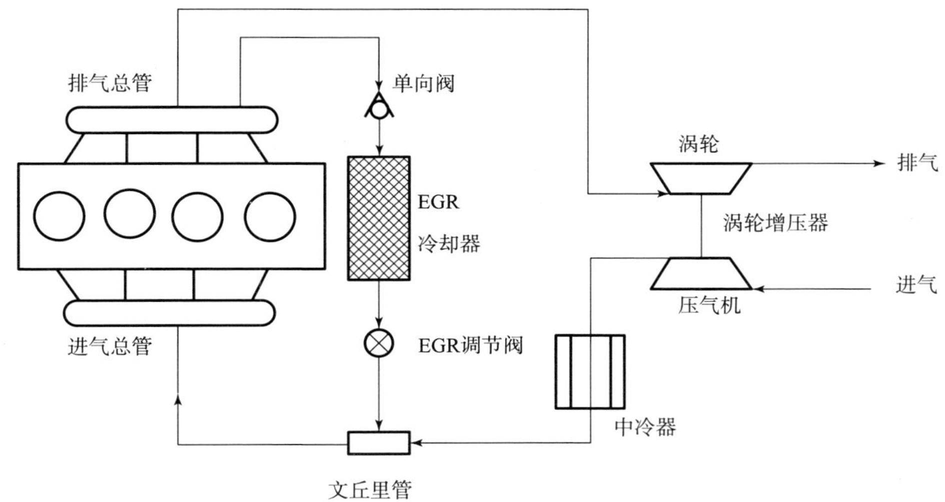


**图 4.25　某轻型柴油机带冷却 EGR 的结构示意**

对于柴油机而言，冷却/过滤 EGR 已成为成熟技术（此处的过滤是指滤除再循环废气中的颗粒物），以避免再循环废气污染润滑油或进气系统的流通部件。冷却 EGR 技术和其他后处理技术联合使用，可以达到国六排放标准。

内部 EGR 结构简单，不会增加发动机结构的复杂性。但是，由于 EGR 需要通过调节气门的开启时刻来控制，会对柴油机的换气特性造成显著影响。实现内部 EGR 有很多种方法，常有以下三种形式。

（1）通过控制气门重叠角，即令排气门在上止点前关闭，当压缩冲程终止时，部分废气留在气缸内排不出去，从而实现内部 EGR。这种方法又称废气残留法，只需要重新设计凸轮轴的凸轮型线，比较容易实现。

（2）废气倒吸法，在原有排气凸轮型线上再设计出一个凸轮型线，在进气冲程时排气门再次打开，从排气管中吸入一部分废气。这种方法需要在原有排气凸轮型线上再设计出一个型线，结构比第一种方法更加复杂。

（3）在原有进气凸轮型线上再设计一个凸轮型线，在排气冲程中，进气门打开，将一部分废气排入进气道，从而在进气冲程时实现内部 EGR。

与内部 EGR 相比，外部 EGR 的结构要复杂得多，通常包括 EGR 阀、EGR 冷却器、特殊管路及附带的控制单元。由于这些设备的存在，外部 EGR 能够对废气进行多参数精确控制，从而最大限度地发挥 EGR 的作用。根据管路连接方式的不同，外部 EGR 技术路线也有多种典型方案，下面分别介绍。

1）一体增压式 EGR 系统

一体增压式 EGR 系统将发动机尾气分为两部分：一部分经过涡轮提供动力给压气机；另一部分通过 EGR 阀进入压气机与增压后的新鲜空气混合，共同进入各个气缸。

2）进气节流式 EGR 系统

进气节流式 EGR 系统利用节流阀的作用，在进气管的废气入口处产生真空度，利用压力差引入废气。该方式可用于汽油机和柴油机。节流阀和汽油机的节气门是不同的，其作用主要是控制 EGR 率。当该系统应用于汽油机时，进气道上通常有两个节流阀装置。在发动机大负荷工况下，节流阀开度较大，EGR 率较小；当发动机处于中小负荷工况时，节流阀开度较小，以保证满足所需的 EGR 率。该系统设计难度低，结构相对简单，控制复杂性低，但节流阀会增加进气阻力，进而影响发动机的性能。

3）高压 EGR 系统

高压 EGR 系统从涡轮前导出废气，经过 EGR 阀和冷却器后，在压气机前端将废气导入。由于排气压力大于环境气压，因此，这种方式可以顺利实现废气循环。但由于废气在压气机前就被导入进气道，废气中的颗粒物可能会损坏压气机，导致压气机的使用寿命严重缩短。

4）低压 EGR 系统

低压 EGR 通过文丘里管实现。根据文丘里管的工作原理，亚声速气体通过文丘里管时会先发生膨胀过程，再发生压缩过程。在膨胀过程中，气体的温度和压力都会下降，因此，会在文丘里管的喉口处产生负压。利用这个负压，废气可以顺利地被引入进气系统。使用文丘里管后，废气的流动阻力大幅降低，可以轻松实现较高的 EGR 率，发动机的功率损失也较小。文丘里管技术成熟，使用方法简单，成本较低，得到了广泛应用。

#### 4.7.1.6　柴油机管理策略的优化

新一代高速、可靠、耐久的电磁阀和功能强大的ECU结合，使得燃油喷射设备（如高压转子泵、单体泵、共轨系统）最大限度发挥了潜力。这种组合给供油系统提供了很大的灵活性，可以实现独立的各气缸点火延迟反馈、增压压力和温度修正等功能。可实现的供油策略有最大扭矩、冒烟限制、增压压力控制、基于工况点的总排放控制和EGR率控制等。应用先进的柴油机管理策略可以提高燃油经济性并大幅降低汽车的尾气排放量。

### 4.7.2　柴油机的氧化催化剂

20世纪90年代初，柴油机生产厂受到汽油机三元催化器的应用取得巨大成功的启发，开始意识到，可以利用催化剂控制柴油机排放。但是柴油机排气含有固态的干炭烟和液态的SOF，干炭烟很难被催化转换。因此，柴油机氧化催化器研发初期，与汽油机三元催化器相比，面临更大的挑战，需要满足更为苛刻的要求。

柴油机氧化型催化转化器是将柴油机排气中的CO、HC，以及颗粒物中的部分SOF转换成$CO_2$和$H_2O$。当柴油机工作在稀燃状态时，排气温度比工作在理论空燃比状态的汽油机要低。现在，柴油机催化剂要能在较低温度下工作，而且要能处理液态的组分。目前，柴油机燃油品质得到极大改善，已经实现了超低含硫量柴油的大量供给，所以硫化物的生成已经不是柴油机催化氧化剂发展的瓶颈。柴油机在中小负荷工况下工作于超稀燃状态，尾气温度较低，尤其是在冷起动、暖机过程中，催化器的温度远低于起燃温度，严重抑制了排气净化效率，这是先进柴油机汽车尾气排放面临的主要问题。

该技术可以降低30%左右的总颗粒物排放，由于消除了颗粒物中的部分PAH，因此同时降低了微粒的致癌倾向。该技术可减少75%以上的HC排放量，减少70%的CO排放量。

### 4.7.3　柴油机$NO_x$的催化转换

#### 4.7.3.1　SCR系统

SCR系统的体积较大，结构较为复杂，基本原理是$NH_3$和$NO_x$在催化剂作用下进行反应，$NO_x$可被还原为$N_2$。该技术在使用催化器前将尿素水溶液喷到排气中。尿素在排气系统中水解，会生成$NH_3$，如式（4.12）所示。SCR系统需要很好地控制尿素喷射速率以避免氨泄漏或$NO_x$转化效率较低的情况。

尿素和 $NO_x$ 反应生成 $N_2$、$H_2O$ 及 $CO_2$。所使用的催化剂主要是金属氧化物（如 $V_2O_5$、$TiO_2$ 和 $WO_3$）。最佳的反应温度是 250～500 ℃。

$$CO(NH_2)_2 + H_2O \longrightarrow 2NH_3 + CO_2 \tag{4.12}$$

$NH_3$ 的功能是作为选择性催化还原反应中的还原剂，在合适的温度下 $NO_x$ 转化效率在 80% 以上，如式（4.13）所示。

$$NH_3 + NO_x + O_2 \longrightarrow N_2 + H_2O \tag{4.13}$$

该技术已经广泛应用于柴油机汽车以有效控制 $NO_x$ 排放。该技术所面临的主要问题是需要 OBD 控制尿素溶液的喷射，防止过量的 $NH_3$ 逃逸并排放。另外，该反应伴随氧化亚氮（$N_2O$）的生成，而 $N_2O$ 的温室效应是 $CO_2$ 的近 300 倍，必须采取一定的措施来避免 $N_2O$ 排放。为了减少 $NH_3$ 的排放，通常在该处理器后面安装氨逃逸催化器（ASC）。

对于柴油机，SCR 是 $NO_x$ 转化效率最高的技术，转化效率在 60%～90% 之间，而且使用该技术不会导致柴油机颗粒物排放的增加。同时，所使用的催化剂有较高的耐硫性。但是该方案需要尿素喷射设备，如溶液箱、喷嘴、空气泵等，如图 4.26 所示。应用该系统可能会导致氨气泄漏，所以要求安装 $NO_x$ 或 $NH_3$ 传感器，以优化尿素喷射过程，还要在 SCR 转换器后安装 ASC 以防止氨泄漏。该系统成本较高，要求的安装空间较大。

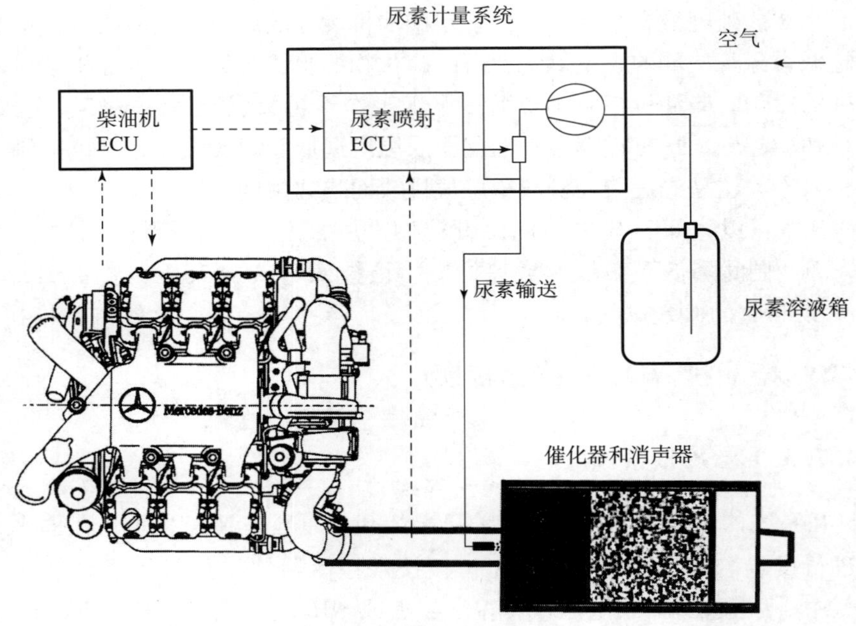


图 4.26　尿素喷射设备示意

#### 4.7.3.2 被动 De - $NO_x$ 催化剂

被动 De - $NO_x$ 催化剂技术是利用柴油机排气中的 HC 作为降低 $NO_x$ 的还原剂实现的。柴油机的排气条件与发动机的类型及测试循环有关，由于轻型车和重型车的排放测试循环不同（轻型车的排气温度要低于重型柴油机），应用在轻型车和重型车柴油机上的催化剂最佳工作温度范围不一致，很难找到一种通用的催化剂。

轻型车催化剂的最佳工作温度范围是 150 ~ 350 ℃，而重型柴油机催化剂的最佳工作温度范围是 250 ~ 450 ℃。催化剂材料的温度范围和典型的轻型柴油车及重型柴油机的排气温度范围并不吻合。各种催化剂的组成及它们的活性温度范围如下。

（1）贵金属催化剂（如 $Pt/Al_2O_3$）：200 ~ 300 ℃。

（2）沸石基催化剂（如 Cu/ZSM - 5）：> 350 ℃。

（3）特殊氧化物（如 Ti、Zr、Ga）：> 300 ~ 350 ℃。

以上催化剂均不能在 150 ℃以下有效降低 $NO_x$ 的排放量。所以，当排气温度较低时，可能的解决方案是利用 $NO_x$ 捕集器存储 $NO_x$，直到催化剂温度达到 200 ℃以上。适合重型柴油机的另一种方法是提供足够的 HC 以降低 $NO_x$ 排放量，该方法利用具有 HC 存储能力的催化剂，当排气温度较低，$NO_x$ 的生成量较少时，HC 被吸附，当 $NO_x$ 生成量较多，排气温度较高时，释放出 HC，导致 $NO_x$ 被还原。

该方案的执行过程较为简单，对发动机工作过程没有影响。但是，由于对 HC 缺乏选择性，只有 10% ~ 15% 的排气 HC 用来还原 $NO_x$，其余的被氧化，$NO_x$ 的转化效率很低。为提高 $NO_x$ 的转化效率，需要增加排气中的 HC 含量。但是，该技术的使用会使排气中生成 $N_2O$。

被动式催化剂的转化效率太低，应在技术上突破。为了能够符合更为严格的排放法规的标准，需要使用更有效的 $NO_x$ 催化剂；同时，$N_2O$ 的生成也是必须面临的问题。

#### 4.7.3.3 主动非选择性催化还原 De - $NO_x$ 催化剂

“主动”是指主动增加还原剂的数量。由于 De - $NO_x$ 催化剂（NCR）对 HC 缺乏选择性，需要在排气管中的加入额外的 HC，以提高 $NO_x$ 的转化效率。当排气管中的 HC 含量较多时，HC/$NO_x$ 比值较高，有利于 $NO_x$ 转化效率的提高。该技术主要采用两种方法达到排气 HC 加浓的目的：一种方法是缸内后喷，即在柴油主喷射和燃烧过程发生后，将少量燃油喷入缸内以提高排气管中

$HC/NO_x$ 比值；另一种方法是排气管后喷，即在催化器前，将燃油直接喷到排气管中。

该方案的优点是对于轻型柴油机，$NO_x$ 可以降低15%～35%；对于重型柴油机，$NO_x$ 可降低40%，不需要在汽车上安装存放其他液体的容器。

其缺点如下。

（1）和被动式 De－$NO_x$ 催化剂相似，催化剂活性温度范围很窄。对于铂基催化剂来说，会生成较多的 $N_2O$；对于沸石基催化剂来说，热稳定性较差，且对 $SO_2$ 敏感。

（2）燃油消耗率上升，增加幅度在1%～5%，具体数据和 $HC/NO_x$ 的比值有关。

（3）过高的 $HC/NO_x$ 比会导致 HC 排放的增加，这是由于未处理的 HC 排放增加以及催化剂超载导致的，会使催化效率下降。

（4）在 De－$NO_x$ 催化剂后需要安装氧化催化剂以防止 HC 排放增加。

（5）需要安装 $NO_x$ 传感器以优化燃油喷射量。如果在排气管中喷射燃油，则需要安装第二套燃油喷射装置。

燃油后喷的 $NO_x$ 转化效率太低，需要进一步提高。此外，燃油经济性的下降也限制了该技术的发展。

## 4.7.4 氨逃逸催化器

氨逃逸催化器（ASC）是一种柴油车排气后处理装置，安装在 SCR 后端，是一种通过催化氧化作用降低 SCR 后端排气中逃逸氨的装置。氨燃料发动机作为一种具有显著减排潜力的内燃动力装置，已经逐渐受到重视。氨燃料发动机的 $NH_3$ 是尾气排放的主要污染物之一，因此，ASC 是未来氨燃料发动机中必不可少的后处理系统。

ASC 的主要作用如下。

将过量的 $NH_3$ 氧化成 $N_2$、$N_2O$、$NO_x$，如式（4.14）所示。

$$NH_3 + O_2 \longrightarrow N_2 + N_2O + NO_x \tag{4.14}$$

同时，再催化 $NO_x$、$NH_3$ 转化为 $N_2$，如式（4.15）所示。

$$NO_x + NH_3 \longrightarrow N_2 + H_2O \tag{4.15}$$

## 4.7.5 颗粒物后处理系统

### 4.7.5.1 颗粒物过滤器

颗粒物过滤器（DPF）是指安装在排气管上、有一定耐久性的过滤器，可以通过燃烧（氧化）来实现清洁的系统。DPF的特殊结构使其能捕集微粒。目前的DPF以堇青石陶瓷单体壁流式过滤器、烧结金属过滤器及陶瓷或金属纤维过滤器为主，应用最为普遍的是堇青石陶瓷单体壁流式过滤器，其结构原理示意如图4.27所示。这种过滤器有很多单向通道，通道之间是透气陶瓷壁，相邻的通道，一个通道在进口处被堵住；另一个在出口处被堵住。这样，排出的气体从一个通道进来后，必须穿过透气陶瓷壁才能从另一个通道排出，因此，排出的气体中的微粒就会沉积在进口通道的壁面上。

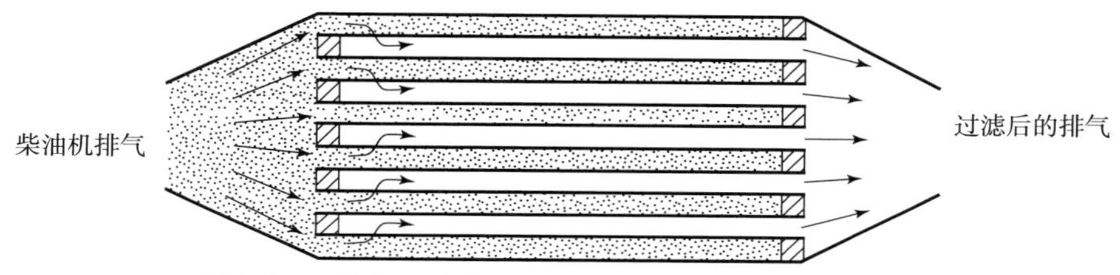


图4.27　堇青石陶瓷单体壁流式过滤器结构原理示意

目前，DPF的过滤效率都可以达到较高的水平，堇青石陶瓷单体壁流式过滤器的效率超过95%。DPF面临的主要问题是如何有效地清除沉积在过滤器内的微粒。因为微粒不断沉积在过滤器内，会使过滤器堵塞，使发动机排气阻力上升。发动机排气阻力随过滤器微粒收集量的增大而升高。当排气阻力升高至16～20 kPa时，发动机性能将严重恶化，必须定期清除沉积在DPF内的微粒。

有些研究者尝试利用空气动力学的方法使DPF再生，例如，可以采用高压空气反吹等手段再生过滤器，但由于其结构复杂、压缩空气消耗量大等问题，该技术很难推广。目前，主流的过滤器再生技术是烧掉沉积在DPF内的微粒。沉积在DPF内微粒的着火温度为500～600 ℃，而柴油机排气温度很少能在较长的时间内维持高温。所以，必须采取相应措施，即提高排气温度或降低微粒着火温度，只有这样，才能使过滤器可靠再生。

过滤器再生系统可以分为主动再生系统和被动再生系统。主动再生系统就是监视微粒在过滤器内的捕集状态，当需要再生时，就启动该系统。该系统包括额外喷油燃烧器系统、电加热器系统、微波加热系统、催化剂喷射系统等。主动再生系统由于涉及对沉积在过滤器内的微粒量的监控并且需要额外加入能量，因此其结构复杂、控制困难、价格昂贵。

被动再生系统就是要求车辆在正常运行条件下达到再生条件。运用排气节流等方法可以提高排气温度，使捕集到的微粒在高温下燃烧来去除，但这些措施使燃油经济性显著恶化。使用催化剂降低微粒的着火温度是一种高效的被动再生技术。使用催化剂的方式有两种，一种是在滤芯表面浸渍催化剂，另一种是在燃油中加入催化剂。采用该技术可以将微粒的着火温度降至315～350 ℃，甚至更低。但是采用被动再生的方法无法实现发动机全工况范围内的有效再生。目前主要采用的方法是主动再生和被动再生相结合的方法，可以有效降低再生过程中的能量消耗并提高再生效率。

在再生过程中，微粒被点燃后将释放大量的热，造成局部区域温度急剧升高，对过滤器材料的耐热性提出了极高要求。由于堇青石陶瓷有比较高的过滤效率及相对较低的排气背压，因此，DPF 主要是由堇青石制成的单体壁流式陶瓷过滤器。但是堇青石陶瓷的导热系数较低，因此，当在局部区域的微粒物发生燃烧后，热量不能及时传出，将造成该区域温度急剧升高。如果温度梯度超过极限，将会使陶瓷体破裂。因此，提高堇青石陶瓷的性能和控制再生时的燃烧都十分重要。由碳化硅（SiC）制成的过滤器排气阻力只有堇青石陶瓷的一半左右，但 SiC 的导热系数是堇青石陶瓷的25 倍以上，所以 SiC 过滤器内的温度场分布得较为均匀。不过，SiC 的热膨胀系数较大，在高温下易开裂。

#### 4.7.5.2　连续再生捕集器

Johnson Matthey 公司开发的连续再生捕集器是在 DPF 的上游安装一个氧化型催化转化器。在氧化型催化转化器内，NO 被催化氧化成 $NO_2$。此反应对温度较为敏感，在 300 ℃时的转化效率最高，而排气温度在 400 ℃以上时，$NO_2$ 生成量较少。由于 $NO_2$ 的氧化性很强，在 DPF 内，微粒在 $NO_2$ 的作用下被氧化，该反应在 250 ℃左右即可进行。该系统可将 CO、HC 和微粒的排放量降低90%以上，将 $NO_x$ 的排放量降低3%～8%。由于捕集到的微粒不断被氧化，该系统的排气背压较小。氧化催化剂的高活性使得催化剂达到起燃温度后，发动机排出的 CO 及 HC 极低，但同时也使得该系统生成硫酸盐的倾向大大增加。所以连续再生捕集器要求柴油的硫含量 < 10 ppm。为了提高 DPF 的再生效率，通常采用将氧化型催化转化器与 DPF 耦合设计的方法。

### 4.7.6　低温等离子体在柴油机排放控制上的应用

等离子体又称物质第四态，它是包含高浓度的、正负电荷数目近乎相等的带电粒子的非凝聚系统。低温等离子体（指体系温度为从室温至几千摄氏度的等离子体）通常由气体放电或其他热、光激发的方式产生。低温等离子体又可分为热等离子体（如弧光放电和高温燃烧等离子体）和冷等离子体两大类。冷等离子体最重要的特点是非平衡性，即电子温度远高于体系温度。此种非平衡性意味着电子有足够高的能量使反应物分子激发、离解和电离，而且反应体系又得以保持低温乃至接近室温状态。

等离子体是离子化的气体，它将电能转化成电子的能量，又将电子所具有的能量转化成自由基，通过控制自由基的生成和利用自由基的活性促进主要污染物分子的分解。

将等离子体应用于发动机排气污染物处理的相关研究正处于理论研究过程，目前尚未应用于车用发动机，其尾气净化效果主要与电压、脉冲频率、反应器几何形状等参数相关。利用等离子直接分解排气污染物所需的能量太大，将造成车辆的碳排放显著升高。相关研究中，有部分研究人员将等离子体系统和 $NO_x$ 催化器系统连用，利用等离子体的高活性促进催化反应的进行，还有研究人员利用冷等离子体解决柴油机的颗粒排放问题。目前，关于低温等离子体的研究主要集中于 DPF 再生，而利用等离子体较高的活性可以实现 DPF 的高效、快速再生，但主要用于线下再生。

## 4.8　带先进排放控制系统的柴油机结构

对于满足汽车国六排放标准或者更为严格标准的先进柴油机，一般具有如下特征。

（1）具有先进的供油系统，如高压共轨系统。

（2）带有可调喷嘴涡轮增压器或二级增压系统。

（3）带有冷却排气再循环系统。

（4）带有柴油机氧化催化器。

（5）带有 DPF。

（6）带有 SCR 系统和 ASC 系统。

（7）相关法规一般强制要求带有 OBD。

图 4.28 为带先进排放控制系统的轿车柴油机结构示意，对于不同的技术路线，尿素喷嘴的位置有所差异。在常规情况下，尿素喷嘴位于 DPF 之后、SCR 之前。有时，为了促进冷起动、暖机过程中尿素的快速水解，部分技术路线也会将尿素喷嘴放置于氧化型催化转化器之后，但是该路线中的尿素水解需要吸热，在一定程度上会使 DPF 再生困难。

先进的柴油机上使用的增压器一般为可调涡轮增压器，其进气歧管上所装的节流阀是为了保证有效进行 EGR。满足严格排放标准的柴油机，其排气系统上带有氧化催化器和 DPF。氧化催化器的功能包含两点：一是用来降低 CO

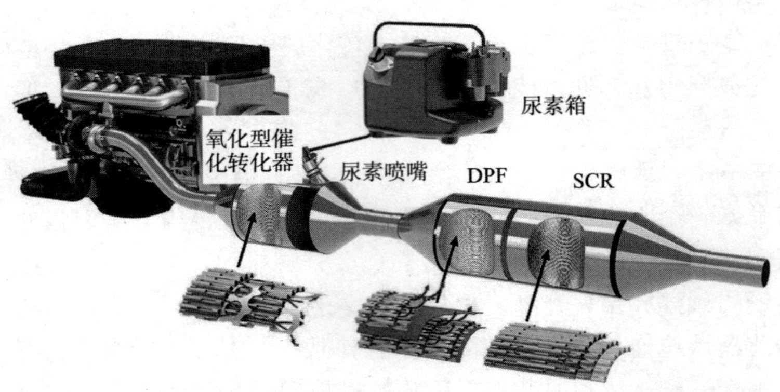


图 4.28　带先进排放控制系统的轿车柴油机结构示意

排放和 HC 排放；二是用来提高 DPF 的进口温度。因为 CO 和 HC 的氧化为放热反应，过滤器进口温度的提高有利于再生过程的进行；同时，NO 被氧化为 $NO_2$ 有助于 DPF 的再生。氧化催化器和 DPF 可以分开布置，也可以封装在一个整体内。安装在 DPF 进口和出口的压差传感器用来监控 DPF 的状态，因为随着 DPF 收集的颗粒物量的变化，排气经过 DPF 时，压降也会发生变化。柴油机 ECU 根据压差传感器的信号可以判断过滤器收集到的微粒量并判断过滤器的工作状态。

以法国标致雪铁龙（PSA）集团的 HDi 系列柴油机为例，该系列中所有型号柴油机均采用高压共轨供油系统，有的柴油机还带有可调截面涡轮增压器。同时，该系列柴油机是世界上第一种大规模应用 DPF 的柴油机，在排气管上装有高性能 DPF，DPF 的前面还装有氧化催化转化器。在排气管上安装了压力传感器和温度传感器，用来监测氧化催化剂的功效、DPF 的状态，以及 DPF 再生的效率。该柴油机还有燃油添加剂计量系统，负责向燃油内添加以氧化铈为主的燃油添加剂，以此来降低颗粒物的着火温度。

为了满足排放法规的需求，现在所有柴油机均安装有 DPF。柴油机的 ECU 根据排气管上的压力传感器信号，触发 DPF 的再生过程。当过滤器内沉积的颗粒物量较多，排气阻力较大时，DPF 再生过程启动。DPF 再生时，ECU 控制共轨系统进行缸内柴油二次喷射，后喷柴油在缸内和氧化催化剂中引起后燃，提高排气温度。燃油添加剂或 DPF 涂覆的催化剂可以降低颗粒物着火温度，而后喷柴油提高了排气温度，两方面因素的共同作用实现了 DPF 的高效再生。DPF 的再生过程每次持续 10 min 左右，汽车每行驶 130 km 需要再生一次[6]，DPF 再生的频率主要由发动机颗粒物排放量、DPF 的大小、汽车行驶状态等因素决定。

# 4.9　汽油和柴油品质的改良

控制车辆的排放，不仅要从车辆和发动机及其附件的结构入手，还要提高汽油和柴油的质量。提高汽油和柴油质量可以直接降低车辆排放，改善大气环境，且能够为排气处理新技术的应用创造条件。提高汽油和柴油的质量比排放法规的加严响应更快，排放法规的加严只能要求新车达到法规规定的新标准，见效慢，而油品质量的提高可以惠及所有在用车辆，效果立竿见影。

## 4.9.1　汽油品质的改良

汽油品质的提高包括高标号化、无铅化和组分优化。高标号化是指提高汽油的辛烷值，即通常所说的汽油标号。辛烷值提高后，汽油的抗爆性便会增强，汽油机可以采用较高的压缩比，从而获得良好的动力性和燃油经济性。但这并不意味着汽油抗爆性越强就越好，车主需要根据自己车辆的实际情况，选择合适的汽油标号。无铅化可以减少空气环境的铅污染，而且可以促进各类催化器的使用。我国已实现汽油的高标号化和无铅化。

汽油的基本成分是从原油中提炼出来的烷烃、烯烃和芳香烃。汽油的性质不同对排放的影响也有显著差异。汽油主要的品质参数包括苯含量、芳香烃含量、烯烃含量、硫含量、含氧化合物含量、蒸气压和馏程等。

苯是致癌物质，它通过蒸发或者燃烧进入大气，对人类健康有直接影响，所以降低苯含量对环境有益。国六汽油中的苯含量限值由 1% 降至 0.8%，严于欧盟 1% 的标准。

芳香烃是一种具有较高辛烷值和热值的汽油调和组分，但是燃烧后会导致苯形成，并增大 $CO_2$ 排放，所以我国国六汽油标准中规定汽油中芳香烃的含量从 40% 收紧至 35%。多环芳香烃是颗粒物生成的前驱物，对于缸内直喷汽油机，多环芳香烃含量的增加将显著提高颗粒物的生成量。

烯烃也是一种具有较高辛烷值的汽油调和组分，但是烯烃化学性质活泼，挥发到大气中后，会促进光化学烟雾的形成。另外，烯烃热稳定性差，易在发动机进气系统和其他部位形成积炭。由于我国汽油加工工艺与国外不同，因此，汽油中烯烃含量较高，国六标准规定，A 阶段烯烃含量限制由 24% 降至 18%，到 B 阶段则降至 15%。

硫化物燃烧后会形成 $SO_2$ 和三氧化硫（$SO_3$）排到大气中污染环境，而且会对发动机的部件造成腐蚀；同时，硫会导致催化器效率的降低，并可能导致氧传感器灵敏度下降，从而造成排放的增加。各国汽油标准中，硫含量均呈下降的趋势。我国汽车国六排放标准中规定汽油的硫含量上限为 10 ppm。

汽油中加入含氧化合物可以减少尾气中 CO 排放，但含氧化合物体积热值比汽油低，加入量过大会影响汽车发动机的性能。我国规定的汽油氧含量质量百分比应为 2.3% ~3.5%。

蒸气压和馏程反映的是汽油的挥发性。汽油的挥发性太差不利于与空气形成均匀的可燃混合气。汽油的挥发性太强则会有较多的挥发损失，并且有可能在进气系统中产生气阻。国六标准规定汽油馏程的蒸发温度从 120 ℃降至 110 ℃。

由于中国汽车排放标准的发展等效采用欧洲标准（国六标准基于欧洲标准进行改进），有关汽油品质的标准也与欧洲标准相近。表 4.3 所示为欧洲的汽车排放标准。

**表 4.3　欧洲的汽车排放标准**

| 年份 | 1993 年 | 1998 年 | 2000 年 | 2005 年 | 2009 年 | 2015 年 |
|---|---|---|---|---|---|---|
| 汽车排放标准 | 欧Ⅰ | 欧Ⅱ | 欧Ⅲ | 欧Ⅳ | 欧Ⅴ | 欧Ⅶ |
| 硫含量限值①/% | 0.1 | 0.05 | 0.015 | 0.005 | 0.001 | 0.001 |
| 苯含量限值②/% | 5 | 5 | 1 | 1 | 1 | 1 |
| 芳香烃含量限值②/% | 无规定 | 无规定 | 42 | 35 | 35 | 35 |
| 烯烃含量限值②/% | 无规定 | 无规定 | 18 | 18 | 18 | 18 |
| 氧含量限值①/% | 2.5 | 2.5 | 2.7 | 2.3 | 2.3 | 2.3 |
| 铅含量限值/($mg \cdot L^{-1}$) | 13 | 13 | 5 | 5 | 5 | 5 |

①质量百分比。
②体积百分比

## 4.9.2　美国的重整汽油计划

汽油的组分由其加工工艺决定，主要采用两类重要的制作工艺，第一类是催化重组，第二类是催化裂化[7]。第一类方式是目前全球最先进的方式，我国催化重组组分的制造水平和产量排在全球第四名，而前三名分别是美国、俄罗斯和日本。

裂化重整汽油几乎不含烯烃而且硫含量小于 1 ppm，催化裂化汽油辛烷值高，烯烃含量高，并不是特别优质的汽油。重整汽油是通过改良汽油，使汽油燃烧更为清洁。美国清洁空气法要求，在烟雾污染严重的城市使用重整汽油，在其他城市可选择性使用。

1995 年，美国开始了联邦重整汽油计划。截至 1999 年年底，美国有 17 个州和哥伦比亚特区使用重整汽油，重整汽油在当时美国市场的比例为 30%。每个石油公司都可以有自己的重整汽油配方，但是都必须达到美国政府规定的标准。

美国实施第一阶段的重整汽油计划后，让使用重整汽油的地区每年减少导致烟雾的排气污染物 64 000 t。美国实施第二阶段重整汽油计划的目标是让使用重整汽油的地区每年再削减排气污染物 41 000 t。

美国重整汽油计划除了减少排气污染物外，还降低了像苯这类有毒致癌物质的排放量，有助于降低排气的毒性。据专家估计，第一阶段重整汽油计划使用重整汽油地区的癌症风险降低了 12%，第二阶段重整汽油计划使癌症风险降低了 19%。

为评估第二阶段重整汽油对发动机性能的影响，EPA 在 1998 年对使用第二阶段重整汽油的小轿车和轻型货车的性能在波士顿、芝加哥和休斯敦进行了评估。测试车队使用第二阶段重整汽油行驶超过 100 万 mile。另外，EPA 还对多用途车、割草机、其他园林机械、摩托车及水上用途的发动机进行了测试。所有测试数据表明，使用第二阶段重整汽油替代第一阶段重整汽油不会造成车辆或设备性能的差异，也不会给车辆的燃油经济性带来差异。

但是重整汽油和传统汽油相比，由于其中添加了含氧剂，燃油经济性要差 1%~3%。

第一阶段重整汽油的生产成本比传统汽油要高 3%~5%，第二阶段重整汽油的生产成本比第一阶段重整汽油的成本高 1%~2%。当然，实际的成本与当地的实际情况有关。

汽油会造成水污染，储油罐泄漏是其最主要原因。当然，汽油飞溅和对汽油的一些不当处理也会导致水污染。汽油中的很多成分包括甲基叔丁基醚（MTBE）都可能污染水。但是 MTBE 高度可溶于水，并且在水中传播的速度和距离都远高于其他成分。MTBE 有强烈的气味和味道，所以只要进入水中，也会造成显著危害。1996 年，美国地质勘探局（USGS）发现，大范围的地下水被 MTBE 污染。加州自 2004 年 1 月 1 日起禁止使用 MTBE[8]。

欧美等国家炼厂采用合理的装置结构，使其汽油组分更符合清洁汽油的质量升级要求，为汽油质量升级奠定了基础。重整汽油的高辛烷值解决了汽油调和组分中高标号汽油的问题。因此，汽油组成的合理性是汽油质量升级换代的基础。各个国家和地区的汽油催化裂化和催化重整技术路线和水平各不相同，因此，汽油组分也存在相当大的差异。例如，在美国汽油中，催化裂化汽油组分和催化重整汽油组分各占30%，其他高辛烷值组分占30%；在欧洲汽油中，催化裂化汽油组分占27%，催化重整汽油组分占47%，其他高辛烷值组分占26%；而在我国汽油中，催化裂化汽油组分占75%，重整汽油、加烷基化汽油及其他辛烷值提升组分占25%。

### 4.9.3 柴油品质的改良

柴油的主要指标为十六烷值、硫含量和芳香烃含量[9]。

十六烷值是衡量燃料在压燃式发动机中点火延迟期的指标，十六烷值高，点火延迟期短。如果十六烷值<45，则会引起柴油机工作粗暴，导致最高燃烧压力增加和$NO_x$排放量增加。满足未来排放标准的轿车用柴油机，要求所使用的柴油十六烷值≥49[10]。

柴油成分对微粒排放有较为显著的影响，微粒中的硫酸盐含量随柴油中的硫含量增加而增加。所以，欧盟委员会规定，从1994年10月1日起，柴油中含硫量的上限为0.2%；从1996年10月1日起，柴油含硫量的上限为0.05%。将柴油含硫量从0.2%降到0.05%可使微粒排放下降7%~12%。2000年，中国的柴油硫含量标准由原来的0.5%（5 000 ppm）下降至0.2%（2 000 ppm）；2005年，含硫量再次下调到0.05%（500 ppm）；2018年相关标准进一步升级，限定柴油中硫含量不得超过0.005%（50 ppm）。柴油含硫量的降低不仅降低了微粒排放，而且大幅降低了柴油机后处理器中催化剂中毒的风险，也提高了后处理器的使用寿命。

芳香烃含量直接影响柴油的密度和黏度，若芳香烃含量过高会使柴油机的喷油量降低，雾化效果变差，还会导致颗粒物排放量增加。因此要限制柴油中的芳香烃含量。芳香烃在较高温度下不容易发生环的断裂和氧化，更容易直接发生缩聚，生成颗粒物的前驱体，导致PM排放上升[11]。

## 4.10 汽油机和柴油机未来前景对比

### 4.10.1 汽油机和柴油机的比较

热效率是衡量一个国家内燃机综合实力的标志。近年来，我国柴油机和汽油机的热效率持续迈上新台阶，展示了我国发动机国际一流研发水平和行业领先地位。2020 年 9 月，潍柴控股集团有限公司（以下简称“潍柴”）发布了全球首款本体热效率为 50.23% 的柴油机；2022 年 1 月，潍柴再次将柴油机本体热效率提升到 51.09%；同年 11 月，潍柴发布本体热效率 52.28% 的商业化柴油机和本体热效率 54.16% 的商业化天然气发动机；2024 年 4 月，潍柴在世界内燃机大会上发布了全球首款本体热效率 53.09% 的商业化柴油机，持续引领全球内燃机行业的发展。

2017 年，全球热效率最高的汽油发动机为丰田开发的 2.5 L 汽油发动机及混合动力发动机，热效率分别为 40% 和 41%；2020 年，东风马赫 1.5T 发动机已经成为国内首款热效率超过 41% 的增压机型；2020 年 9 月，广汽传祺第四代 2.0ATK 汽油机取得 42.10% 热效率的重大突破，刷新当时中国品牌发动机公开认证的最高热效率；2022 年 11 月，吉利汽车宣布在发动机热效率方面取得重大突破，稀薄燃烧汽油机实测实现 46% 的有效热效率，稀薄燃烧氢气发动机实测实现 44% 的有效热效率；2023 年 2 月，东风全新马赫 1.5T 混合动力发动机通过“能效之星”认证并举行发布仪式，其最高有效热效率可达 45.18%，是中国汽车行业首款公开认证热效率超过 45% 的混动汽油机。

汽油机是点燃式的，柴油机是压燃式的，这与汽油和柴油的性质有关。汽油和空气的混合气比较容易点燃，而柴油在高温高压下的自燃特性好。正是因为燃料性质的不同，汽油机的压缩比较低，柴油机的压缩比较高。除缸内直喷汽油机外，汽油机是预混燃烧，即油和气先混合好再进入气缸燃烧，而柴油机是以扩散燃烧为主的、边混合边燃烧的模式。

大多数工作状态下，汽油机的过量空气系数为 1，即理论上汽油恰好完全燃烧，进入气缸的 $O_2$ 和汽油刚好耗尽。一方面，这是由其工作原理决定的；另一方面，这是汽油机有使用三元催化器的需要。柴油机的过量空气系数总是大于 1，表示空气总是过量的，即进入气缸的 $O_2$ 是充足的。

柴油机大多采用涡轮增压器，且增压比较高；中、高级汽车的汽油机大多安装有涡轮增压器，即使采用涡轮增压技术，增压比也比柴油机系统低。

柴油机因为压缩比较高，所以热效率较高；因为进气管中没有节气门，所以进气损失小；因为采用涡轮增压技术，所以机械效率较高，且能够回收部分尾气中的能量；因为过量空气系数远大于 1，所以燃烧更加充分。综上所述，柴油机的油耗远低于汽油机。油耗低，也就意味着柴油机经济性好、节约能源、$CO_2$ 排放低[12]。

柴油机工作在过量空气中，柴油机 HC 和 CO 排放较低。由于柴油机为边混合边燃烧模式，油气混合不均匀，缸内存在局部缺氧区域，因此柴油机的

PM 排放比较高。

与柴油机相比，汽油机具有运转平稳、振动噪声小、升功率高、易起动等优点，所以广泛应用于小轿车、摩托车及轻型货车。而柴油机则因为具有燃油消耗率低、容易向大缸径高功率发展，以及耐久性好的优点，所以广泛应用于重型汽车、工程机械、农用机械、机车、坦克及发电机组等。

柴油机虽然在重型车上使用频率高，但较少应用于轿车或其他轻型车。但是 2015 年在欧洲某些国家新出售的轿车中，柴油车总占比达到了 52%。一方面是由于柴油机性能改进，工作更加平稳，排放控制能力提高，柴油机装在轿车上，对驾驶者的舒适性并无太大影响；另一方面，在油价较高的欧洲国家，柴油车的低油耗，可以给用户带来切实利益。同时，欧洲国家的人比较关注 $CO_2$ 的排放量问题，而柴油机的 $CO_2$ 排放量低，这也是柴油车销售比例较高的原因之一。在大众汽车被发现在柴油发动机的排放测试中作弊之前，柴油车占欧洲国家每年销售汽车的一半以上。然而，自 2015 年以来，柴油车的占比逐渐下降。根据欧洲汽车制造商协会数据，2017 年欧洲国家销售的新车中有 44.4% 是柴油车，2020 年占比已降至 28%，而在 2021 年的前 9 个月，柴油车的市场份额已降至 20.5%。

图 4.29 为德国大众公司 Lupo 3L 柴油轿车。该车的百公里油耗仅为 3 L。Lupo 3 L 车从 1999 年开始上市，是世界上第一个批量生产的百公里油耗为 3 L 的汽车。德国大众公司组织的 Lupo 车队在 80 天内绕地球一圈，平均百公里实测油耗仅为 2.7 L。该车连续几年居于德国交通与环境协会环保车辆排名之首。

图 4.29　德国大众公司 Lupo 3 L 柴油轿车

某个地区发展汽油车还是柴油车，需要根据该地区的能源与环境状况确定。而且，对于某些重型车或需要大功率输出的车型，汽油机往往难担重任。目前，电动汽车的发展较为迅速，但是考虑到国家能源结构形势、电能供给、基础设施建设等因素，内燃机车在市场上仍然占主导地位。而且，随着内燃机车的技术发展，燃油经济性获得极大的改善，尾气中有害污染物的排放量已经达到很低的水平。低碳燃料、零碳燃料的使用，将改变内燃机车碳排放高的现状，助力实现“双碳”目标。

### 4.10.2　汽油机和柴油机未来的发展

面对未来苛刻的排放法规和燃油经济性标准的要求以及其他新兴动力系统带来的严峻挑战，汽油机和柴油机新型燃烧技术也在不断进步，如HCCI采用混合气体自燃的方式燃烧，具有高效率和低排放的特点，但是目前仍存在燃烧不稳定和控制困难等问题。PCCI 采用预混合燃料的方式进行燃烧，类似传统的柴油发动机，但是可以通过掌握预混合气体的配比和喷射时间，实现更加精确的燃烧控制。除此之外，通过实时检测和调整燃烧室内气体混合物的配比以及时控制 EGR 率和空燃比等参数以达到燃烧优化的效果。

HCCI 在混合气的形成方面采用常规汽油机的预混合燃烧方式；在点火方式上，采用柴油机的压缩自燃点火。因此，它是一种不同于传统汽油机和柴油机的新型燃烧方式，综合了常规汽油机和柴油机燃烧方式的优点。由于其混合气是预混合好的，燃油分布比较均匀，可以减少甚至达到无颗粒物排放；由于其混合气充量是压缩点火而且没有节气门的节流损失，有较高的热效率。但 HCCI 发动机不同于传统意义上的汽油机和柴油机，其燃烧过程是在整个气缸内同时点火，而不是沿火焰前峰面传播。该特性使得 HCCI 可以在较低的温度下进行，大幅降低了发动机的 $NO_x$ 排放。相关研究表明，HCCI 发动机的 $NO_x$ 排放在某些工况下可以控制在很低的水平。显然，HCCI 方式在燃油经济性和有害物排放控制方面实现了统一[13]。

HCCI 方式适用于多种燃料，如汽油和柴油等。对于不同的燃料，其控制策略和具体的实现方式有所差异。但是目前的 HCCI 发动机在混合气形成、控制点火时刻、扩大负荷运行范围及冷起动等方面都存在诸多问题，需要在燃烧稳定性和燃烧控制方面实现技术突破，以满足新型燃烧模式在内燃机的实际应用。PCCI 方式通常在进气或压缩过程早期向进气管或气缸中先喷射部分燃油，使供油量在循环供油量的10%~70%，在压缩上止点附近向气缸中进行燃油喷射。主喷射之前的混合气较稀，无法点火；在主喷射之后，混合气浓度提升，当气缸内混合气达到自燃温度，会导致点火燃烧。影响其性能的主要参数为预混合燃油量及主喷射定时。ACER 燃烧方式需要实时监控和调节发动机运行参数，对硬件方面高精度、高速度的电子控制系统与传感器要求较高[14]。

汽油机和柴油机仍旧是非常有竞争力的车用动力形式，在短时间内很难被其他新能源汽车取代。现代技术在电子、控制、计算流体力学、燃烧学等方面的发展会促进汽油机和柴油机技术的进步，以满足人们不断提高的需求。而且，低碳、零碳燃料的使用，有可能将主导内燃机的发展方向。

## 4.11 参考文献


[1] 史程. 掺氢转子机着火、燃烧及产物规律的数值模拟研究 [D]. 北京：北京理工大学，2021.

[2] 周龙保. 内燃机学 [M]. 3 版. 北京：机械工业出版社，2011.

[3] 胡昌义，刘时杰. 贵金属新材料 [M]. 长沙：中南大学出版社，2015.

[4] GAO J，TIAN G，SORNIOTTI A，et al. Review of thermal management of catalytic converters to decrease engine emissions during cold start and warm up [J]. Applied Thermal Engineering，2019，147：177 – 187.

[5] 魏名山. 汽车与环境 [M]. 北京：化学工业出版社，2004.

[6] HUANG Y，NG EC，SURAWSKI NC，et al. Effect of diesel particulate filter regeneration on fuel consumption and emissions performance under real – driving conditions [J]. Fuel，2022，320：123937.

[7] 王亚红，杨英杰，于丽颖等. 植物油脂肪酸烷醇酰胺的合成与性能表征（I）[J]. 吉林化工学院学报，2000，17（1）：11 – 13.

[8] 朱庆云. 欧美清洁汽油的发展历程及对我国的启示 [J]. 石化技术，2012（2）：66 – 70.

[9] 宋洪川，张无敌，董锦艳. 植物油燃料 [J]. 太阳能，2000（1）：18 ~ 19.

[10] 范航，张大年，生物柴油试制研究 [J]. 化学世界，2000（增刊）：65 – 66.

[11] CANAKCI M. Production of biodiesel from feedstocks with high fatty acids and its effect on diesel [D]. Ames：Iowa State University，2001.

[12] MONYEM A. The effect of biodiesel oxidation on engine performance and emissions [D]. Ames：Iowa State University，1998.

[13] 伍赛特. 内燃机 HCCI 及 PCCI 燃烧方式研究综述 [J]. 能源与环境, 2019 (1): 10 - 11.

[14] EUIJOON S, HYUNWOOK P, CHOONGSIK B. Comparisons of advanced combustion technologies (HCCI, PCCI, and dual - fuel PCCI) on engine performance and emission characteristics in a heavy - duty diesel engine [J]. Fuel, 2020, 262: 116436.

第5章

# 非发动机源颗粒物排放及控制技术

车辆在行驶过程中产生的非发动机源颗粒物是尾气中颗粒物的重要组成部分。例如，车辆在行驶过程中由于轮胎磨损产生的颗粒物、由于制动系统产生的颗粒物、由于路面扬尘产生的颗粒物、由于燃油蒸发产生的颗粒物等都属于非发动机源颗粒物。非发动机源颗粒物的排放污染了空气，也对人体健康造成了严重的危害。传统的内燃机汽车和新能源汽车在行驶过程中均会产生大量的颗粒物。随着汽车电动化程度的提高，发动机颗粒物排放的比例逐渐降低，非发动机源颗粒物排放的比例却逐渐提升，但目前尚没有相关现行法规可以严格控制非发动机源颗粒物的排放。

## 5.1 轮胎颗粒物排放

轮胎颗粒物是指由轮胎磨损产生的颗粒物，包括橡胶、金属、水分和尘土等，而且这些物质中还携带油脂、碳化物和重金属等有害物质。如果被风吹散并被人体吸入，会对人体健康和生态环境造成负面影响。因此，轮胎颗粒物排放已成为城市交通污染和健康问题的热点话题。

### 5.1.1 轮胎颗粒物排放的组成及形成机理

轮胎是车辆行驶的基础，承受着汽车在路面上的摩擦和冲击，因此，轮胎磨损成为不可避免的问题。轮胎磨损过程中产生的颗粒物主要为橡胶和重金属。

橡胶是轮胎颗粒物的主要组分，其中含有丰富的碳元素和硫元素。橡胶在磨损过程中会释放有害物质，如PAH、苯胺、硝基多环芳香烃等，它们对人体健康和环境有非常大的影响。另外，橡胶磨损过程中轮胎表面的带电状态，会造成许多颗粒物带有负电荷，从而吸附空气中带正电荷的颗粒物，如各种污染物和重金属离子。

与轮胎磨损密切相关的是轮胎压力、轮胎负载、路面材质和车速等因素。一般来说，轮胎压力越小、负载越大、路面越硬、速度越快，轮胎磨损越严重，产生的颗粒物越多。图5.1所示为轮胎磨损造成的颗粒物排放。

图 5.1　轮胎磨损造成的颗粒物排放

## 5.1.2　轮胎颗粒物排放的危害

轮胎颗粒物排放的危害主要包括以下两方面内容。

（1）对人体健康的影响：轮胎颗粒物对人体健康的影响主要来自颗粒物的直接和间接作用。由于颗粒物本身为有毒性物质，人体吸入后可诱发气管和支气管出现炎症反应，从而导致呼吸道症状、疾病甚至肺癌等健康问题。另外，颗粒物吸附空气中的悬浮物质还可能促使其他有害物质在人体内的吸收和传播，如微生物、VOC 等，这些物质与颗粒物相互作用，增加了对人体的危害。

（2）对环境的影响：轮胎颗粒物通过空气和水体的传播进入环境，使土壤和水体等生态环境受到污染，影响土地的肥力和水的硬度，对生态系统的稳定性和平衡性构成了威胁。

轮胎颗粒物排放控制的发展历程如下。

20 世纪 80 年代初，欧盟开始对汽车轮胎磨损进行研究，但尚未采取强制措施。

20 世纪 90 年代初，欧洲各国开始对汽车轮胎磨损进行监测，并研究其对空气和水质的影响。

1999 年，欧盟提出了轮胎磨损成为环境问题的可能性，并指出需要在未来采取必要的限制措施。

2007 年，欧盟制定了关于轮胎磨损的法规，要求所有新轮胎必须满足特定的磨损性能要求。

2014 年，欧盟进一步加强了对轮胎磨损的限制并制定了测试方法和标准。

2015 年，中国提出到 2020 年实现新轮胎湿地黏附系数达到 3 级或以上，对轮胎耐磨性的要求更加严格。

2018 年，欧盟通过了新的轮胎标签法规，强制要求所有轮胎必须标明湿地胶附力和噪声等级。

2021 年，欧盟进一步加强了对轮胎磨损排放的限制和管理。

在这个过程中，轮胎制造商也在不断研发新材料和新技术，以降低磨损排放。例如，采用硅基橡胶、石墨烯等材料增加轮胎的耐磨性和降低磨损排放。

### 5.1.3　轮胎颗粒物排放的检测

目前，国内外关于轮胎颗粒物排放的直接检测方法处于探索阶段，尚未形成完善的测试标准。常用的轮胎颗粒物排放检测方法主要有实测法、半实物模拟法和计算法。

1）实测法

实测法是通过在实际路况下收集轮胎颗粒物的样品来检测轮胎颗粒物排放情况。实际路况可以利用道路测试场、实际街道或隧道等场所进行模拟。利用实测法可以获取真实可靠的数据，但这种方法需要简化实际场景中的复杂性，还需要大量有代表性的数据样本，且成本较高。在实际道路检测中，轮胎磨损产生的颗粒物与扬尘无法有效分离，导致动态检测结果的准确性较差。另一种实际道路检测方法为使用平均法检测轮胎颗粒物排放。当汽车行驶完特定里程后，通过称重的方法获得该特定路段轮胎质量损失，进而计算轮胎的颗粒物排放因子。

2）半实物模拟法

半实物模拟法是通过模拟轮胎和路面摩擦的过程来预测轮胎颗粒物排放量。该方法包括动态模拟法和静态模拟法。其中，静态模拟法采用人工设计的实验装置模拟轮胎和路面的摩擦，进行实验室模拟测试。图 5.2 所示为典型的轮胎颗粒物排放检测试验台架，该试验台架可以通过改变路面情况、行车速度、车辆负载等条件，进而了解相关因素对轮胎颗粒物排放的影响规律。

3）计算法

计算法是通过数学模型计算轮胎颗粒物排放量。使用该方法前要先进行三维数值模拟，其过程如图 5.3 所示。该方法需要针对建立的三维数值模型加载

图 5.2　轮胎颗粒物排放检测试验台架[1]

相应的边界条件，进而对轮胎颗粒物排放情况进行计算。该方法不需要实际车辆上路实测，因此成本较低，但该方法的准确性取决于模拟参数的设定，需要对轮胎结构、受力边界条件进行简化，导致所获得的颗粒物排放的准确性较差。采用计算法获得轮胎磨损颗粒物排放的基本方法如下：获得轮胎的三维几何模型并对三维几何模型结构进行简化；针对简化后的三维几何模型进行网格划分；设置轮胎的材料并通过加载数值计算模型边界条件计算。

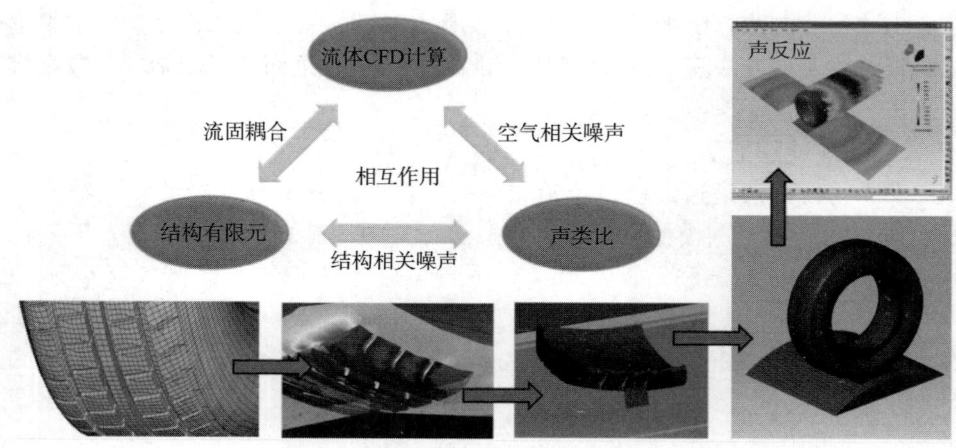


图 5.3　轮胎三维数值模拟建模过程[2]

### 5.1.4　轮胎颗粒物排放的控制

为了减少轮胎颗粒物排放，应采取以下措施。

(1) 优化轮胎材料和结构：优化轮胎的材料和结构是解决轮胎颗粒物排放问题的关键。轮胎制造过程中需要采取低排放、低毒性、低噪声、低能耗的绿色制造技术和材料。例如，一种采用微刻孔技术的新型橡胶材料纯单体树脂可以有效减少轮胎磨损产生的颗粒物并提高轮胎的寿命。

(2) 加强车辆的维护、管理：在车辆行驶时，轮胎与地面的摩擦会产生磨损，严重影响轮胎使用寿命。因此，日常车辆维护应保证正确的轮胎压力并定期更换轮胎。

(3) 科学规范城市交通管理：加强道路清洗，降低其他源颗粒物对车辆轮胎的磨损。此外，还要加强城市交通的科学规划、管理和监测，优化交通运行，减少交通拥堵，以期尽可能降低轮胎颗粒物排放量。

## 5.2　制动系统颗粒物排放

### 5.2.1　制动系统颗粒物排放的成分

制动系统的颗粒物排放主要是汽车采用制动系统减速或制动过程中产生的颗粒物。制动系统颗粒物的排放因子与制动系统的材料、车辆减速度、制动频率、汽车质量等因素紧密相关。通常在城市交通密集环境中制动系统所产生的颗粒物排放较高，城市路况中虽然车辆的减速度较小、单次制动产生的颗粒物排放较少，但是制动系统经常处于工作状态，因此，颗粒物排放因子较高。对于高速行驶紧急制动情况，单次制动产生较多的颗粒物排放，但在高速运行状态下，制动系统使用频率很低，所以汽车在高速工况下制动系统的颗粒物排放水平普遍偏低。对于山路行驶工况，制动系统的使用频率很高，尤其是大货车在长距离下坡过程中长时间使用制动系统，需要定时对制动系统进行喷水冷却。制动系统颗粒物中的成分以金属元素为主，如表5.1所示。铁（Fe）、铜（Cu）、钡（Ba）、铅（Pb）和锌（Zn）等在制动系统排放的颗粒物中的浓度较高。制动系统排放的 $PM_{10}$ 中，50%～70%是以空气悬浮颗粒物的形式排放[3]，其余可能沉积在道路上或被车辆吸附。

表 5.1　制动系统颗粒物排放中金属元素的含量[4]

| 金属元素 | 含量/( $mg \cdot kg^{-1}$ ) | 金属元素 | 含量/( $mg \cdot kg^{-1}$ ) |
| --- | --- | --- | --- |
| Al | 330 ~ 20 000 | Mg | 1 700 ~ 83 000 |
| As | >2 ~ 100 | Mn | 620 ~ 5 640 |
| Ba | 5 800 ~ 140 000 | Mo | 5. 0 ~ 740 |
| Ca | 500 ~ 8 600 | Na | 80 ~ 5 100 |
| Cd | >0. 06 ~ 11 | Ni | 80 ~ 730 |
| Co | 12 ~ 42. 4 | Pb | 4. 0 ~ 1 290 |
| Cr | 135 ~ 12 000 | Sb | 4. 0 ~ 19 000 |
| Cu | 70 ~ 210 000 | Sn | 230 ~ 2 600 |
| Fe | 1 300 ~ 637 000 | Ti | 100 ~ 110 000 |
| K | 190 ~ 39 000 | Zn | 120 ~ 27 300 |

### 5. 2. 2　制动系统颗粒物排放控制发展历程

汽车制动系统颗粒物排放控制的发展历程如下。

20 世纪 80 年代初，德国、瑞士和瑞典等国家开始对汽车制动系统排放进行研究，但尚未采取强制措施。

20 世纪 90 年代初，欧洲各国开始对汽车制动系统排放进行监测，瑞士率先采取限制铜制动摩擦片的措施。

2007 年，美国加州规定了制动系统排放硫、铜等物质的限值，并逐步实施。

2010 年，欧盟宣布对制动系统中铜的使用限制在特定情况下，进一步加强制动系统排放控制。

2015 年，中国提出到 2020 年实现新车制动系统石棉零使用、铅零使用，也限制了铜涂层的使用。

2016 年，美国加州正式通过了《加州机动车制动摩擦材料法》，且自 2017 年 1 月 1 日起开始生效，并要求各汽车厂商于 2021 年 1 月 1 日起禁止销售铜含量超过 5% 的制动系统，2025 年 1 月 1 日后，该限量继续加严到 0. 5%。

### 5. 2. 3　制动系统颗粒物排放检测

进行汽车制动系统颗粒物排放检测时通常采用以下两种方法。

（1）常规测量法：该方法通过颗粒物检测装置，在车辆行驶中检测制动过程颗粒物的动态排放特性，包括质量排放、数量排放及颗粒物粒径分布，如

图 5.4 所示。将颗粒物捕获锥安装于轮毂处，通过回转接头、气溶胶管将捕获锥与检测装置连接；捕获锥处安装的防尘罩可以最大限度降低道路扬尘造成的影响；在汽车不同制动工况下利用颗粒物检测装置即可检测制动过程中产生的颗粒物。

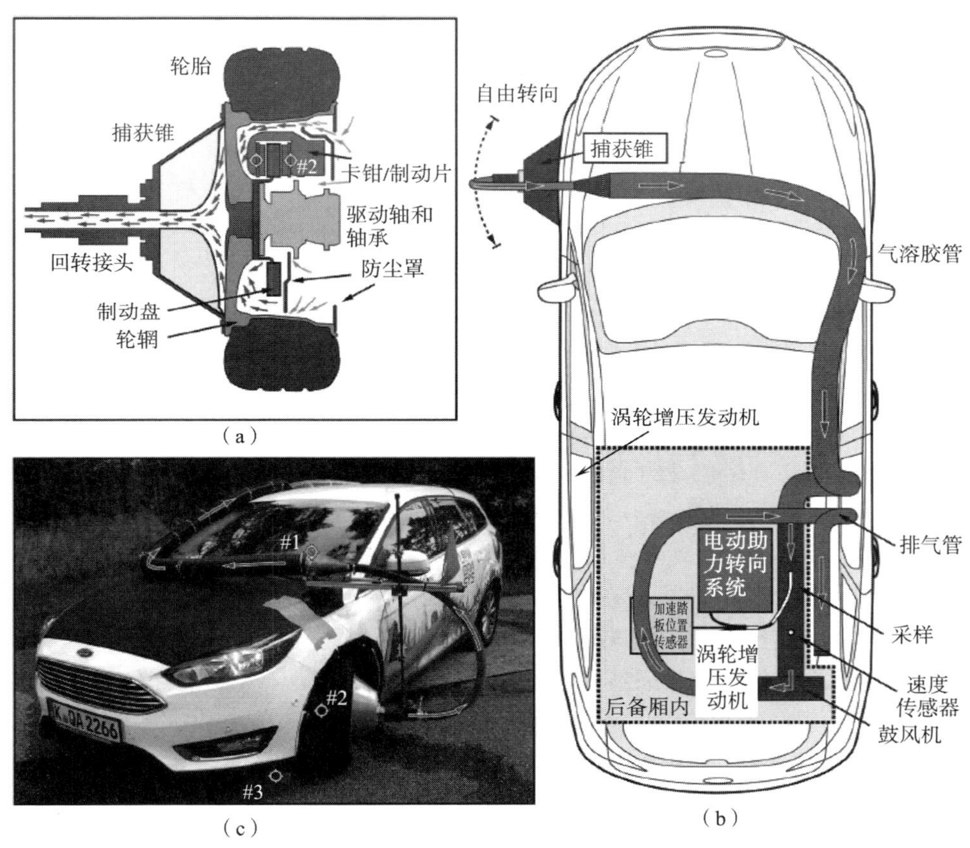


图 5.4　制动系统颗粒物排放检测[5]

（2）制动试验台法：将车辆制动系统安装于试验台架，精准控制制动系统的工作状态并采用颗粒物检测装置测量制动过程中不同条件下颗粒物的排放水平。图 5.5 所示为模拟汽车制动系统颗粒物排放检测模拟系统，包含制动系统、检测系统和排气系统。该系统可以模拟汽车不同制动状态下制动系统的工作情况。采样腔体入口安装有过滤器，以避免外界空气中的颗粒物对测试结果造成影响；制动器可以调节转速和制动扭矩并以此来模拟汽车不同行驶工况下的制动情况。

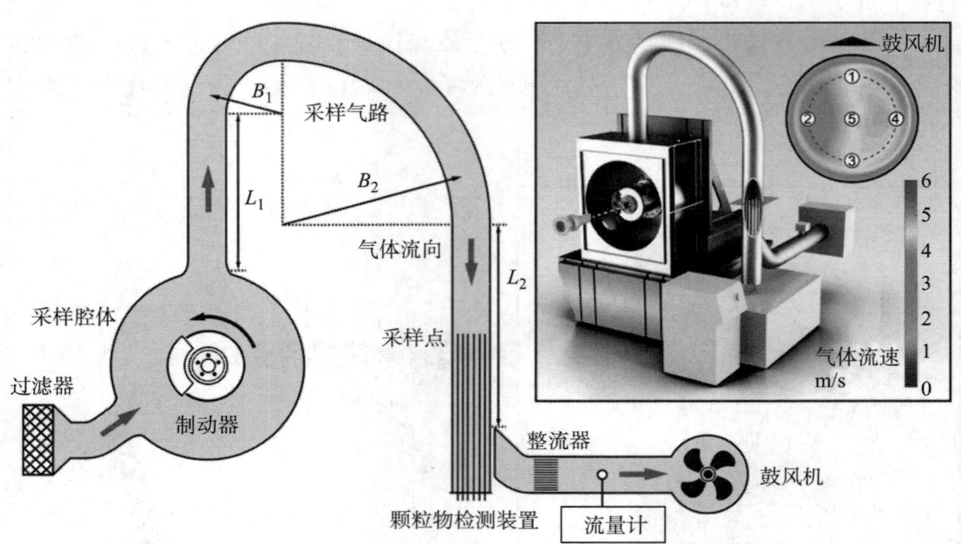


**图 5.5　制动系统颗粒物排放检测模拟系统[6]**

随着电动化程度的提升，汽车减速、制动过程中使用制动系统的频率显著降低，更多采用电机发电以实现能量回收的方式实现汽车的减速和制动。此外，汽车的轴承及受力高速旋转件运转过程中不可避免地会产生颗粒物的排放。

制动系统颗粒物排放因子在很大程度上取决于车辆的类型和行驶路况，表 5.2 所示为英国不同类型车辆在不同路况下的制动系统和轮胎颗粒物排放因子。不同类型车辆的制动系统颗粒物排放因子差距较大。从整体上看，车辆的质量越大，排放因子越高，但是排放因子与质量并非呈线性增加的趋势。城市道路工况制动系统的颗粒物排放因子最高；相比于制动系统，轮胎的颗粒物排放对道路的依赖性较小。道路状况的差异会导致驾驶员驾驶行为的改变，如在城市道路中制动系统的使用频率显著高于郊区道路。目前，针对制动系统和轮胎颗粒物排放控制的手段较少，主要从改善材料性能的角度出发来提高制动系统和轮胎的耐磨性。

**表 5.2　英国不同类型车辆在不同路况下的制动系统和轮胎颗粒物排放因子[7]**

$mg \cdot km^{-1}$

| 车辆类型 | 制动系统 | | | 轮胎 | | |
|---|---|---|---|---|---|---|
| | 高速公路 | 乡村道路 | 城市道路 | 高速公路 | 乡村道路 | 城市道路 |
| 汽车 | 1.4 | 5.5 | 11.7 | 5.8 | 6.8 | 8.7 |
| 摩托车 | 0.7 | 2.8 | 5.8 | 2.5 | 2.9 | 3.7 |

续表

| 车辆类型 | 制动系统 | | | 轮胎 | | |
|---|---|---|---|---|---|---|
| | 高速公路 | 乡村道路 | 城市道路 | 高速公路 | 乡村道路 | 城市道路 |
| 公交车 | 8.4 | 27.1 | 53.6 | 14.0 | 17.4 | 21.2 |
| 轻型车 | 2.1 | 8.6 | 18.2 | 9.2 | 10.7 | 13.8 |
| 未铰接载重车辆 | 8.4 | 27.1 | 51.0 | 14.0 | 17.4 | 20.7 |
| 铰接式载重车辆 | 8.4 | 27.1 | 51.0 | 31.5 | 38.2 | 47.1 |

为了准确测量和控制制动系统颗粒物排放，需要建立标准化测量和取样流程，以保证研究人员采用相同的操作程序和方法，确保试验结果的可重复性。此外，还可以开展实验室间相关性实验，评估不同研究人员进行测试的重复性和可再现性。

影响刹车磨损排放的因素还包括道路条件、驾驶行为和交通状况。由于以上因素的影响，刹车磨损速率的变化范围很大。研究人员采用图 5.5 中的方法已经开发出预测典型驾驶条件下，单位行驶距离的制动系统磨损量的方法[6]。这些预测信息对于制定制动系统颗粒物排放的法规具有重要作用。

## 5.3　道路扬尘排放

车辆行驶过程中产生的道路扬尘是颗粒物排放的主要来源。扬尘的大小和形状对其在空气中的持续时间和逸散方向都有影响。影响扬尘排放的因素主要包括车速、道路状态、车辆类型、气候条件等。

车辆在高速行驶时，轮胎与道路之间的摩擦力增加，从而导致更多的土壤和粉尘被搅动和扬起。因此，车速越高，车辆通过道路时扬起的颗粒物越多。同时，未经覆盖的路面会引起更多的尘土和飞沙，而覆盖的路面则会减少颗粒物的扬起。在水泥路、柏油路等路况下行驶的扬尘排放量显著低于砂石路况。此外，大货车和大型客车等重型车辆引起的尘土和飞沙也很多。在干燥、风速较大的气候条件下，道路扬尘排放量会增加；降雨、湿度大等气象因素则会减少颗粒物的扬起。

## 5.4 燃油蒸发排放

燃油蒸发排放是指所有非燃料燃烧产生的与燃料相关的非甲烷挥发性有机成分排放之和，大部分来自汽油车辆的燃油系统（如油箱、燃油喷射管道等）。燃油蒸发排放不仅会浪费能源，而且会对环境造成严重污染，进而带来更广泛的不良影响。燃油蒸发排放的污染物最主要的成分是HC，其本身具有一定的危害，还是形成光化学烟雾的重要因素[8]。

燃油蒸发排放法规是指对汽车燃油蒸发产生的有害气体排放进行规定的一系列法律法规。以下是燃油蒸发排放法规的发展历程。

1969年，欧洲经济共同体颁布了一系列有关机动车污染控制的法律，其中包括控制燃油蒸发排放的措施。

1970年，美国通过《清洁空气法》，要求汽车所有排放物均需要控制，包括燃油蒸发排放。

1985年，美国汽车制造商联合会和美国政府达成协议，降低汽车燃油蒸发排放。在此基础上，EPA于1988年颁布了《汽车燃油蒸发排放标准》，要求新车的燃油蒸发排放不超过0.5 g/mile。

1991年，欧洲经济共同体颁布了《机动车污染控制指令》，其中包括控制燃油蒸发排放的措施。

1994年，EPA发布了更严格的《汽车燃油蒸发排放标准》，要求新车的燃油蒸发排放不超过0.25 g/mile。

1998年，EPA颁布了燃油系统蒸发排放法规，要求汽车制造商在设计汽车燃油系统时要考虑从燃油系统中可能挥发出来的蒸发排放。

2000年，欧盟发布了更为严格的《机动车污染控制指令》，要求汽车燃油蒸发排放从原来的1.5 g/km降到0.5 g/km。

2001年，欧盟颁布了第三阶段汽车排放法规，其内容包括减少汽车燃油蒸发排放的规定。

2004年，EPA发布了更为严格的燃油蒸发排放标准，要求新车燃油蒸发排放不超过0.2 g/mile。

2010年，中国制定了汽车燃油蒸发排放标准，要求在制造和使用新型汽车时对燃油蒸发排放进行严格控制。

2010年，EPA颁布了汽车排放标准，对汽车燃油蒸发排放做出了限制。

该标准规定汽车在行驶前和行驶中的燃油蒸发损失均不能超过2%。

2012年，欧盟启动了新一轮汽车排放标准，要求继续加强对燃油蒸发排放的控制。

2014年，欧盟发布了关于污染物排放的新标准，其中包括对燃油蒸发排放的要求。新标准规定汽车在行驶前和行驶中的蒸发损失均不能超过1%。

2018年，日本环境署修订了汽车污染物排放标准，对车辆的燃油蒸发排放进行了限制。新标准规定汽车在行驶前的燃油蒸发损失不能超过0.5%。

2019年，中国生态环境部发布了新的汽车污染物排放标准，包括对燃油蒸发排放的限制。新标准规定汽车在行驶前和行驶中的燃油蒸发损失均不能超过2%。

总而言之，各国对于燃油蒸发排放的法规都在逐步加强，对汽车制造商提出了更高的要求，推动了汽车向低排放方向发展。

汽油车大部分燃油蒸发排放的污染物来自燃油系统，如油箱、输油泵、喷油系统等环节。在现有研究中，通常根据蒸发排放发生的时段将其分为4类机制：运行蒸发排放、热浸蒸发排放、昼间蒸发排放、加油蒸发排放。此外，在这4类蒸发机制发生的过程中，还会产生燃油渗透及泄漏排放，这是由燃油系统一些非金属部件的有机材料特性决定的，燃油蒸气容易在油箱、连接头、燃油管道等位置渗透进入大气产生损耗，并且连接缝隙等问题，会产生部分燃油泄漏排放。一般来说，渗透排放和泄漏排放产生的燃油损失显著低于其他类型的蒸发排放，但也需要对其加以重视[8]。

我国规定将热浸损失和昼间换气阶段（国六标准为两天测试获得较高的一天排放）测得的排放HC的质量相加，作为蒸发污染物排放试验的总结果。

### 5.4.1　运行蒸发排放

运行蒸发排放发生于车辆在道路上行驶的过程中，发动机产生的高温会影响喷油系统中的燃油温度，当这部分未使用的燃油再循环流回油箱时，会使油箱内的燃油温度升高，使燃油蒸气量增加，这种情况大多发生在装有回油系统的车辆上。对于无回油系统的车辆，油箱内的燃油温度受发动机热运行的影响较小，油箱内一般不会产生额外的燃油蒸气。运行排放与车辆的运行时间成正相关，因此，人们不同的出行习惯和出行规律会导致不同的运行蒸发排放。燃油车运行蒸发排放的主要成分是VOC，包括苯、甲烷、乙烷、丙烷等，对大气环境和人体健康均有负面影响。

若要减少燃油车的运行蒸发排放，可以采取以下措施。

（1）采用闭式油路，即在汽车油箱和发动机之间设置活性炭罐，将油箱中的蒸气引入活性炭罐再进入发动机进行燃烧，减少燃油蒸发排放。

（2）采用特殊材料制造油箱和油路系统，提高其耐腐蚀、耐高温的性能，减少燃油泄漏和蒸发排放。

（3）优化发动机燃烧系统，降低油耗、减少燃油需求、降低回油对燃油箱的加热效应，从根源上减少燃油蒸发排放。

（4）对汽车进行定期维护和检查，确保燃油输送系统的可靠性，及时更换老化、损坏的零部件。

### 5.4.2 热浸蒸发排放

当车辆停止行驶后，油箱的风冷效能也随之消失，发动机系统仍然保持较高的温度，其残余热量会导致燃油温度升高，而燃油管路也会因为温度积聚将热量传输到油箱中，从停车开始整个过程将会持续 1 h 或更长的时间，把这部分系统余热导致的蒸发排放定义为热浸蒸发排放。由于燃油系统的温度是影响热浸排放的一个关键因素，因此，尽管热浸只发生在 1 h 内，在这段时间内产生的燃油蒸发量却依然突出。对于无回油系统的车辆，当关闭发动机时，热量很难传递到油箱中，这时的热浸排放只与燃油的渗透和泄漏相关。

表 5.3 所示为国五和国六标准蒸发排放昼间及热浸排放测试规程的对比。从表 5.3 中可以看出，国六排放标准相对国五排放标准，预处理行驶工况由原有的 NEDC 工况变为 WLTC 工况；热浸前浸车及预处理的温度要求为 20 ~ 30 ℃；热浸试验时的温度为（38 ± 2）℃；昼间排放测试的时长变为 2 个 24 h；排放限值从原有的 2 g 降低为 0.7 g。

**表 5.3 国五及国六标准蒸发排放昼间及热浸排放测试规程对比[9]**

| 测试步骤 | 国五 24 h 昼间及热浸试验 | 国六 48 h 昼间及热浸试验 |
|---|---|---|
| 活性炭罐脱附 | 300 通气倍数 | 300 通气倍数 |
| 预处理行驶 | 1 次 1 部 + 2 次 2 部（NEDC） | WLTC，低速 + 中速 + 高速 + 高速 |
| 活性炭罐吸附至临界点 | 50% 丁烷以 40 g/h 吸附至 2 g 临界点 | 50% 丁烷以 40 g/h 吸附至 2 g 临界点 |
| 加油放油 | 清空油箱，加油至油箱容积的 40% | 清空油箱，加油至油箱容积的 40% |
| 浸车 | 12 ~ 36 h，20 ~ 30 ℃ | 12 ~ 36 h，（38 ± 2）℃ |
| 预处理行驶 | 1 次 1 部 + 2 次 2 部 + 1 次 1 部 | 低速 + 2 min 怠速 + 中速 + 2 min 怠速 + 高速 + 2 min 怠速 + 高速 + 2 min 怠速，（38 ± 2）℃ |

续表

| 测试步骤 | 国五24 h昼间及热浸试验 | 国六48 h昼间及热浸试验 |
|---|---|---|
| 热浸试验 | 密闭室1 h(20±2)℃ | 密闭室1 h(38+2)℃ |
| 浸车 | 6~36 h，(20±2)℃ | 6~36 h，(20±2)℃ |
| 密闭室测试 | 24 h，从20℃升温至35℃后降至20℃ | 48 h，从20℃升温至35℃后降至20℃ |
| 测试限值 | ≤2 g | ≤0.7 g |

### 5.4.3 昼间蒸发排放

活性炭罐一般装在汽油箱和发动机之间。由于汽油是一种易挥发的液体，在常温下燃油箱经常充满蒸气，燃料蒸发排放控制系统的作用是将蒸气引入燃烧并防止其挥发到大气中。这个过程起重要作用的是活性炭罐存储装置。在白天环境温度逐渐升高时，油箱内燃油蒸发速率加快使得油箱上方的蒸气量过多，当燃油蒸气的产生量超过了活性炭罐的吸附容量时，多余的燃油蒸气就会逃逸到外界环境，把环境温度的变化导致的燃油蒸发排放定义为昼间蒸发排放。由于燃油系统在车辆的布置位置比较靠近地面，若在环境温度较高的夏季把车辆停放在路边，路面吸热升温对昼间蒸发排放的影响就会尤为显著。车辆在停放过程中产生的燃油渗透和泄漏排放也包含在其中。

图5.6给出了北京市2020年1—12月的昼间蒸发排放因子的变化情况。从图5.6中可知，未配备活性炭罐的车辆，其昼间蒸发排放因子显著高于配备

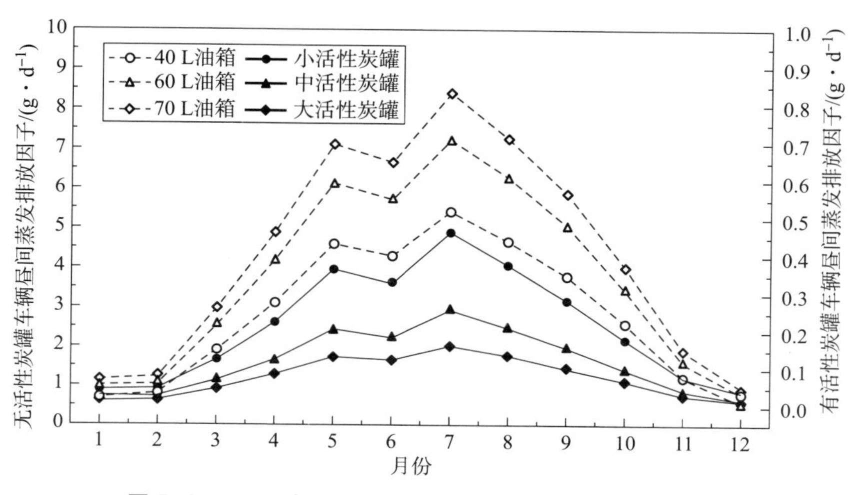


图5.6 2020年1—12月北京市昼间蒸发排放因子[8]

活性炭罐车辆的昼间蒸发排放因子，且随着活性炭罐尺寸的增大，昼间蒸发排放因子逐渐减小。北京市的昼间蒸发排放因子在6月达到最大值，在12月达到最小值。相较于未配备活性炭罐车辆，配备小活性炭罐车辆的昼间蒸发排放因子降低了91.4%～94.1%；配备了中活性炭罐车辆的昼间蒸发排放因子降低了96.4%～97.5%；而配备大活性炭罐车辆的昼间蒸发排放因子降低了98%～98.6%。12月的差距最小，而7月的差距最大。

### 5.4.4 加油蒸发排放

加油蒸发排放发生在加油站使用燃油加注枪给车辆加油的过程中，静态下，油箱上方本就存在大量的燃油蒸气，当车辆开始加油时，液面逐渐上升，把油箱上方的燃油蒸气不断向外推挤，注入的燃油液体置换了油箱内原有的燃油蒸气，并且随着油箱上方的空间逐渐被压缩，油箱内的压力会大于外界环境压力，加速了燃油蒸气的逸出。加油蒸发排放是4类蒸发机制中占比较大的一种蒸发形式，如果不给予重视，将会造成严重的环境污染。为了有效控制加油蒸发排放，目前市面上销售的车辆要求加装车载加油油气回收系统。

车载加油油气回收系统主要由加油枪、加油管、油箱、油箱通往活性炭罐的管路（通气管）、回气管、活性炭罐、重力阀、回气管节流阀等主要部件构成。图5.7给出了车载加油油气回收系统加油过程工作原理示意。在加油过程中，汽油从加油枪进入加油管，流入油箱底部，位于油箱上部的汽油蒸气中的一部分通过回气管路回到加油管再进入油箱进行循环，而另一部分汽油蒸气通过通气管路进入活性炭罐。因此，汽油蒸气不会直接泄漏到大气中，而是被活性炭罐中的活性炭吸附，经过活性炭罐的净化后，净化的空气再通过活性炭罐出口释放到大气中。由此可知，车载加油油气回收系统能大幅减少汽车加油过程中的污染物排放量。

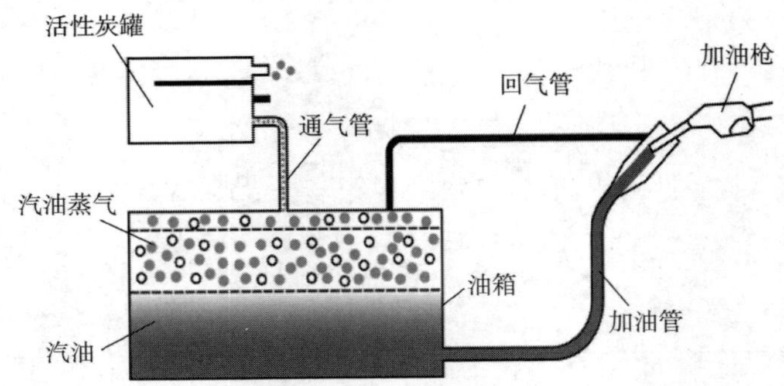


图5.7 车载加油油气回收系统工作原理示意[10]

## 5.5　参考文献

[1] GRIGORATOS T，GUSTAFSSON M，ERIKSSON O，et al. Experimental investigation of tread wear and particle emission from tyres with different treadwear marking [J]. Atmospheric Environment，2018，182：200 - 212.

[2] Andersson - SköLd Y，JOHANNESSON M，GUSTAFSSON M，et al. Microplastics from tyre and road wear：a literature review [R]. 2020.

[3] SANDERS PG，XU N，DALKA TM，et al. Airborne brake wear debris：size distributions，composition，and a comparison of dynamometer and vehicle tests [J]. Environmental Science & Technology，2003，37 (18)：4060 - 4069.

[4] GRIGORATOS T，MARTINI G. Brake wear particle emissions：a review [J]. Environmental Science and Pollution Research，2015，22：2491 - 2504.

[5] Farwick zum Hagen F，MATHISSEN M，GRABIEC T，et al. On - road vehicle measu-rements of brake wear particle emissions [J]. Atmospheric Environment，2019，217：116943.

[6] Farwick zum Hagen F，MATHISSEN M，GRABIEC T，et al. Study of brake wear particle emissions：impact of braking and cruising conditions [J]. Environmental Science & Technology，2019，53 (9)：5143 - 5150.

[7] BROWN P，WAKELING D，PANG Y，et al. Methodology for the UK' s road transport emissions inventory：Version for the 2016 National Atmospheric Emissions Inventory. Report for the Department for Business，Energy Industrial Strategy. Ricardo Energy Environment Report，2018.

[8] 尹黛霖．基于 COPERT 和 MOVES 的汽油车燃油蒸发排放清单研究 [J]. 内燃机工程，2023，44 (3)：72 - 82.

[9] 王凯．油箱渗透性与进排气系统对国Ⅵ蒸发排放影响研究 [D]. 长春：吉林大学，2019.

[10] 陈雕．汽油车加油排放研究 [M]. 北京：北京理工大学出版社，2022.

第 6 章

# 代用燃料与电动汽车

我国石油储量有限，但而人口数量庞大。近年来，我国的经济蓬勃发展，各行业对石油的需求量快速增加。2020 年，我国石油总消费量为 7.37 亿 t，其中我国自己生产的石油为 1.95 亿 t，进口的石油为 5.42 亿 t；2021 年，我国石油总消费量为 7.12 亿 t，其中自产石油为 1.99 亿 t，进口石油为 5.13 亿 t；2022 年，我国石油总消费量为 7.19 亿 t，其中自产石油为 2.11 亿 t，进口石油为 5.08 亿 t。

传统能源的开发和利用促进人类的发展，但是也带来了很多问题，如严重的环境污染、全球变暖和石油资源的不断减少。面对严峻的能源形势与环境形势，各国都期望能找到更为清洁、更为持久的能源。

截至2023年3月，全国机动车保有量达4.2亿辆，其中汽车达到3.2亿辆，每年新登记机动车3 400多万辆，总量和增量均居世界首位，交通领域消耗的石油占我国总石油消耗量的50%以上。代用燃料的研究和推广使用，不仅在一定程度上能够缓解我国对石油的依赖，还能缓解环境压力。人们通常所指的汽车代用燃料包括天然气、液化石油气、乙醇、甲醇、生物柴油、电力、$H_2$、$NH_3$等。与此同时，一些新型的动力系统如油电混合动力、燃料电池，在节约能源方面也具有潜力。

# 6.1　压缩天然气和液化石油气汽车

## 6.1.1　压缩天然气汽车

我国有比较丰富的天然气资源，预测地质总储量在 38 万亿 $m^3$，最终可探明天然气地质储量约 13.2 万亿 $m^3$。我国天然气资源总量排名世界第 10 位，占世界天然气总资源的 2%。从分布上讲，呈现西多东少的特点，仅中西部地区就蕴藏着 25 万亿 $m^3$，占全国天然气总量的 67%。其中总探明储量 8.4 万亿 $m^3$，中西部地区占 69%。而东南沿海地区不足 3 万亿 $m^3$，占全国总资源的 7%。当前，我国天然气产量仅居世界第 19 位，占世界总产量的 1%；消费量排名在世界第 20 位之后，消费量占世界总量的 0.9%。在能源消费结构中，天然气占 2.1%，远远低于 23.8% 的世界平均水平。

从能源战略的角度考虑，我国天然气资源丰富，而石油资源短缺，发展天然气汽车有助于缓解石油资源的短缺。从环境的角度考虑，天然气汽车可以满足较为严格的排放法规，曾成为绿色汽车的标志之一。我国不少地方政府曾把发展天然气汽车作为改善城市大气环境的重要措施之一。

2014 年，我国山东地区的山东液化天然气汽车车辆近 13 万辆，居全国首位。截至 2022 年年底，我国天然气汽车保有量已达 459.5 万辆，全年消耗天然气约 324 亿 $m^3$，天然气汽车已经覆盖了 90% 的地级及以上行政区。新疆地区的天然气汽车保有量较大，占该地区汽车保有量的30%，主要集中在乌鲁木齐、巴音郭楞蒙古自治州、阿克苏、昌吉。

天然气的主要成分是$CH_4$。除$CH_4$外，天然气中还含有一些杂质气体，随产地的不同而不同。天然气存在于自然界中，是一种高效、洁净、价廉的工业及民用燃料和化工原料。天然气在世界能源结构中所占的份额已经从20世纪50年代的9.7%上升至2023年的23.3%。预计到2050年，天然气在能源结构中所占的份额将上升至26%。图6.1所示为世界能源消费中各种能源所占的比例。2020年，石油、煤炭、天然气作为传统化石能源和战略能源在全球一次性消费能源中占比分别为27%、31%、25%，合计占比83%。

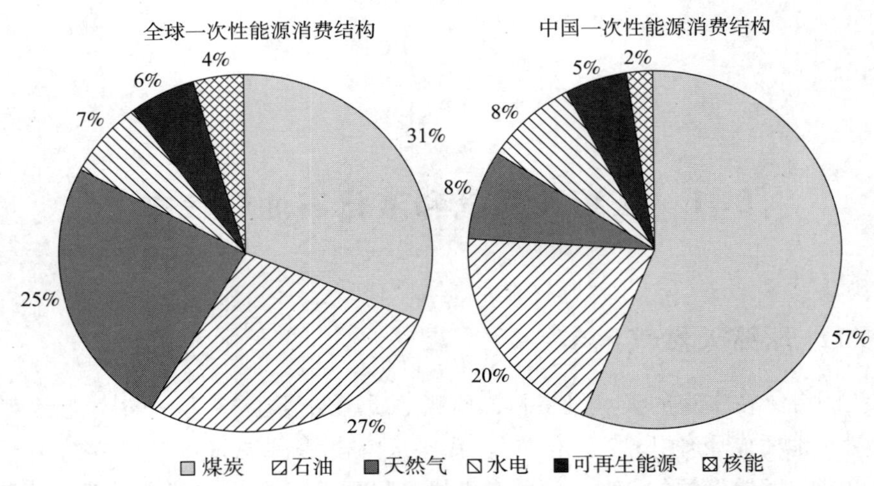


**图6.1　各种能源在世界能源消费中的比例**

天然气是唯一几乎不需要进行加工就可以直接燃烧的汽车燃料，处理它时只需要干燥气体及分离硫化氢（$H_2S$）即可。天然气除直接作为汽车燃料外，还是生产甲醇和二甲醚的原料，而且甲醇和二甲醚可以作为汽车的代用燃料。天然气还可以用来生产$H_2$，而$H_2$也可以用作汽车燃料。意大利、阿根廷、新西兰、俄罗斯和美国的天然气车辆相对多一些，但是从总体上来看，天然气汽车所占的市场份额相当小。就成本而言，建造天然气加气站的费用相当昂贵，但天然气的价格相对便宜，这可以使汽车运行费降低。

天然气在常温常压下的能量密度很低，天然气的车载存储通常在高压下存储，即CNG；也有在低温下以液态形式存储，即液化天然气（LNG）。

对压缩天然气而言，天然气罐的存储压力为200～240 bar，天然气罐的体积大约为汽油油箱的4倍，整体质量大约为汽油油箱的5倍。复合材料或者铝合金材料的气瓶质量比钢质气瓶小，但价格相对昂贵。LNG 是在 -161 ℃下，以 2~6 bar 的压力存储的天然气。隔热的 LNG 气罐可以让天然气保持液态至少一周而没有任何蒸发损失。LNG 气罐所占体积为普通油箱的 2 倍，总质量比普通油箱超出 40%。第三种存储方法为吸附天然气，这种方法还未大规模应用，其基本原理是使 $CH_4$ 分子吸附在多孔材料表面。在超过 30 bar 的压力下，ANG 气罐的质量和体积比汽油和柴油油箱大，比 CNG 气罐小。ANG 气罐价格比较便宜，安全性较好，但是目前还面临一些问题，例如，加气时间太长会产生大量的热，导致多孔材料的吸附能力会逐渐削弱等。

使用 CNG 比较安全。天然气在车辆上储存于经专门设计加工的高强度的气瓶内，传输和加注均在严格封闭的管道内进行。气瓶不易被破坏，管路不易泄漏，即使轻微泄漏，由于天然气密度较小，在空气中易被风吹散，加上天然气燃点高，因此，汽车燃用天然气不易发生火灾事故，比用汽油更为安全。当然，如果泄漏在封闭空间内，天然气也有发生爆炸的可能性。

天然气发动机有两种基本形式，一种是点燃式的，由火花塞点燃天然气，一般是在汽油机的基础上改装成的；另一种是在柴油机基础上改装成的、天然气与柴油双燃料发动机，以柴油压燃的同时再引燃天然气。

对于点燃式天然气发动机而言，为防止长途出行时沿途没有加气站，加气不方便，有的还保留汽油供给系统。但是参与燃烧的只有一种燃料，要么是天然气，要么是汽油，而切换装置就装在汽车上。对于只在城市运行的汽车，可以只装备天然气供给系统，不需要汽油供给系统。

对于压燃式天然气发动机而言，由于天然气很难被压燃，因此必须以柴油为引燃燃料，即利用柴油较易压燃的特性，使柴油在被压燃的同时引燃天然气。发动机工作时主要采用的是天然气，但必须同时燃用少量柴油。一般由电控装置调节供油量和供气量的比例。

为充分发挥天然气的燃料特性，现在很多燃用天然气的发动机，都是专门设计的，而不是在某种汽油机或柴油机基础上改装的。天然气专用发动机都是点燃式的。由于天然气供应网络在城市相对成熟，因此，天然气专用发动机适合城市中的公交车或出租车使用。

天然气的低热值略高于汽油，但其理论混合气热值要比汽油低。甲烷的研究法辛烷值为 130，具有较高的抗爆性能，因此，天然气专用发动机的压缩比高于汽油机。天然气专用发动机的热效率比汽油机高约 10%，但比柴油机的低 15%~20%。另外，天然气和空气的混合气着火温度界限宽，其过量空气系数的变化范围为 0.6~1.8，因此可以采用稀燃技术。天然气与空气同为气相，二者能够均匀混合，使天然气可以充分燃烧，因此，CO 和微粒的排放量极低。同时，由于其燃烧温度较低，$NO_x$ 的排放量也较低。

由于天然气是气态的，当在进气管喷射天然气时，就会占据部分新鲜空气体积，使进入气缸的空气量减小，因此，天然气发动机充气系数比使用液体燃料的发动机低10%左右。同时，由于其理论混合气热值比汽油低，因此，与同排量的汽油机相比，天然气发动机功率有所下降。这可以采用废气涡轮增压技术来弥补天然气发动机功率的下降。由于天然气发动机的排气温度较高，因此在应用涡轮增压的同时，必须加装中冷器。图6.2所示为一台点燃式增压天然气发动机的原理示意。在采用增压中冷技术后，天然气发动机的动力性可以达到或超过同排量的汽油机水平。

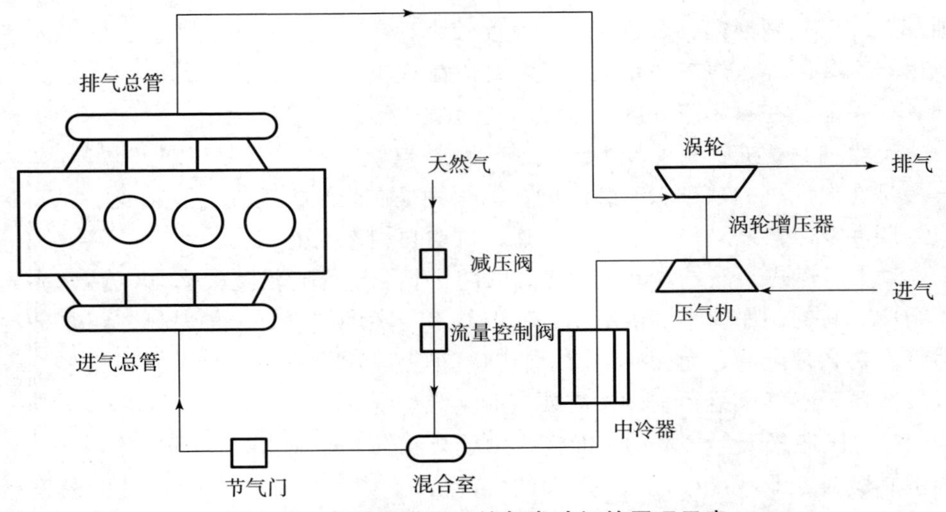


图6.2　点燃式增压天然气发动机的原理示意

天然气发动机以稍稀的混合气工作，可以降低天然气的消耗量，但会导致 $NO_x$ 的较高排放。在排放法规较为严格的国家，稀燃天然气发动机无法满足排放法规的要求，所以大多数满足严格排放法规的天然气发动机仍以理论混合比工作。

天然气发动机的排放控制主要有两种途径。一种是使用带有闭环电控供气系统，以理论混合比工作的天然气发动机，再配以三元催化器，可以达到非常低的排放水平。目前，多数轻型发动机和一些重型发动机使用该技术路线。另一种是采用稀燃技术，该技术的使用需要通过控制燃烧过程从而抑制 $NO_x$ 的生成，然后使用氧化型催化剂氧化CO和HC；或者采用 $NO_x$ 捕集技术将稀燃条件下生成的 $NO_x$ 通过物理或化学方式吸附于载体，当载体的吸附量达到饱和状态时采用浓混合气，通过尾气中的CO和HC将$NO_x$还原为$N_2$。重型车用发动机通常选择稀燃技术，因为使用此技术可以获得更好的燃油经济性，而重型车对油耗更为重视。

在没有后处理器的时代，将燃料从汽油换成天然气，通常意味着汽车污染物排放量的大幅降低。但是今天从排放的角度来看，发动机管理系统和催化剂的效率起决定性作用，燃料本身的作用正在降低。带有先进催化器系统的汽油车改装成天然气汽车，如果不采用复杂的管理系统和先进的催化器系统，排放不是降低而是升高。因此，虽然天然气汽车可以达到非常好的排放性能，满足世界上最严格的排放法规，但这不是必然的，只有在催化剂和电控系统两方面开展更多工作，才可实现。但从$CO_2$排放的角度讲，将汽油车改为天然气汽车后，$CO_2$排放量会大幅降低，因为与汽油或柴油相比，天然气中碳元素的含量较低。

除直接使用外，天然气还可以用来生产合成柴油，其品质高于普通柴油。

### 6.1.2 液化石油气汽车

液化石油气（LPG）的主要成分是丙烷（$C_3H_8$）和丁烷（$C_4H_{10}$），是一种混合物。LPG的来源包括油田和石油炼厂。油田的LPG是伴生气处理过程中的轻烃产品，不含烯烃，适合作车用燃料。石油炼厂的催化裂化过程中生产的LPG，含有大量的烯烃，不适合作为车用燃料，但可以通过降低烯烃的含量来使其适合车用。

LPG是在火花塞点火发动机中应用最多的代用燃料。但就我国而言，LPG汽车的保有量少于天然气汽车保有量。LPG的价格一般比较低，从总体上而言，还是处于供大于求的状态。LPG的辛烷值较高，可以使LPG发动机比汽油机具有更高的压缩比，从而获得更高的效率。但是目前的轻型车LPG发动机一般直接从汽油机改装而来，没有充分发掘这一优点。重型车LPG发动机的压缩比一般比汽油机高，但比柴油机要低一些。

在常温常压下，LPG是气态，而在6～8 bar的压力下，就可以成为液态，便于存储。LPG比天然气易于携带。在车上，LPG气罐的体积大约为汽油油箱的2倍，LPG气罐的总质量大约为汽油油箱的1.5倍。当罐内压力达到20 bar以上时，安全阀打开；当压力超过100 bar时，LPG气罐会爆裂。LPG气罐只能充到其总容积的80%～85%，以留有足够的空间供LPG膨胀。

LPG虽然被认为是一种安全燃料，但是在气态情况下，LPG密度比空气大。如果发生泄漏，它将会停留在地面附近，可能引起火灾。因此，有些国家和地区不允许将 LPG 车停在地下车库。在空气中，LPG 比汽油和柴油更易燃烧。

LPG 发动机在排放方面，其排放量比汽油机和柴油机都要低。但是在发动机的功率方面，与同排量的汽油机相比稍有下降。

LPG 发动机的形式和天然气发动机的形式类似，分为三种。

（1）LPG 专用发动机，只燃烧 LPG。

（2）LPG 和汽油两用燃料汽车，可在两种燃料中间切换。

（3）LPG 和柴油双燃料汽车，按比例同时向发动机供给 LPG 和柴油。

世界上很多国家都有针对天然气汽车和 LPG 汽车的专门优惠政策，以鼓励天然气汽车和 LPG 汽车的发展。常见的做法包括减免天然气和 LPG 的消费税；减免天然气汽车和 LPG 汽车的消费税；对于购买天然气汽车和 LPG 汽车的车主进行补贴以及对建设加气站给予补贴。

## 6.2 醇类燃料和生物柴油

### 6.2.1 乙醇

醇类燃料是指用部分乙醇或甲醇来替代汽油或柴油作为汽车燃料。

乙醇通常来自富糖、富淀粉或富纤维的植物，而不是由天然气或其他化工原料合成，它的制造涉及发酵过程。

乙醇的成本通常比汽油高，但是各个国家和地区由于自然资源不同，成本有比较大的差异。点燃式发动机和压燃式发动机都可以使用乙醇。但乙醇主要用在点燃式发动机上，可以和汽油混合使用，它能够直接燃烧，或先转换为乙基叔丁基醚（ETBE，汽油的一种含氧添加剂）再使用。

乙醇的辛烷值比汽油高，着火燃烧浓度极限比汽油范围宽，并且乙醇中含氧。在汽油中添加一定比例的乙醇后，不仅能部分替代汽油，还可以改善燃烧状况，从而减少有害排放。

乙醇的密度和黏度略大于汽油，而低于柴油。当用作压燃式发动机的燃料时，乙醇易于喷射和雾化。用乙醇作为柴油机的燃料可以获得良好的雾化效果，并降低缸内最高燃烧温度。乙醇燃烧更充分，热效率更高。但目前，乙醇主要应用于汽油机，因为柴油与乙醇不能互溶。

乙醇的热值较低，相当于汽油的 60.9%，相当于柴油的 62.8%。所以，使用乙醇燃料会使发动机动力性受损。因为乙醇的能量密度比汽油低，所以如果要求提供和汽油同样的能量，纯乙醇汽车的油箱应比汽油油箱大 50%，比汽油油箱重 65%。

乙醇在汽油机上的应用技术已经相当成熟，巴西和美国已经大量使用乙醇汽油。如果采用 E20，即汽油中混有 20% 的燃料乙醇，则市场上的汽车可以不作任何改动且不影响汽车的性能。但是如果使用较高的乙醇比例，如 E85，即汽油中混有 85% 的燃料乙醇，则需要对汽车和加油站都进行改动。

从排放的角度来看，在乙醇燃料汽车的排放物中，乙醇、乙醛和甲醛排放比汽油机高很多，可以通过催化剂进行削减。但与汽油机相比，乙醇燃料汽车的排放物中，CO 和 $NO_x$ 排放要低很多。由于乙醇是生物质燃料，其分子中所含碳来自光合作用所固定的大气中的碳。从全过程来看，乙醇汽车的 $CO_2$ 排放比汽油车或柴油车低很多。

从安全性角度来看，乙醇可燃混合气的混合比范围比汽油和柴油大。在环境温度下，乙醇可以在油箱内的油面上方，形成具有可爆性的蒸气。但在发生意外情况时，乙醇的危险性比汽油低，所以其蒸发速度低，因此在空气中浓度低，难以形成可爆性混合气。吸入适量乙醇并无毒性，泄漏到环境中的乙醇可以通过生物降解。

乙醇被用作燃料的历史由来已久，早在 20 世纪初，就有将乙醇当作燃料使用。在第二次世界大战期间，能源紧缺促使人们对乙醇燃料的研究非常活跃，但之后，大量价格低廉化石燃油的生产，使汽油和柴油成为发动机的主要燃料之一。

20 世纪 70 年代初，石油危机使得对乙醇燃料的研究逐渐受到重视。1979 年，美国国会为减少对进口原油的依赖，从寻找替代能源的角度出发，建立了美国政府的“乙醇发展计划”，开始大力推广使用含 10% 乙醇的混合燃料（E10）。使用 E10，可以减免联邦税。联邦计划的实施使美国的乙醇工业得到迅速发展，目前，这种名为 gasohol 的乙醇汽油（E10）已普遍在全美使用。美国于 1992 年开始鼓励使用乙醇作新配方汽油的充氧剂，从而极大地促进了美国燃料乙醇的生产。美国生物燃料乙醇产业通过持续推行可再生燃料标准，到 2020 年前后，乙醇的产量达 3.8 亿桶。尤其是 2005 年以后，乙醇的产量快速增长，2011 年以后变缓（见图 6.3）。

燃料效率的提升和以电动汽车为代表的新能源汽车的普及导致汽油需求下降。与 2022 年相比，预计乙醇的直接使用量到 2040 年下降 50%，到 2050 年将下降 89%。在政策方面，美国 2022 年 8 月出台的相关政策是生物燃料乙醇行业最重要的联邦立法。主要的支持政策包括为高产混比的基础设施（生物柴油生产设备、存储及加注设备）提供5亿美元赠款；延长若干现行生物燃料税收抵免；为清洁燃料生产设立新的税收抵免；建立可持续的航空燃油税收抵免；加强对碳捕获、利用和储存的支持。

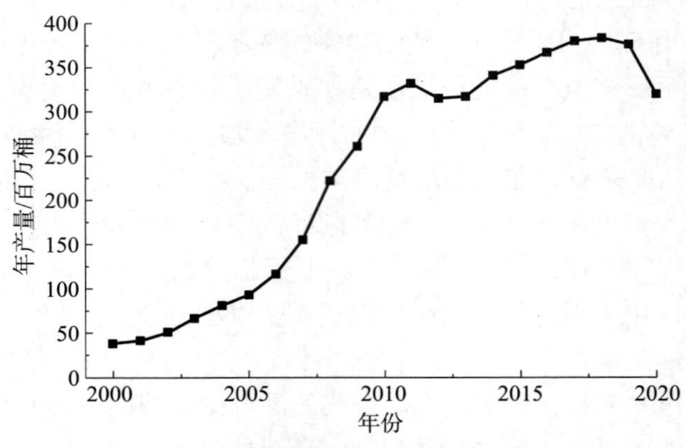


**图 6.3　美国乙醇年产量的变化**

早在1973年石油危机爆发时，巴西政府就下决心使用乙醇作替代燃料，巴西地处亚热带，甘蔗产量大，而甘蔗是生产乙醇所需的主要原料。乙醇燃料的推广得到巴西政府的大力支持，1979年，第一批完全燃用乙醇的汽车在巴西问世，1981年，巴西新出售的小汽车中有23%是燃用乙醇的，1985年，这一比例高达84.5%。2002年，用甘蔗生产的乙醇为巴西1 200万辆小汽车中的1/3提供动力，乙醇的消费量已占全国汽车燃料消费量的43%。1989年以后，巴西甘蔗产量不足，乙醇供应不足，新车都是燃用乙醇-汽油混合燃料的汽车。在南美最大的城市巴西圣保罗，230万辆运行的小汽车中有120万辆以乙醇-汽油为燃料，110万辆以纯乙醇为燃料。自1990年起，燃用纯汽油的小汽车在巴西就被完全禁止进口。1999年，巴西政府执行计划把20万辆出租车和80万辆政府用车改为以乙醇为燃料的汽车。20世纪90年代以后，随着巴西国内石油生产的增长，政府已对乙醇计划做了相应的调整。1999年，巴西国内的乙醇定价不再受政府控制，在乙醇产量和净出口量上仅次于美国。2003年，灵活燃料汽车（FFV）进入巴西。FFV的普及率从0.26%上升至82%；纯燃油车则从40%的市场占有率下降至17%。2017年12月，巴西政府通过了RenovaBio法案（国家生物燃料政策），彻底将FFV定位为重要国策，进一步促进生物燃料在能源结构中比例的提高。表6.1所示为巴西政府出台的与乙醇燃料相关的重要政策。

**表 6.1　巴西政府出台的乙醇与燃料相关的重要政策**

| 分类 | 主题 | 年份 | 主要内容 |
|---|---|---|---|
| 强制要求 | 油醇比例 | 1931 年 | 规定国内使用的汽油中必须添加 2% ~5% 的燃料乙醇 |
| | 国家燃料乙醇计划 | 1975 年 | 通过一系列政策组合刺激国内乙醇的生产和消费，包括将全国的车用汽油设置强制的乙醇混合比例提升至 20%，后续不断有政策法规出台规定乙醇添加比例；政府资助生物乙醇生产技术研发，重点研发甘蔗品种改良和生物乙醇专用汽车生产技术；为乙醇生产厂的建造提供政府贴息贷款；对生物乙醇实行市场保护，由石油公司对乙醇进行统购，并在发展初期限制生物乙醇进口；将纯乙醇的零售价格控制在低于汽油的水平 |
| 市场推动 | 税收优惠 | 1982 年 | 巴西自 1982 年起开始对生产燃料乙醇汽车减征 5% 的工业产品税，对燃料乙醇残疾人交通工具、燃料乙醇出租车免征工业产品税，州政府在联邦政府减税基础上，再对燃料乙醇汽车减征 1% 的增值税，并在特殊情况减免部分增值税。生物燃料乙醇的生产企业和销售商的总纳税额不超过 9.25%，而政府对生物燃料乙醇产业链上所有产品都减免征税。给予燃料乙醇生产企业和乙醇加油站税收优惠等 |
| | 信贷支持 | 1980 年 | 1980—1985 年，巴西政府向相关生物乙醇生产企业提供了 20 多亿美元低息贷款，约占投资总额的 29%，为保证生物质燃料生产的原料供应，政府专门为直接从事能源作物种植的农户设立了 1 亿雷亚尔（约合 3 400 万美元）的信贷资金。与此同时，巴西政府还注重吸引外资，并让农民从国际金融机构得到贷款 |
| | 专项基金 | 2013 年 | 巴西政府通过巴西央行 4612 号政策，创建了一个利率为 7.7% 的 20 亿雷亚尔的信贷额度支持乙醇存储。参考价格设置在 1.37 雷亚尔/L 的无水乙醇和 1.21 雷亚尔/L 的含水乙醇之间 |
| 研发推动 | 纯乙醇汽车 | 1979—1987 年 | 制造和推广使用纯乙醇作为燃料的车辆，通过控制乙醇价格的涨幅和对纯乙醇燃料汽车减征营业税，加强乙醇燃料动力汽车的竞争优势 |
| | FFV | 2003 年 | 巴西推出可以任意比例混合汽油和乙醇的 FFV。目前，很多汽车巨头在巴西建立了 FFV 生产线。巴西政府为推广 FFV 的使用，规定购买 FFV 可以减税 |

现在，巴西每年平均年产甘蔗超过 6 亿 t，其中一半用于生产蔗糖；另一半用于生产制作 FFV 所需的乙醇。

巴西政府通过投资乙醇生产并对使用乙醇燃料予以较高的补贴来促进乙醇燃料的使用。巴西也是世界上乙醇消耗大国之一。从巴西的经验来看，乙醇汽油已经给巴西带来了很多好处。首先，燃料乙醇的使用使巴西建立了独立的经济能源运行系统，减少了对石油的依赖；其次，燃料乙醇的大规模发展刺激了农业、乙醇业和相关行业的发展，并创造了就业机会；最后，由于减少了化石燃料的使用，巴西的空气和生态环境显著改善，尤其对碳减排有重要贡献。

20世纪80年代，我国就启动了燃料乙醇的研究和发展规划，最初主要通过对科研项目进行资助的手段，支持燃料乙醇生产技术的开发。20世纪90年代后期开始，我国进入燃料乙醇试点生产阶段，并于2001年由国家投资50亿元，建立了4个大型燃料乙醇生产企业，分别以玉米和陈化的小麦为原料，年产燃料乙醇超过130万t。

2001年，国家质量监督检验检疫总局负责组织制定的《变性燃料乙醇》（GB 18350—2001）和《车用乙醇汽油》（GB 18351—2001）两项国家标准正式实施。

2004年，国家发展和改革委员会等决定在我国部分地区开展车用乙醇汽油扩大试点工作范围，包括黑龙江、吉林、辽宁、河南、安徽5省及湖北、山东、河北、江苏的部分地区。此后，全国范围内的乙醇汽油推广工作正式展开。

2005年2月，人大常委会审议通过了《中华人民共和国可再生能源法》，同年我国已成为世界上继巴西、美国之后的第三大生物燃料乙醇生产国和应用国。

2006年，财政部印发的《可再生能源发展专项资金管理暂行办法》中也明确提出："石油替代可再生能源开发利用，重点扶持发展生物乙醇燃料、生物柴油等，其中生物乙醇燃料是指用木薯、甘蔗、甜高粱等制取的燃料乙醇[1]。"

从2006年下半年开始，国际玉米价格开始出现明显上涨。为了抑制农产品价格上涨，保证足够的农产品供给，我国从2006年起不再批准设立新的用粮食作物生产燃料乙醇的企业。在此之后批准设立了三家燃料乙醇生产企业，第一个是2007年在广西建立的以木薯为原料的燃料乙醇生产企业，第二个是2012年成立的山东龙力5.15万t/年纤维素燃料乙醇项目，第三个是2012年中兴能源10万t/年甜高粱茎秆燃料乙醇项目，都是采用非粮作物作为燃料乙醇生产原料的。

2007年9月，中华人民共和国国家发展和改革委员会颁布了《可再生能源中长期发展规划》，燃料乙醇作为再生能源成为了政府重点推广的新型能源。在国内对石油需求量日益增长的情况下，燃料乙醇的推广和普及具有重要意义。

国内主流的第一代燃料乙醇基本上很难满足需求，因此第二代乃至第三代燃料乙醇产品的开发成为该行业未来发展的重点。以粮食为原料的燃料乙醇生产企业由于从2015年开始便不再享受消费税和增值税优惠政策，而且政府也不再进行补贴，企业采购成本显著增加，乙醇汽油成本优势逐步消失。在国际粮食危机和全球粮食价格飙升的情况下，第一代燃料乙醇的开发面临着巨大的瓶颈，运用植物纤维生产的第二代燃料乙醇的推广使用意义重大。第二代燃料乙醇与第一代燃料乙醇使用的淀粉酶相比，纤维素酶活力低、用量大、价格高，是第二代燃料乙醇工业化的主要瓶颈之一。

采用乙醇燃料可以节约石油消耗，减少国民经济发展对石油的依赖性。在一些农业大省发展乙醇燃料生产，可以扩大农作物的销售及加工的途径，提高农民收入，改善农村经济状况。截至 2021 年年底，我国燃料乙醇已投产能力达到 5 295 万 t/年，年产量为 290 万 t。由燃料乙醇配制而成的乙醇汽油已在 12 个省（自治区）投入使用，这表示燃料乙醇已成为我国新兴的绿色生物产业。

### 6.2.2　甲醇

甲醇（$CH_3OH$）可以通过提炼植物、煤炭制取，或以天然气为原料制取。在国外，以天然气为燃料生产甲醇，是目前使用得最广泛、最为经济的方法；我国主要以煤为原料生产甲醇。

从天然气中提取甲醇通常有两步，第一步通过蒸气重整，将天然气转换成合成气，如式（6.1）和式（6.2）所示。第二步是在除去杂质后，通过催化反应，将 CO、$CO_2$ 和 $H_2$ 转换成甲醇，如式（6.3）和式（6.4）所示。

$$CH_4 + H_2O \longrightarrow CO + 3H_2 \tag{6.1}$$

$$CO + H_2O \longrightarrow CO_2 + H_2 \tag{6.2}$$

$$CO + 2H_2 \longrightarrow CH_3OH \tag{6.3}$$

$$CO_2 + 3H_2 \longrightarrow CH_3OH + H_2O \tag{6.4}$$

从生物质原料中提取甲醇的方法在技术上可行，但目前在商业化生产方面并不可行。

甲醇能量密度比汽油低，但是辛烷值较高。作为一种液体燃料，其主要与汽油混合起来使用，用在火花塞点火发动机上。压燃式发动机也可以使用甲醇，但是由于甲醇的十六烷值低，因此，需要采取辅助措施改善甲醇的燃烧特性，如点火辅助或加入燃油添加剂。

由于甲醇能量密度较低，其油箱体积比汽油机油箱大 75%，油箱总质量约为汽油油箱的 2 倍。汽油供给系统使用甲醇燃料需要进行改造，以防止使用醇类燃料引起的磨损和腐蚀等。另外，醇类燃料的冷起动性能较差，需要采取相应的措施。

甲醇是 $H_2$ 的载体，也是燃料电池中最常见的燃料。在汽车上可由车载重整器将甲醇转换成 $H_2$（$H_2$ 是燃料电池的燃料）。重整过程中会产生 CO 和 $CO_2$。

甲醇的另一个用途是和异丁烯反应，合成 MTBE，MTBE 是汽油添加剂，但是由于 MTBE 会污染地下水，许多国家和地区已经禁止将其添加在汽油中了。

1975 年，瑞典提出甲醇可以成为汽车代用燃料，并成立国家级甲醇开发公司；1976 年在瑞典召开了第一次国际醇燃料会议（ISAF），推动了醇燃料的发展；德国于 1979 年制订了醇类燃料研究计划，组织了 6 家汽车工厂、1 000 多辆燃醇汽车投入运行，并在国内主要城市建立含 15% 体积分数的甲醇汽油（M15）加油站，形成全国供应甲醇汽油网络；1995 年，美国能源部（DOE）能源中心投入 12 700 辆汽车进行甲醇汽油实验。

甲醇用于汽车多以与汽油混合的形式。最常见的是 M85，即 85% 的甲醇和 15% 的汽油混合物。我国部分地区现在使用含 15% 甲醇的甲醇汽油，这种汽油中含有与汽油互溶的助溶剂，也含有抑制金属腐蚀的腐蚀抑制剂，可供各种汽油发动机使用。

中国对甲醇燃料的研究起步于 20 世纪 70 年代。“六五”期间，科技部与交通部、山西省共同组织，在山西省进行了 M15 ~ M25 甲醇燃料研究实验，共有 480 辆货车参与了实验及示范工作。1998 年由原国家经贸委在山西组织“煤制甲醇洁净燃料汽车示范工程”推广运行，实际运行中，150 余辆中巴车在 5 个城市运行，收集了大量试验数据。

2012 年，工信部、国家发展改革委员会、科技部先后在 5 个省（山西、江苏、陕西、贵州、甘肃）的 10 个城市中开展历时 5 年的甲醇汽车试点工作，参与试点的 1 024 辆甲醇汽车累计运行里程超过 1. 84 亿 km。

2019 年，工信部等联合印发《关于在部分地区开展甲醇汽车应用的指导意见》。

2021 年，生态环境部正式打开甲醇汽车公告申报端口，甲醇汽车被纳入国家汽车工业统一管理范畴，开始进入行业“蓝海”。

2021 年 12 月 3 日，信息部发布了《“十四五”工业绿色发展规划》，该规划把“促进甲醇汽车等替代燃料汽车推广”纳入“绿色产品和节能环保装备供给工程”，把“二氧化碳耦合制甲醇”列入“绿色低碳技术推广应用工程”。

在国内市场上，山西、贵州等省份均出台相关政策，高位推动甲醇汽车推广应用。例如，2022 年 8 月，山西省晋中市出台《加快甲醇汽车推广应用补充政策》，在消费奖励、同等路权、绿色审批等方面进一步加大支持力度，加快甲醇汽车在晋中市域、山西中部城市群的推广，进而促进甲醇汽车在全国的推广应用步伐。吉利在贵州也已通过市场化方式推广甲醇汽车超 17 000 辆，全省投入运营的甲醇燃料加注站超过 60 座，年消耗甲醇约 25 万 t，替代汽油约 15 万 t。

从煤炭中提取甲醇的成本较高。同时，化工过程会消耗不少能源。当然，成本是个变化的因素。国际油价的攀升，会改变代用燃料在成本方面的劣势，使部分高成本的代用燃料应用成为可能。

甲醇作为低碳、含氧燃料，具有燃烧高效、清洁、可再生绿色属性等特点，且常温常压下为液态，储、运、用较其他新能源和清洁能源更安全便捷。同时，甲醇生产来源广泛、经济体量巨大、全产业链可持续发展。因此，甲醇已经成为全球业界公认的一种新型清洁绿色能源，是构建未来绿色能源的重要选择。

纯甲醇燃料，在排放方面未必有优势，但是甲醇和汽油的混合燃料在排放方面存在一定优势。使用甲醇燃料的汽车，排气中有较多的甲醛，甲醛有毒而且有致癌作用，所以在排气后处理方面必须考虑采取相应的措施。

### 6.2.3 生物柴油

自从柴油机诞生以来，人们一直在进行有关代用燃料的研究工作，但是只有乙醇和植物油为非化石燃料。乙醇的能量密度较低，其热值仅为柴油的62.8%，同时乙醇的十六烷值也非常低，不太适合在柴油机上单独使用。相反，欧洲及美国等国家和地区的大量研究和应用表明，以植物油为基础开发的燃料比较适合在柴油机上应用。

研究表明，如果将植物油不经处理直接应用在柴油机上，则会引起很多问题。植物油的黏度高（为柴油的11～17倍），挥发性低，低温流动性差，增加了在发动机内沉淀的可能性，进而导致喷油嘴结焦，活塞环卡死，润滑油变质，排放性能不理想等问题。

酯基转移作用可以将植物油转化成一价酯类，其降低了植物油的黏度，而维持十六烷值和热值不变。植物油脂的分子量大约是植物油的1/3，而其黏度仅比柴油高50%。生物柴油就是含有从植物油或动物脂肪转化的烃基一价酯的燃油。这些植物油脂或动物油脂一般和柴油混合使用。生物柴油的性能和化石柴油非常相似，可以按任何比例和化石柴油混合后直接使用，由于其十六烷值较高，故着火性能较好。

酯基转移作用的化学方程式如式（6.5）和式（6.6）所示。

$$
\begin{array}{l}
CH_2-O-\overset{\overset{\displaystyle O}{\|}}{C}-R_1 \\
| \\
CH-O-\overset{\overset{\displaystyle O}{\|}}{C}-R_2 \\
| \\
CH_2-O-\overset{\overset{\displaystyle O}{\|}}{C}-R_3
\end{array}
+ CH_3OH \xrightarrow{KOH}
\begin{array}{l}
CH_3-O-\overset{\overset{\displaystyle O}{\|}}{C}-R_1 \\
| \\
CH_3-O-\overset{\overset{\displaystyle O}{\|}}{C}-R_2 \\
| \\
CH_3-O-\overset{\overset{\displaystyle O}{\|}}{C}-R_3
\end{array}
+
\begin{array}{l}
CH_2-CH \\
| \\
CH-OH \\
| \\
CH_2-OH
\end{array}
\qquad (6.5)
$$

即

$$植物油 + 甲醇 \xrightarrow{KOH} 甲酯 + 甘油 \tag{6.6}$$

国内外研究者还普遍开展另一项研究，即利用餐馆中的废油脂制造生物柴油，以降低生物柴油的生产成本。相关研究表明，利用餐馆废油脂制造出的生物柴油，其性能和利用大豆制造出来的生物柴油基本一致，但工艺过程更加复杂。图 6.4 所示为全球生物柴油原料来源的占比。

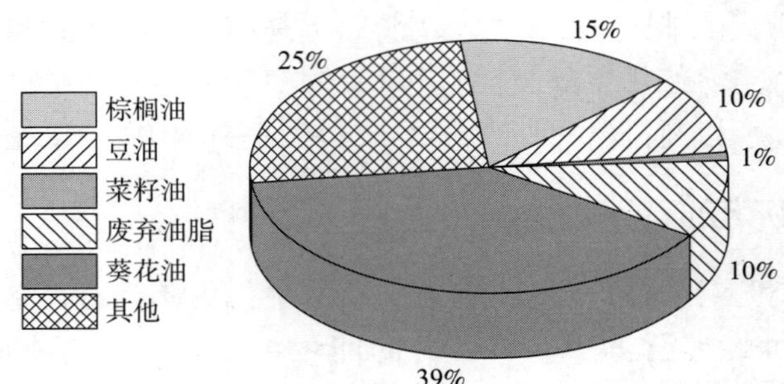


**图 6.4　全球生物柴油原料来源的占比**

生物柴油的存储和化石柴油类似，其油箱相比化石柴油总质量大约增加 15%、体积增加 9%。由于生物柴油会生成沉积物，需要经常更换柴油滤芯和清洁油箱。

生物柴油是一种无毒、可生物分解的可再生燃料。和化石柴油相比，它有降低柴油机排放的潜力。燃用生物柴油总的颗粒物排放比燃用化石柴油低，但对于使用生物柴油的发动机，其排气颗粒物中的 SOF 所占比例更高。和传统柴油相比，生物柴油具有十六烷值高、硫含量及芳香烃含量低、挥发性低以及燃油分子中含氧原子。以上特征决定了燃烧生物柴油会减少 CO、HC、干炭烟及颗粒物的生成。生物柴油还有助于减少温室气体 $CO_2$ 的排放，因为生物柴油所含的碳来自光合作用所固定的大气中的 $CO_2$，而非埋藏于地下的化石燃料所含的碳。同时，生产生物柴油所需的能量也相对较少。所以，从全生命周期的范围来看，作为汽车燃料，生物柴油的 $CO_2$ 排放量较低。

针对地下煤矿作业的柴油机的研究表明[2]，使用生物柴油和使用美国 2 号柴油相比，可以降低颗粒中干炭烟组分的含量。同时，和颗粒物有关的多环芳香烃及硝基并芘（1 – nitropyrene）的排放都有所降低。有关研究表明，在柴油机不做任何改动的情况下，将 35% 的生物柴油和 65% 的美国 2 号柴油混合后形成的油，与 2 号柴油的燃油经济性基本相同。相关排放测试表明，使用生物柴油混合油的汽车颗粒物排放大幅降低，CO 及 HC 含量也有一定程度下降，

而 $NO_x$ 的排放量基本不变。

生物柴油的环境效益不仅仅体现在尾气排放上。由于生物柴油比化石燃料更易通过生物降解，因此，如果发生泄漏事故，生物柴油对土壤、河流的污染比化石燃料小很多。如果将生物柴油驱动的动力机械用在农业、林业机械或湖泊河流的游览船只上，对环境则更为有利。

生物柴油良好的环境效益，在美国、欧洲国家、日本等地受到越来越多的关注。以德国为例，德国 1999 年生物柴油消耗量约为 18 万 t，德国政府鼓励使用生物柴油。对生物柴油的生产企业全额免除税收，使其价格低于普通柴油。在 2003 年德国政府颁布法规，准许自 2004 年起，无须标明即可在化石柴油中最多加入 5% 的生物柴油。2004 年德国已有 1 800 个加油站供应生物柴油，并已颁布了行业标准（EDIN51606）。

1）欧洲国家

欧洲是生物柴油应用最广泛的地区，其主要生产原料是菜籽油。欧洲议会免除了生物柴油 90% 的税收，欧洲国家也通过差别税收和油菜籽生产等补贴促进生物柴油产业的快速发展。截至 2003 年，欧洲国家的生物柴油产量已超过 176 万 t，2010 年达到 830 万 t。其中，德国拥有 8 家生物柴油生产厂，并且产量呈逐渐上升的趋势；法国拥有 7 家生物柴油生产厂，年生产能力为 40 万 t；意大利有 9 家生物柴油生产厂，年生产能力为 33 万 t；奥地利有 3 家生物柴油生产厂，年生产能力为 5.5 万 t；比利时有 2 家生物柴油生产厂，年生产能力为 24 万 t；西班牙、丹麦、匈牙利和爱尔兰各有 1 家生物柴油生产厂，年总生产能力达 10 万 t[3]。

欧盟各成员国对生物柴油的掺混标准和比例的要求逐年提高，各国生物柴油行业迎来快速发展。例如，欧盟地区生物柴油掺混比例从 2013 年的 5.6% 提升至 2020 年的 7.8%，并且在可再生能源指令的实施下，掺混比例将持续提升。

根据美国农业部（USDA）的报道可知，2022 年欧盟生物柴油消费量为 176.1 亿 L，产量达到 154.6 亿 L，是全球第一的生物柴油生产和消费地区，占全球产需的三成以上。消费受政策刺激快速增长，自 2019 年以来，与传统柴油价格差距进一步拉开，产能不足以满足需求，欧盟生物柴油消费缺口依靠进口满足。欧洲生物柴油主要使用菜籽油作为原料，但比例自 2008 年以来持续下降，被废弃食用油（UCO）、动物脂肪、进口棕榈油等取代。

2）美国

美国是最早研究生物柴油的国家。生物柴油在美国的商业化应用始于 20 世纪 90 年代初，美国政府、美国国会及有关州政府通过各种政令和法案表示，支持生物柴油的生产和消费，并采取补贴等措施，促进生物柴油产业的迅速发展。目前，美国已有多家生物柴油生产厂和供应商，主要生产原料为大豆油，年产生物柴油量超过 30 万 t，且生物柴油的税率为零。除了大豆生物柴油，美国还积极探索其他生物柴油生产途径，如通过现代生物技术在可再生资源国家实验室制成“工程微藻”。在实验室条件下，脂质含量为 40% ~60%，预计每英亩①“工程微藻”可年产 6 400 ~ 16 000 L 生物柴油，为生物柴油的生产开辟了一条新的途径。

1992 年，美国能源部及 EPA 提出将生物柴油为燃料的方案，来减少对石油资源的消耗。1999 年，美国总统克林顿签署了开发生物质能的法令，其中生物柴油被列为重点发展的清洁能源之一，并对生物柴油的生产实施免税优惠政策。

美国“可再生燃料标准”的掺混量目标是从 2011 年的 8 亿 USgal（约 273 万 t）增长至2021 年的24. 3 亿 USgal（约 828 万 t）。

3）中国

中国的植物资源丰富，产油植物有 400 余种，主要有花生、油菜、芝麻、向日葵、芥籽、棉、大豆、蓖麻等草本产油植物和油茶、油桐、乌桕、油棕、小桐子、光皮树等木本产油植物。油菜主要产区在长江流域（图 6. 5），是我国产量最大的油料作物，油菜籽中含 30% ~ 40% 的油；棉花是我国主要农作物，主要产区有 15 个省区，棉籽中含 17% ~ 23% 的油；油茶广泛分布在南方 14 个省区，茶籽仁中含 43% ~ 59% 的油；油桐遍布南方各省，桐籽仁含油 62% 左右；乌桕产地有 10 多个省区，其籽含油 43. 3% ~ 55. 5%。

另外，由于中国城市人口密度大，大城市每年产出成千上万吨餐饮业废油脂，如果将其转化为生物柴油，则将取得巨大的经济效益及环境效益。而且，在中国中西部地区生产和使用生物柴油还能刺激当地农村经济的发展。

由于植物油的黏度高、挥发性低、低温流动性差，直接燃用效果不太理想。相关人员已开展了生物柴油的制备研究，如以食用豆油和甲醇为原料，对制取生物柴油的工艺进行了研究；以葵花油、大豆油、玉米油、米糠油和甲醇为原料进行了合成脂肪酸甲酯（生物柴油）的研究。中国对于生物柴油的燃烧特性和排放特性已经展开了大量研究，且研究重点主要集中在以下几个方面。

（1）研究生物柴油的燃烧和排放特性，分析燃用生物柴油的经济性，对他生物柴油的各项排放物与化石柴油的各项排放物，并探究影响生物柴油燃烧

① 1 英亩（acre）= 4 046. 856 $m^2$。

和排放的各项因素。

（2）研究如何对目前的柴油机进行结构调整才能使其更适合燃用生物柴油。

（3）研究如何降低制造生物柴油的成本，包括原料的选取和工艺的优化。

作为富有潜力的代用燃料，生物柴油以其良好的环境效益受到越来越多的关注。中国作为一个动植物资源极为丰富的国家，开展生物柴油的各项研究具有非常重要的意义。图 6.5 所示为青海湖边无垠的油菜花田。

图 6.5　青海湖边无垠的油菜花田

我国的生物柴油调合燃料标准是 2010 年发布的《生物柴油调合燃料（B5）》(GB/T 25199—2010)，且分别在 2014 年、2015 年和 2017 年进行了修订，最新版本为《B5 柴油》(GB 25199—2017)。其中，2015 年的修订版本将推荐性国家标准改为强制性国家标准（《生物柴油调合燃料（B5）》(GB 25199—2015)），2017 年修订后与《柴油机燃料调合用生物柴油（BD100）》（GB/T 20828—2015）合并使用，其中将 BD100 生物柴油作为标准的附录。

生物柴油近年来在我国部分地区发展很快，2019 年全国产量超过 100 万 t，2020 年超过 110 万 t。由于国内生物柴油应用渠道不畅，我国近一半生物柴油出口到欧洲。目前国内有些地区仍在推广使用生物柴油，例如，上海市从

2017 年开始使用 B5 柴油，其中中国石化系统有 250 多个加油站开始销售 B5 柴油，截至 2019 年 5 月，已经销售使用超过 18 万 t。

截至 2019 年年底，全球超过 70 个国家对传统生物燃料有混合授权，超过 9 个国家对生物燃料有授权或激励计划，超过 24 个国家对先进生物燃料有预期目标。现阶段，欧盟计划在 2030 年将可再生能源在运输中的份额提高到至少 29%，其中包括 4.4% 的先进生物燃料份额。

## 6.3 零碳燃料

在广义上，零碳燃料是指基于可再生能源生产的气态或液态合成燃料；狭义上，零碳燃料是指用可再生能源发出的电力生产的气态或液态合成燃料。零碳燃料是化石能源的可再生替代资源，可避免排放 $CO_2$。作为零碳燃料，首先需要便于运输，可利用现有基础设施并可长期存储，也可以降低能源转型的成本；其次，作为化石燃料的绿色替代品，其应可以加速去化石进程，充分挖掘可再生能源利用的潜力，且便于存储、运输，还可以在国际能源市场进行交易。氢燃料和氨燃料作为主要的零碳燃料受到广泛关注。以氨为储氢载体的“氨—氢”技术路线为氢能储运模式的创新发展注入了新活力，其相关技术路线如图 6.6 所示。其可以通过化石燃料重整、可再生能源（风能、太阳能等）电解水制取 $H_2$，进而通过工业催化合成的方法利用空气中的 $N_2$ 和 $H_2$ 制取氨；还可以通过可再生能源直接合成氨。

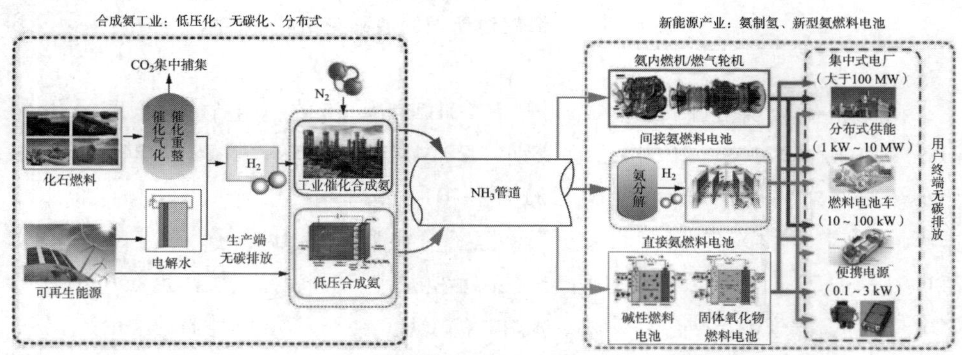


图 6.6 “氨—氢”绿色能源技术路线[4]

## 6.3.1　氢燃料

$H_2$ 具有来源广泛、单位质量能量密度高、无污染等特点。$H_2$ 不是直接从自然界获取的，需要人工制造，常用的制备氢气的方法有电解水制氢、化石燃料催化重整制氢、生物制氢及太阳能制氢。$H_2$ 单位质量所含的能量比其他燃料都高，利用形式多样，例如 $H_2$ 可以通过燃烧、燃料电池等方式加以利用。虽然在氢能的制取、储存和运输等环节还存在不少问题，但各国都在积极地做着大量更深入的研究。

常温常压下的 $H_2$ 是一种无色的气体。1 g $H_2$ 燃烧能释放 142 kJ 的热量，是 1 g 汽油燃烧发热量的 3 倍。$H_2$ 燃烧的产物是水，不会产生诸如 CO、$CO_2$、HC、铅化物和粉尘等对环境有害的污染物质，少量的 $NO_x$ 经过适当处理，可以显著降低排放，且燃烧生成的水还可继续制氢，可以循环使用。产物水无腐蚀性，对设备无损坏。$H_2$ 的密度较小，比汽油、天然气、煤油都轻，因此携带、运送不方便。但氢作为燃料仍然被视为 21 世纪最理想的能源。氢燃料作为能源的突出特点是无污染、效率高、可循环利用。

20 世纪中期，随着石油价格的上涨和人们对能源安全性担忧的增加，氢能源逐渐受到重视。1966 年，美国国会通过了一项法案，同意资助氢能源的研究和开发。

20 世纪 70 年代，石油危机促使欧洲国家和日本进一步加强 $H_2$ 技术的研究。20 世纪 80 年代，美国政府在加州启动了一个规模为 15 个城市的 $H_2$ 公交车项目。随着技术的不断发展和成本的下降，氢能源在 21 世纪初迎来了一个新的发展阶段。许多国家开始加大对氢能源研究的投资力度，并在交通、工业和能源等领域开展实际应用。

1）欧洲国家

欧洲氢能源发展政策规划从 2003 年开始起步。2003 年，欧盟 25 国开展了合作研究（ERA）的项目，设立欧洲氢能和燃料电池技术研发平台，并且重点攻关氢能和燃料电池领域的关键技术。2013 年，欧盟在氢能源和燃料电池产业投入 220 亿欧元，大力促进欧洲氢能源行业的发展。2019 年，欧洲燃料电池和氢能联合组织发布了《欧洲氢能路线图：欧洲能源转型的可持续发展路径》。该报告中指出，到 2030 年，氢能源将得到较为广泛的应用，$H_2$ 将会取代 7% 的天然气；到 2030 年，欧洲氢能产值预计达到 1 300 亿欧元；到 2050 年，欧洲氢能产值将突破 8 000 亿欧元。

根据国际能源署披露的数据，截至 2020 年，全球加氢站共有 540 座，其中分布数量最多的为亚洲，亚洲加氢站数量占比高达 51%；其次为欧洲，加氢站数量占比为35%。欧洲国家中德国的加氢站数量高达90座，位居全欧洲首位；其次为法国，加氢站数量为38座；英国排名第三，加氢站数量为33座。其他欧洲国家的加氢站数量较少，多在10座以下。

2）美国

美国对氢能源的关注可以追溯到1970年的石油能源危机时期。由于能源自给项目失败，美国国家能源研究和开发组织开始赞助氢能源相关研究，并在迈阿密召开了第一次国际会议。

1990年，美国制定了“氢研发五年管理计划”，期待在最短的时间内采用较为经济的方法，突破氢生产、分配及运用过程中的关键技术。

考虑到商业化推广问题，1996年《氢能前景法案》在美国出台，其目的在于“向私营部门展示将氢能用于工业、住宅、运输的技术可行性”。

2003年，美国正式启动“总统氢燃料倡议”，计划在5年内投入12亿美元，重点研究氢能生产、储运技术，促进氢燃料电池汽车技术及相关基础设施在2015年前实现商业化。

2005年，美国两院通过了能源政策法案，提出汽车制造商在2015年前为消费市场提供氢燃料汽车的目标。

2005年，通用汽车公司与美国陆军坦克车辆研发和工程中心合作，向美国陆军交付了第一批以燃料电池为动力的卡车雪佛兰 Colorado ZH2，该批车辆主要用于运输武器。

2012年，时任美国总统奥巴马向国会提交了总额3.8万亿美元的2013财年政府预算，其中63亿美元拨往美国能源部，用于燃料电池、氢能、车用替代燃料等清洁能源的研发和部署。

与此同时，美国重新修订了氢燃料电池政策方案，将燃料电池税收抵免政策细化为3个层次，对燃料电池系统的效率转换提出更高要求，并对美国国内任何运行的氢能基础设施实行30%~50%的税收抵免。

2016年，美国制定了到2020年将$H_2$价格降至7美元/USgal汽油能量的目标，延长了各州税收抵免政策；同时，加利福尼亚州、康涅狄格州、马里兰州、马萨诸塞州、纽约州、俄勒冈州、罗得岛州、佛蒙特州等共同签署了《州零排放车辆项目谅解备忘录》，计划到2025年生产出330万辆包括氢燃料电池汽车在内的新能源车。

3）中国

2016年3月，国家发展改革委员会和国家能源局联合发布《能源技术革命创新行动计划（2016—2030年）》，明确提出把可再生能源制氢、氢能与燃料电池技术创新作为重点发展内容。2016年8月，国务院印发《“十三五”国家科技创新规划》，有关发展氢能技术入选。紧随其后，联合国开发计划署在中国设立首个“氢经济示范城市”项目在江苏如皋正式启动。2016 年 10 月，中国标准化研究院和全国氢能标准化技术委员会联合组织编著《中国氢能产业基础设施发展蓝皮书（2016）》，首次提出我国氢能产业基础设施的发展路线图和技术路线图。

2017 年 5 月，科技部和交通运输部出台了《“十三五”交通领域科技创新专项规划》，明确提出推进 $H_2$ 储运技术发展、加快氢站建设和燃料电池汽车规模示范，形成较完整的加氢设施配套技术与标准体系。2016 年 8 月，我国首条自动化氢燃料电池发动机大批量生产线在位于河北省张家口市的生产基地正式投产，待规划项目全部完工后，该基地燃料电池发动机年产能可达到 1 万台。

2018 年 1 月，武汉市氢能产业发展规划建议方案出炉，要在 3 年内将以武汉开发区为核心，打造“氢能汽车之都”，到 2025 年，成为世界级新型氢能城市。2018 年 2 月，中国氢能源及燃料电池产业创新战略联盟在北京正式成立，标志着构建具有中国特色的氢能社会的进程将提质提速。2018 年，中国工业制氢产能为 2 500 万 t/年，$H_2$ 产量约为 2 100 万 t，同时每年中国的可再生能源弃电约 1 000 亿 kW・h，可用于电解水制氢约 200 万 t。2018 年中国 $H_2$ 需求量约为 1 900 万 t，供略过于求，低成本 $H_2$ 供给相对充足。

2019 年 3 月，氢能首次被写入《政府工作报告》，该报告提出了在公共领域应该增加使用充电、加氢等设施。

2020 年 4 月，《中华人民共和国能源法（征求意见稿）》拟将氢能纳入新能源范畴。

2020 年 9 月，财政部、工业和信息化部等 5 部门联合开展燃料电池汽车示范应用，对符合条件的城市和企业给予奖励。

2021 年 10 月，中共中央、国务院印发《关于完整准确全面贯彻新发展理念做好碳达峰碳中和工作的意见》，统筹推进氢能“制—储—输—用”全链条发展。

2022 年 3 月，国家发展改革委员会、国家能源局联合印发《氢能产业发展中长期规划（2021—2035 年）》。

我国的氢气汽车主要以“氢燃料电池”客车和重卡为主，数量已经超过 6 000 辆。在相应的配套基础设施方面，目前已累计建成加氢站超过 250 座，约占全球数量的 40%，居世界首位。

## 6.3.2　氨燃料

由于氢自身的元素特性，目前纯氢储存和运输技术仍存在严重瓶颈，氢能的大规模、高质量发展面临诸多挑战。氨是一种氮氢化合物，由于其具有独特的物理和化学特性，具有易于储运、零碳排放、热效率高等优点，在碳中和背景下可能成为氢能利用的一种重要载体，在工业、电力、交通等领域都有一定发展空间。

目前，氨主要用于制作硝酸、化肥、炸药及制冷剂等，是世界上产量最多的无机化合物之一，其生产技术成熟、产业链完备，具备推广应用的基础条件。氨不仅可以直接在内燃机中燃烧提供动力，还可用于碱性、固体氧化物等燃料电池。液氨的能量密度较高，是液氢的1.5倍以上，是锂离子电池的9倍。与汽油相比，氨的热值较低，但辛烷值很高，可大大增加内燃机压缩比以提高输出功率，因而氨内燃机的热效率为50%~60%，是一般汽油机的1.5倍左右。

氨燃料发电可作为一种清洁零碳型发电技术，为电力系统提供与传统火电类似的可调度、可调节、可控制的电力电量支撑。虽然在燃烧特性、燃烧产物成分与辐射特性等方面，氨燃料与煤炭、天然气等存在较大差异，掺氨或纯氨燃烧存在增加 $NO_x$ 排放的风险，但可通过燃烧分级、燃烧组织优化等方式进行有效调控。

新能源大规模发展将进一步推动合成氨制备的零碳化。在新能源电力处于充足或者低负荷时期，利用电解水可以制得“绿氢”合成氨燃料并将其液化储存；在新能源处于不足或负荷高峰时，使用储存的氨燃料进行发电，可以满足用电需求、缓解供电紧张。

氨基燃料电池汽车、卡车和公共汽车不仅效率高、零排放，而且续航能力强、补给时间快。利用已有燃料电池技术，氨燃料在相同温度下能够达到与氢燃料相近的功率密度，被认为是可替代纯氢用于燃料电池的理想燃料。

2013年，日本福岛可再生能源研究所已经在陆地建成了50 kW的风电和光电生产氨燃料并利用其发电的示范装置。德国西门子与英国卢瑟福阿普尔顿实验室合作于2017年年底建成纯电力合成绿氨和储能系统的示范项目。自2018年起，英国和日本一直在进行风电驱动绿氨工厂实验。

在美国，目前全球最大的氨生产商CF Industries工业控股公司2023年在路易斯安那州建一座绿氨旗舰厂，年产量为2万t。在澳大利亚，挪威雅苒国际公司的皮尔巴拉氨工厂预计到2030年，产量增加50倍。另外，沙特阿拉伯计划2025年建成一座年产120万t绿氨的工厂。

2020年9月24日，韩国三星重工、曼恩和英国劳氏船级社（LR）共同研发的苏伊士型氨动力油船获得了英国劳氏船级社的基本认证，并将在2024年实现商业化运营。

2020年12月，日本政府发布了《以2050年碳中和为目标的绿色增长战略》，又于2021年10月发布了《能源战略计划》。

韩国产业通商资源部 2022 年 12 月 7 日主持召开的第二次 $H_2$ 和 $NH_3$ 发电推进会议上，韩国政府宣布将 2022 年作为 $H_2$ 和 $NH_3$ 发电元年，并制定了相关发展计划和路线图，力求打造全球第一大 $H_2$ 和 $NH_3$ 发电国。会议宣布，韩国政府将投入 400 亿韩元用于有关基础设施建设，并于 2023 年前制定“氢气和氨气发电指南”。

现在，内燃机技术及产业已经相当完善，将氨燃料应用于内燃机后，不仅可以有效降低汽车 $CO_2$ 排放，而且可以利用原有内燃机产业设备及技术发展氨燃料利用技术。由于点火能量高、火焰传播速度慢等缺点，氨燃料于内燃机应用时需要采用高活性燃料引燃的方式。氨/柴油双燃料内燃机采用柴油引燃可以改善氨的着火特性，同时实现柴油与双燃料模式的灵活切换以满足内燃机特殊工况高功率输出的需求。氨燃料于内燃机的应用主要面临以下技术问题。液氨汽化潜热大造成缸内严重的冷却效应，会推迟柴油点火，有可能导致较大的循环变动；液氨燃料能量密度远低于柴油，大负荷高氨替代率会导致液氨喷射持续期长，影响缸内高效燃烧；氨替代率与燃烧相位会影响缸内温度及含氮中间体转化，使缸内 $NO_x$ 与 $N_2O$ 的浓度发生变化，尤其是 $N_2O$ 属于发动机非常规污染物，而现有的后处理系统不具备净化 $N_2O$ 的单元，导致 $NO_x$ 和非常规污染物 $N_2O$、$NH_3$ 的排放，与原机存在显著差异；氨燃料燃烧尾气含水量高、水热冲击强，加剧了催化型后处理器性能衰退。针对以上难题，各国需要开展相应的技术攻关，以使氨燃料内燃机高效运行、近零排放。

## 6.4　纯电动汽车

作为零排放车辆，纯电动汽车的发展一直备受关注。

1834 年，托马斯·达文波特制造了一辆电动三轮车，它由一组不可充电的干电池驱动，只能行驶一小段距离。

1881 年，古斯塔夫·特鲁韦装配了世界上第一辆以可充电电池为动力的电动汽车。

1886 年，弗兰克·斯普拉格设计并制造了有轨电车。

1899 年，一辆子弹头式的电动赛车的速度达到 110 km/h。

1900 年，法国 BGS 公司的电动汽车创造了 290 km 最大续航里程。

1912 年，在美国，用户们注册了 34 000 辆电动汽车。

但与此同时，以内燃机为动力的汽车技术发展迅速，燃油汽车的成本很低，续航里程是电动汽车的 2 ~ 3 倍，且使用成本低，使得电动汽车的市场占有率一直较低。

到了 20 世纪 30 年代，电动汽车几乎消失。

20 世纪 70 年代，能源危机和石油短缺使电动汽车重新获得生机。世界上很多国家开始发展电动汽车。但是 20 世纪 70 年代末，石油价格开始下跌，电动汽车的商业化失去动力，发展速度显著变慢。

20 世纪 80 年代，由于人们日益关注空气污染问题及温室效应产生的影响，电动汽车发展再获生机。20 世纪 90 年代初，一些国家和地区开始实行更严格的排放法规，进一步促进了电动汽车的发展。

1990 年，美国加州大气资源管理局颁布法规，规定 1998 年在加州出售的汽车中，必须有 2% 是 ZEV；到 2003 年，ZEV 应达到 10%。电动汽车被认为是符合零排放标准的唯一技术。但加州大气资源管理局预定的有关 ZEV 市场份额的目标并没有实现。

自 2011 年起，中国新能源汽车销量增长迅猛。尤其是 2013 年，中国启动了第二轮新能源汽车推广应用，取得显著成效，2014 年和 2015 年的同比增速均超过 300%。2014 年，全国新能源汽车销量占汽车销售比例突破 1%，标志着新能源汽车进入产业化初期阶段。2015 年，新能源汽车销量突破 33 万辆，占全球新能源汽车销量近 60% 的份额，标志着中国已经成为全球最大的新能源汽车市场。

《节能与新能源汽车产业发展规划（2012—2020 年）》中初步确立了中国以纯电驱动为新能源汽车发展的主要发展方向。

2012 年 3 月，相关部门发布了《关于节约能源　使用新能源车船车船税政策的通知》，规定自 2012 年 1 月 1 日起，对节能汽车减半征收车船税，对新能源汽车免征车船税。2014 年 8 月，我国出台《关于免征新能源汽车车辆购置税的公告》，规定在 2017 年 12 月 31 日前对符合续驶里程、综合燃料消耗量等要求并列入《免征车辆购置税的新能源汽车车型目录》的纯电动汽车、插电式（含增程式）混合动力汽车、燃料电池汽车免征车辆购置税（含进口）。2015 年 5 月，相关部门发布了《关于节约能源　使用新能源车船税优惠政策的通知》，对符合要求的新能源汽车免征车船税。

2015 年 9 月，国务院常务会议要求各地不得限购新能源汽车。新能源汽车不限购成为私人购买新能源汽车最主要的推动力，以 2015 年为例，上海、深圳、北京、杭州、广州、天津 6 个限购城市的新能源汽车销量占据全国前 6 位，占全国总销量的 46.1%。其中，私人购买的新能源乘用车 70% 集中在限购城市。

2017 年，新能源汽车免征车辆购置税的政策于 2018 年开始执行。

2020 年 10 月，国务院印发的《新能源汽车产业发展规划（2021—2035 年）》中指出，以纯电动汽车、插电式混合动力（含增程式）汽车、燃料电池汽车为“三纵”，布局整车技术创新链。以动力电池与管理系统、驱动电机与电力电子、网联化与智能化技术为“三横”，构建关键零部件技术供给体系。

2022 年，我国财政部报告指出，要落实新能源汽车购置补贴、免征车辆购置税等政策，支持充电桩等配套设施建设，促进新能源汽车消费。

我国对新能源汽车的大力支持，促进了新能源汽车在我国的快速发展。如图 6. 7 所示，我国新能源汽车的年销量从 2013 年的 1. 8 万辆提升至 2022 年的 688. 7 万辆。同时，我国的新能源汽车技术也处于国际领先地位，出口量处于快速增长期。2022 年，我国汽车出口达到 311. 1 万辆，同比增长 54. 4%，其中，新能源汽车出口 67. 9 万辆，同比增长 1. 2 倍。图 6. 7 和图 6. 8 所示为我

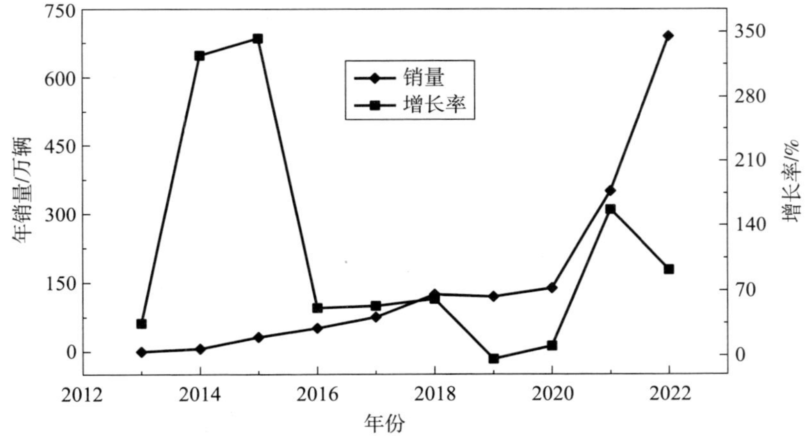


图 6. 7　我国新能源汽车年销量及增长率

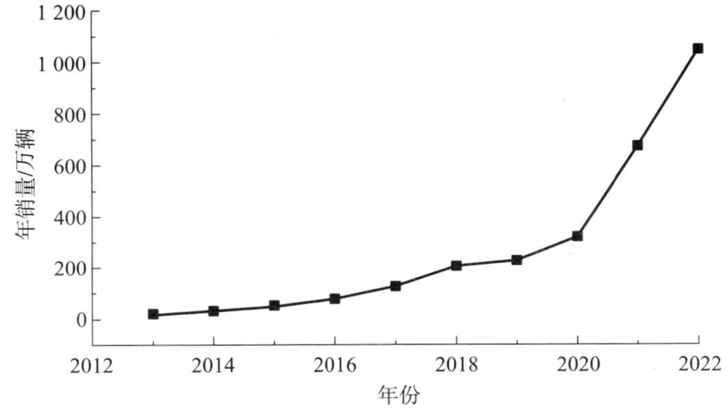


图 6. 8　全球新能源汽车年销量

国全球新能源汽车销量。2019 年之前，全球新能源汽车的销量增长缓慢，2020—2022 年，新能源汽车的绝对销量呈现急剧增加的态势。对比可知，全球新能源汽车销量的增加主要是由我国销量的显著增加引起的，我国新能源汽车的销量占全球一半以上。

纯电动汽车的基本结构（图 6. 9）与传统内燃机车有显著区别，比内燃机汽车的基本结构相对简单。

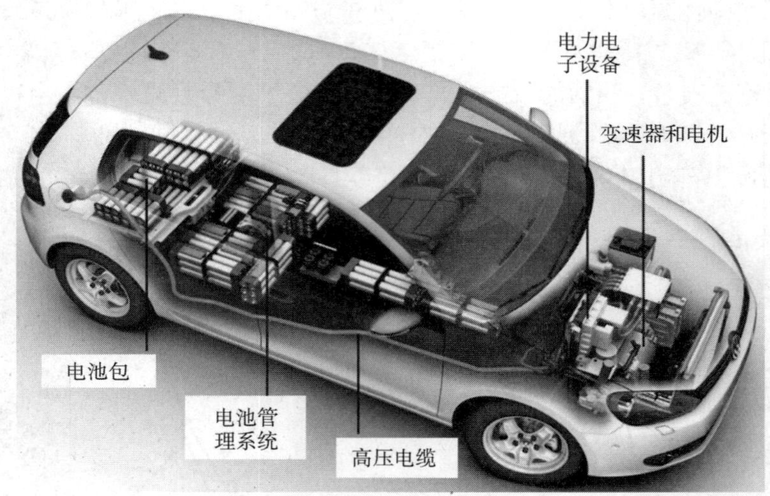


图 6. 9 纯电动汽车的基本结构

对于纯电动汽车来说，采用何种类型的电池对其性能有很大影响，主要影响其能量密度、功率密度、效率、充放电次数及电池组的体积和质量等。目前，纯电动汽车常用的电池形式有阀控铅酸电池、镍氢电池及锂电池等。

从电池性能和续航里程来看，电动汽车锂电池的能量密度已经非常高，目前，实现量产的电池能量密度大多在 250 Wh/kg 左右，硅负极锂离子电池能量密度已经高达 450 Wh/kg。图 6. 10 和图 6. 11 为特斯拉 Model S 和蔚来 ES8 纯电动汽车。

特斯拉 Model S 车质量为 2 081 kg，电池容量 75 kW · h，续航470 km；特斯拉 Model S 100D 车质量为 2 459 kg，电池容量 100 kW · h，续航 632 km，实测续航里程 579 km。蔚来 ES8 2020 款 450 km 六座版车型电池容量 75 kW · h；蔚来 ES8 2020 款 580 km 六座版车型电池容量 100 kW · h。

图 6. 12 所示为比亚迪秦 PLUS 电动汽车。该车是比亚迪旗下紧凑型车，搭载了一套纯电动动力系统，配备前置永磁/同步电动机，电动机总功率为 184 hp，电动机总扭矩为 280 N · m，匹配固定齿比变速箱。在底盘方面，该

图 6.10　特斯拉 Model S

图 6.11　蔚来 ES8

车前后悬架分别使用了麦弗逊式独立悬架和扭力梁式悬架，并采用了前置前驱的驱动方式。

图 6.13 所示为特斯拉电池组。特斯拉电池行业命名规则如下：18650 电池简称 1865，其中的 18 表示单个圆柱直径，65 表示单个圆柱长度，单位为 mm，0 表示圆柱形。21700 电池、46800 电池与 18650 电池命名规则相同。特斯拉初期仅选用了一致性、能量密度、安全、成本相对优良的松下 1865、2170 电池。2021 年 9 月，特斯拉宣布自主生产 4680 电池，取消了电池两侧极耳，相比 2170 能量提升 5 倍，功率是过去的 6 倍，成本降低 14%，续航里程提高了 16%。电池作为电动汽车的心脏，其性能好坏直接决定电动汽车性能的优劣。

图 6. 12　比亚迪秦 PLUS 电动汽车

图 6. 13　特斯拉电池组

图 6. 14 所示为比亚迪刀片电池。刀片电池采用磷酸铁锂技术，在成组时可以跳过“模组”，大幅提高了体积利用率，最终达成同样的空间内装入更多电芯的设计目标。相较于传统电池包，刀片电池的体积利用率提升了 50% 以上，即续航里程可提升 50% 以上，达到了高能量密度三元锂电池的同等水平。

纯电动汽车在使用过程中零污染，非常适合在人口密集区、旅游地等特殊要求的场合使用，而且噪声比内燃机汽车相对较小。但是有学者认为，从全局

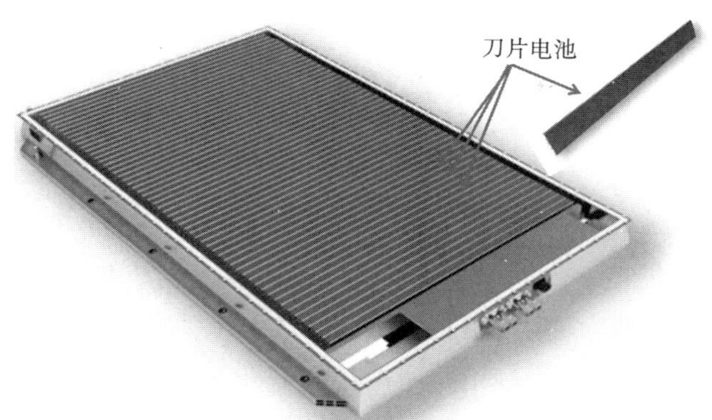


图6.14　比亚迪刀片电池

的观点来看，电动汽车的减碳效果严重依赖当地的电力结构。目前我国的电力主要来源于火力发电，早期电动汽车全生命周期的碳排放显著高于传统燃油车，它只是将汽车的排放转移到发电厂而已，因为火力发电厂同样污染大气环境。随着火力发电效率提高、我国电力结构逐渐改善，电动汽车的碳排放逐渐降低。我国新能源（如太阳能、风能、核能）发电比例逐年增加，电动汽车碳减排的效果逐渐凸显。如图6.15所示，在我国的电力结构中，新能源的比例依然较低，从电力结构改善方面，电动汽车全生命周期的碳排放仍然有较大改善空间。

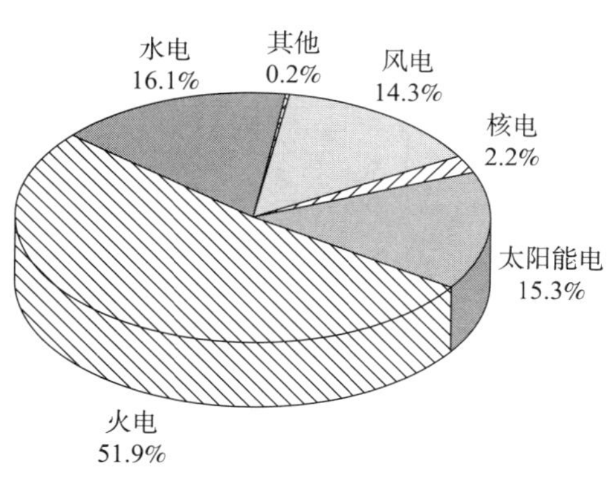


图6.15　我国的电力结构

电池的能量密度显著提高，价格大幅降低，所以就目前的技术而言，纯电动汽车与内燃机汽车相比，具有相当高的竞争力，且已经逐渐出现赶超内燃机汽车的趋势。另外，政府在税收上的优惠或者其他鼓励性政策可以推动电动汽车的发展。使用电动汽车可以降低人口密集地区的空气污染，缓解大城市的环境问题，但是电动汽车废弃电池组的回收与处理也是公众关注的环境事项。

针对纯电动汽车，除“里程焦虑”外，“充电焦虑”也是面临的主要问题。目前，相比燃油车而言，要将电动汽车的电量充满90%以上往往需要1 h以上，尤其在高速公路上没有充足充电桩的情况下，充电仍是限制纯电动汽车快速发展的主要瓶颈之一。快充设备充电功率的加大，会导致电流显著高于慢充状态，将加速电池性能的退化。

电池荷电状态（SOC）是指电池目前储存的电量占其最大容量的百分比，是新能源汽车选择充电模式的依据。若 SOC = 0，则说明新能源汽车电池放电充分；若 SOC = 100%，则说明电池充电完成。

SOC 估计是电池系统的关键和核心，它是多项控制策略准确制定的前提。进行整车能量管理时，实现动力电池的 SOC 准确估计，能够避免对动力电池造成损害、合理利用动力电池提供的电能、提高电池利用率、延长电池组的使用寿命。SOC 估计有其特殊性，若温度不同、倍率不同、SOC 点不同，则充放电效率也不同；电池放电倍率越大，放出电量越少；电池工作温度过高或过低，将导致可用容量降低；由于老化和自放电因素的存在，SOC 值需要不断修正。常见的电池 SOC 估计方法及分类如图 6.16 所示。

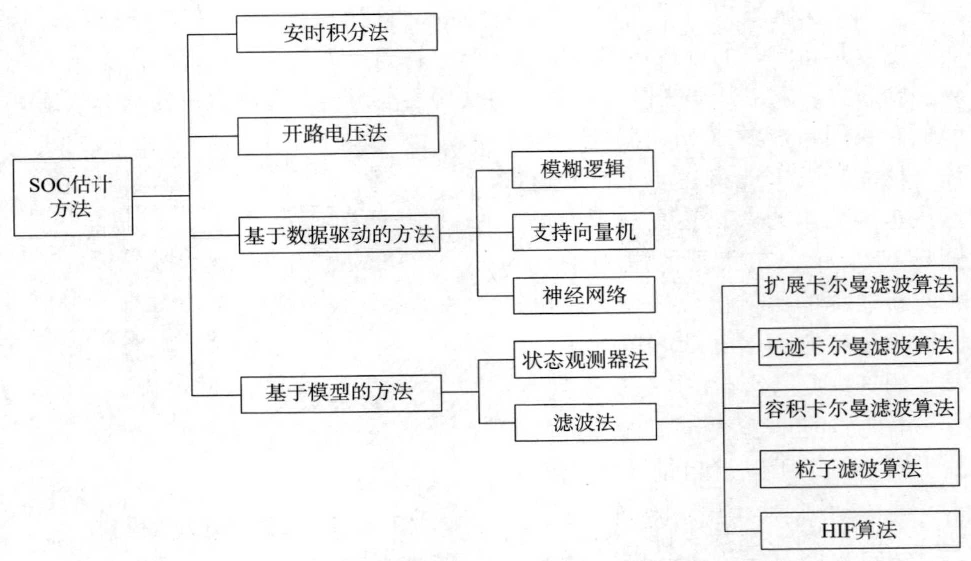


图 6.16 常见的 SOC 估计方法及分类[5]

## 6.5 混合动力汽车

随着全球环保意识的不断增强和对汽车行业规制的越来越严格，混合动力汽车（HEV）已经成为当今汽车产业发展的趋势之一。混合动力汽车集成了内燃机汽车与电动汽车的优点，不仅具有燃油经济性好、$CO_2$ 排放少等优势，同时还具备续航里程长等优点。国务院办公厅印发的《新能源汽车产业发展规划（2021—2035 年）》中，将混合动力汽车作为我国汽车产业发展的主要方向之一。

HEV 最早出现在 19 世纪末期，但直到 20 世纪后期，随着能源危机的出现以及环保意识的兴起，混合动力汽车才开始逐渐得到广泛的关注和研究。《2013—2017 年中国混合动力汽车行业深度调研与投资战略规划分析报告》数据显示，从 1997 年全球第一辆 HEV——Toyota Prius 首发到 2010 年年底，丰田汽车全球累计销售近 300 万辆，约占整个市场份额的 70%。

图 6. 17 所示为丰田公司的混合动力汽车 Prius，于 1997 年推向市场，是世界上第一款大批量生产的混合动力汽车。它采用四缸汽油发动机（转速为 4 500 r/min，功率为 52 kW）和永磁同步电动机（转速为 1 040 ~ 5 600 r/min，功率为 33 kW），汽油机的排量为 1. 5 L。其动力结构采用的是发动机主动型的混联式，最高车速为 160 km/h，从 0 加速至 96 km/h 时所用的时间为 12. 7 s，采用的电池为镍氢电池。

图 6. 17　丰田公司的混合动力汽车 Prius

新一代 Prius 的结构已经有了大幅改进。例如，其通过可变电压控制系统提高电动机和发电机的电压，将电动机功率从 33 kW 提升到超过 50 kW，将发电机转速从 6 500 r/min 提高到 10 000 r/min；使用新的高功率密度镍氢电池，改进能量管理系统。按照欧洲测试循环，改进后的 2004 款 Prius 的百公里油耗为 4.29 L，而 $CO_2$ 排放仅为 104 g/km，可以满足当时世界上最严格的排放法规。中国一汽与丰田公司合作，从 2005 年开始在中国生产 Prius，这是在中国生产的第一款具有世界先进水平的混合动力汽车。

以下是混合动力汽车发展的重要历史节点。

1969 年，美国通用汽车公司开发出第一台原型车，采用纯电动和内燃机混合的动力系统。

1997 年，丰田推出了普锐斯，这是世界上第一款大规模生产的混合动力车型。普锐斯采用了 THS 混动系统，通过行星齿轮组实现动力分流，显著降低了油耗，提升了动力性能。

1999 年，本田公司推出 HEV Insight，成为第一款在美国上市的 HEV。

2000 年，通用纯电动 EV1 在加州特别受欢迎，但由于石油巨头的反对，加州政府拟取消对纯电动汽车的补贴，这影响了纯电动汽车的发展。

2007 年，丰田推出了第二代 Prius HEV，成为全球最受欢迎的 HEV。

2010 年，福特汽车公司推出了全球首款使用锂离子电池的 HEV Fusion Hybrid。

2013 年，本田推出了 i-MMD 混动系统，这是一种基于行星齿轮组的动力分流技术，通过电机驱动为主，发动机直驱为辅的方式，实现了更高的燃油经济性。

2021 年，HEV 已经成为主流汽车市场的一部分，涵盖各种类型的汽车，包括轿车、SUV、大型卡车和公交车等。

这些历史节点不仅标志着混合动力技术的发展历程，也反映了不同国家和地区在新能源政策和技术路线选择上的差异和影响。

近年来，我国混合动力汽车的年度产销量如图 6.18 所示。总体而言，混合动力汽车的产销量呈逐渐上升的趋势，但是相比于纯电动汽车，其产销量的增长比较缓慢。2022 年，混合动力汽车的产销量均在 70 万辆左右。混合动力汽车，尤其是插电式混合动力汽车，在我国有相对广阔的市场前景。《新能源汽车产业发展规划（2021—2035 年）》将插电式混合动力列为汽车“三纵”发展策略的重要一环，表明了我国对插电式混合动力发展的需求。

混合动力汽车未来发展前景广阔，技术创新将越来越快，包括更高效的电池、使用新能源技术和新材料等。

首先，混合动力汽车的电气化程度将进一步提高。传统混合动力汽车已经显著减少了化石燃料的消耗，而电气化程度的提高则有助于将燃油消耗进一步降低。未来的混合动力汽车将更加依赖电池、电动机，以及更加智能化的动力控制系统，从而实现更高效能的能量回收和利用。

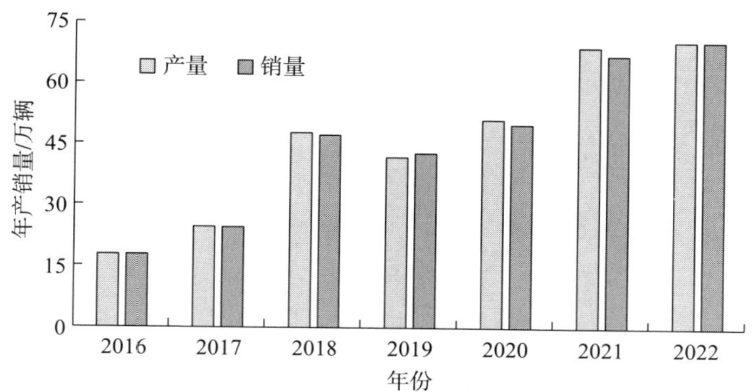


**图 6.18　我国混合动力汽车的年产销量**

其次，油电混合技术将不断改进，创新型混合动力汽车领域也会不断扩大。随着技术的不断发展，未来的混合动力汽车将会更具创新性，包括采用更轻量化、更高效的电池、更智能化的动力管理系统等。同时，混合动力汽车领域的创新技术也在不断涌现，如太阳能混合动力汽车、氢燃料电池混合动力汽车等。

再次，混合动力汽车将更加智能化。混合动力汽车将会配备更加智能的驾驶辅助系统、通信和信息技术，从而提供更加安全、舒适的驾乘体验。另外，随着人工智能技术的不断发展，混合动力汽车也将配备更加先进的功能，例如，通过车载传感系统和信息终端实现与人、车、路等的智能信息交换，使车辆具备智能的环境感知能力，能够自动分析车辆行驶的安全及危险状态，并使车辆按照人的意愿行驶。

最后，混合动力汽车的成本优势会进一步体现。随着混合动力汽车逐步走向成熟，相关技术将会得到进一步推广和普及，成本也会不断下降。除此之外，政府的政策支持和刺激措施也会进一步提升混合动力汽车的市场份额，从而在成本和销售方面进一步助推混合动力汽车的发展。

混合动力电动汽车不仅有效延长了电动汽车的行驶里程，还能快速添加燃油补充驱动能量。和传统燃油车相比，在行驶里程相同的条件下，混合动力电动汽车的燃油消耗和废气排放要少得多。因为对于普通的内燃机汽车而言，在行驶过程中，随着车速及路面的变化，内燃机的工况也在不断变化，这使内燃机不能工作在最优状态，而混合动力汽车中的内燃机消除了怠速及低负荷运行的工况，使得内燃机可以一直运行在高效区域，即混合动力电动汽车中的内燃机总是以最有效的模式工作，所以燃油消耗少，产生的排放少。

HEV 一般可以根据其动力系统的组成方式分类。

（1）轻度混合动力汽车：动力系统中主要由内燃机提供动力，电机主要用于辅助增压和回收制动能量。这种混合动力汽车一般只能短程纯电行驶，使用轻量化电池。主要车型有丰田雅力士、本田飞度 HEV、福特福克斯混合动力版等。

（2）全混合动力汽车：混合动力系统由内燃机和电机组成，两者之间可以相互补充，但也可以独立运行，电池能够提供更长的纯电行驶里程。主要车型有丰田 Prius、凯迪拉克 CT6、本田雅阁 HEV 等。

（3）插电混合动力汽车：又称可充电混合动力汽车，指车辆可以外接充电电缆进行充电，电池能够提供更长的纯电行驶里程，内燃机在电池电量不足时提供动力。其主要车型有宝马 i8、丰田 Prius 插电版等。

（4）扩展式混合动力汽车：混合动力系统中增加了外接电源接口，通过外部能源提供电力，又称增程式混合动力汽车。主要车型有宝马 i3、福特 C－MAX Energi、丰田 Prius + 等。

HEV 可以按发动机和电机连接方式分为三类，如图 6.19 所示，以下是 HEV 的主要类型。

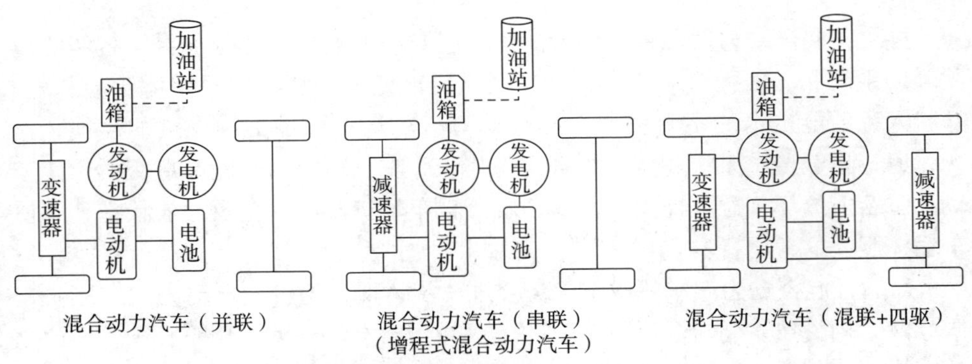


**图 6.19　混合动力汽车的分类**

（1）并联混合动力汽车：发动机和发电机并联连接，意味着二者可以同时运作，为车辆提供动力。当汽车加速时，发动机和发电机一起工作，以提供更强的动力。减速或行驶过程中，发电机可以实现制动器制动能量回收，从而提高能量使用效率。主要车型有本田雅阁混合动力、福特蒙迪欧混合动力型等车型。

（2）串联混合动力汽车：发动机和发电机是串联式连接，意味着发动机只为电池充电，而发电机则为车辆提供动力。车辆在行驶时，首先由电池为车辆提供动力，当电池电量减少时，发动机运转并为电池充电，以保证车辆继续行驶。主要车型为丰田普锐斯等车型。增程式电动车为了解决电动汽车的“里程焦虑”和“充电焦虑”而产生，采用串联混合动力型结构。从工作原理来看，增程式电动汽车只依赖发电机输出动力驱动车轮，增程器不会与传统发动机一样用来驱动车轮，只是起到发电作用。增程模式下，发动机一直工作在最佳转速区间，无频繁起停，相比于普通 HEV 节能效率更佳。

（3）混联混合动力汽车：发动机和发电机既可以进行并联连接，也可以进行串联式连接，具有更高的灵活性和适用性，能够更加智能地调节动力输出。主要车型有丰田 C – HR 混合动力、福特 Escape 混合动力等车型。

混合动力汽车的发动机和发电机连接方式不同，会影响其所采用的动力分配策略及能量利用效率。不同的连接方式适用于不同的车型和路况，选择合适的混合动力汽车需要结合实际需求和市场趋势。

图 6.20 所示为比亚迪唐混合动力汽车，于 2015 年上市，搭载了三擎双模动力系统，其由一台 2.0T 涡轮增压发动机和前后两个发电机组成，可实现前轮与后轮独立动力输出。在混合动力模式下，三个引擎同时发力，可输出 371 kW 的最大功率和 720 N · m 的峰值扭矩。

**图 6.20　比亚迪唐混合动力汽车**

我国混合动力乘用车销量近年来保持持续增长的态势。2020 年，我国混合动力乘用车销量达到 24.9 万辆，同比增长 25.1%，市场渗透率提升至 1.2%，但整体上市场规模仍然较小[6]。《节能与新能源汽车技术路线图 2.0》提出，2035 年混合动力乘用车渗透率将达到 50%。由此可见，混合动力乘用车还存在巨大的市场空间。

目前看来，混合动力汽车是一种很有潜力的技术，而且这一技术的推广对传统内燃机产业的影响并不大，可以大量继承内燃机企业的生产技术及生产线，比较适合汽车产业的持续发展和转型。对于混合动力汽车，内燃机总是工作在最高效的模式下，所以混合动力汽车和传统汽车比较起来，效率更高，混合动力汽车的油耗甚至可以比同等功率的普通多点电喷汽油车低40%。为了满足2025年第六阶段油耗目标值，发动机综合热效率需要达到47.7%。对于高效混合动力专用发动机，主要采用以下技术路线提高发动机的热效率。

(1) 采用“阿特金森循环+高滚流比气道+超高压缩比+冷却EGR技术”。

(2) 采用分体冷却热管理技术。

(3) 应用深度低摩擦技术。

(4) 采用附件电动化与取消轮系技术[7]。

为了提高混合动力汽车的燃油经济性，不仅要从发动机角度出发提高综合热效率，而且要通过高效动力耦合装置、专用功率型电池和系统控制策略改善整车的能量利用率。混合动力汽车动力耦合装置呈现多合一、高度集成的特点，具备体积小、质量轻、效率高等优势；功率型电池将向专用化、无模组化、高功率密度方向发展，进而提升电池性能；混合动力汽车系统通过不同的控制策略实现混合动力汽车运行的全局最优[7]。

混合动力汽车目前成本还相对较高，有必要进一步降低成本。同时，电池的可靠性还有进一步提升的空间。另外，混合动力技术目前主要应用于轿车，而进一步推广该技术便可以获得更大的环境效益与节能效果。

## 6.6 燃料电池电动汽车和氢发动机

### 6.6.1 燃料电池电动汽车

燃料电池电动汽车（FCEV）是使用燃料电池作为动力源的一种新型车型。燃料电池是一种利用 $H_2$ 和 $O_2$ 反应而产生电能的设备，可以极大地改善车辆的环保性能，并减少对石油和其他化石能源的依赖。

FCEV主要由燃料电池堆、氢气储存和供应装置、电池和电机，以及控制系统等部分组成。其核心是燃料电池堆，燃料电池堆中的 $H_2$ 和 $O_2$ 反应产生电能，并产生水蒸气。该电能通过电池储存，并通过电机驱动汽车前进。相较于传统汽车，燃料电池汽车不需要采用燃料燃烧的方式产生动力，避免了尾气中有害气体的排放。

FCEV 具有以下优点。FCEV 的排放只有水蒸气和少量 $O_2$，极大地减少了对环境的污染；燃料电池的能量转换效率很高，在 45% ~60% 之间；市面上燃料电池汽车的续航里程为 400 ~ 600 km；燃料电池所使用的 $H_2$ 可通过可再生能源生产得到，如太阳能和风能等；FCEV 在受到撞击时能够自动停止 $H_2$ 供应，从而避免了爆炸的风险，并且电池组也能防止漏电。

各国对氢燃料电池的态度各不相同，以下是一些国家的具体情况。

日本一直是氢燃料电池技术的忠实爱好者和支持者，在该领域的研究和投资一直在增加。并在 2017 年推出了一项旨在加强水素能源的战略计划。

韩国政府提出了雄心勃勃的“水素经济”发展计划，在 2022 年投资 188 亿美元，用水素推动交通运输，并将水素燃料电池用于热和电的生产和存储。

美国的州级和联邦政府对燃料电池的研究和应用提供了很多支持。然而，在一些州的政策和法规方面，将 FCEV 与其他零排放汽车进行比较时，仍存在问题。

欧洲国家对 FCEV 的研究和应用也表现出越来越强的兴趣和支持。欧盟各成员国制定了一系列的规划和政策，以推动燃料电池技术的应用。

中国政府对燃料电池的发展给予高度关注，以燃料电池为代表的新能源汽车是中国交通强国建设的重点之一，并且为此制定了很多政策和措施，如制定了包括水氢能源路线图、汽车动力电池发展规划等政策。

总体而言，各国对氢燃料电池的态度都比较积极。同时，各国政府都制定了不同的计划、法规和支持 FCEV 发展的政策，以加速其在商业和民用领域方面的发展和落地。

燃料电池作为一项关键技术，在汽车、航空、能源等领域具有广泛的应用前景。以下是 FCEV 发展的一些重要节点。

19 世纪初，英国化学家威廉·格罗夫发现了燃料电池的工作原理和工作方式。

1839 年，威廉·格罗夫将水电解进行逆反应，由稀硫酸使 $H_2$ 和 $O_2$ 发生电池反应，产生了电流，试验了氢氧燃料电池的发电原理。

1894 年，奥斯特瓦尔德分析后指出，燃料电池的直接发电效率为 50% ~ 80%，而由热能做功发电的普通电池由于受卡诺循环的限制，直接发电效率不足 50%。但在之后很长一段时间内，燃料电池受到应用材料和设计方面的限制，动力性能低下，实验研究没有很大成绩，发展缓慢。

从 20 世纪 50 年代开始，燃料电池的发展有了转机。英国剑桥大学的弗朗西斯·培根对氢氧碱性燃料电池进行了长期卓有成效的研究，成功地制备了

5 kW 碱性燃料电池，寿命达 1 000 h。这是第一个实用性燃料电池，弗朗西斯·培根的成就奠定了现代燃料电池的技术思想。

20 世纪 60 年代，在美苏航天技术的竞赛中，迫切要求用高性能电池作为航天动力。通过对各类电池进行分析和评估，美国宇航局选用了燃料电池，引进弗朗西斯·培根的技术，开发了阿波罗登月飞船用的燃料电池。燃料电池在航天飞行中大获成功，进一步推动了燃料电池的开发热潮。

20 世纪 70 年代，中东战争后出现了能源危机，人们更看好燃料电池发电技术。美国、日本等国家纷纷制定了发展燃料电池的长期计划，以美国为首的发达国家大力支持民用燃料电池发电站的开发，建立一批中小型电站运行试验。20 世纪 80 年代进一步开展大中型电站试验，同时，美国、日本等国家开始从地面电站的研究转向性能更好的高温燃料电池。

20 世纪 90 年代后，燃料电池得到进一步发展，研究热点是固态燃料电池、质子交换膜燃料电池。其低排放甚至零排放的特性，使得燃料电池在汽车上的应用日益成为热点。美国三大汽车公司——GM、Ford 和 Chrysler 都得到美国能源部的资助，大力开发安装了燃料电池的电动汽车，积极争取早日向市场推出使用燃料电池的汽车。

1991 年，通用汽车公司推出了第一款燃料电池概念车，展示了燃料电池在汽车领域的应用前景。

1996 年，戴姆勒 - 奔驰公司推出了 NECAR1 型燃料电池汽车，并在科隆试运行。

2008 年，丰田公司推出了自己的燃料电池汽车，燃料电池堆的输出功率达到了 90 kW，最高车速为 153 km/h。

2013 年，现代汽车在韩国上市了第一款商用燃料电池汽车 Tucson ix Fuel Cell。

2014 年，本田公司推出了 Clarity Fuel Cell 汽车，这是首辆在美国市场销售的 FCEV。

2015 年，丰田公司发布了 Mirai 氢燃料电池汽车，其续航里程在 500 km 以上。

2016 年，位于美国加州的科技公司 Bloom Energy 和韩国现代汽车公司合作开发燃料电池供电系统，用于韩国首尔奥运会场馆的供电。

2018 年，世界上第一列由燃料电池驱动的列车在德国上线运营。

2018 年，中国科学院钙钛矿燃料电池实验室成功研制出全钙钛矿有机燃料电池，开创了低成本、高效率燃料电池的新路径。

2020 年，韩国跨国企业组成联合体，在韩国南部城市建立了世界上最大的燃料电池发电厂，具有总装机容量59.6 MW的发电规模。

燃料电池技术的发展经历了几十年的研究和实践，目前主要应用于汽车和能源领域。燃料电池汽车近几年发展迅猛，技术创新也在不断促使能源利用效率和性能的提升；同时，政策和环保意识对FCEV的推广发展起着重要作用。

燃料电池可以是车用辅助动力（APU），也可以是车用主动力来当作发电机向电动机供电，以电动机驱动汽车。当燃料电池被用作车用辅助动力时，汽车还是使用内燃机作为主动力，一部分燃料通过燃料电池直接转换为电力，给汽车电器供电，比传统发电机加电池组的模式效率更高。目前所指燃料电池汽车通常是指使用燃料电池作为车用主动力的汽车，此时，燃料电池可以和蓄电池组联合使用，蓄电池组只在汽车起动阶段和需要峰值功率时才使用，蓄电池组还可用来吸收刹车能量。

目前有两种主要类型的燃料电池汽车。一种是直接燃料电池汽车（DFCV），在电池里燃料发生电化学反应，燃料可以是$H_2$或者甲醇；另一种是处理燃料电池汽车（PFCV），在该系统中，燃料首先通过燃料裂解器将燃料转换成$H_2$，然后将$H_2$输送到燃料电池发电，燃料可以是汽油、甲醇和丙烷等。

当然，目前国际上研究比较多，试验应用方面比较成功的还是直接使用$H_2$作为燃料的PEMFC。PEMFC是目前商业化应用最广泛的燃料电池技术，其工作原理如下。

（1）燃料供应：燃料（一般是$H_2$）从燃料供应系统输入燃料电池，经过燃料处理后，质子（$H^+$）和电子（$e^-$）从$H_2$中分离出来。

（2）$O_2$供应：先通过空气入口进入多孔隔板的另一端，再进入燃料电池密封的反应区。

（3）质子交换膜：由于质子不能穿透普通的橡胶或塑料膜，因此需要使用特殊的高分子质子交换膜隔离电荷，并促进电子流和质子流的传输。

（4）质子与$O_2$反应：当$O_2$通过质子交换膜进入反应区域时，会和质子发生反应，并产生水和电。

（5）电子传输：之所以在反应中产生电子，是因为质子交换膜无法使电子穿透，必须通过电路传输，也就产生了电流。

（6）输出电力：通过电路传输在质子交换膜反应区域产生的起始电子流来产生输出电力，用于驱动电动机等装置工作。

PEMFC利用$H_2$和$O_2$的化学反应产生电能，与传统的发动机不同，PEMFC只产生纯净的水蒸气和少量的热，对环境基本无污染，具有优越的环保性能。

图6.21为PEMFC的结构示意。目前，其结构的重要特点为燃料只能为纯$H_2$，必须使用贵金属铂作为电极反应催化剂。工作温度为20～80 ℃。

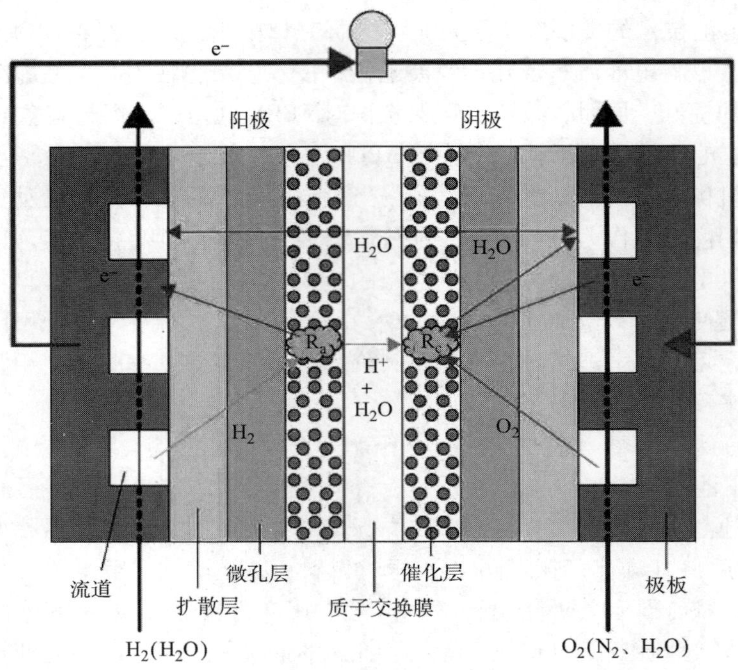


图 6.21 PEMFC 结构示意

在电池阳极所发生的反应如式（6.7）所示。

$$H_2 \longrightarrow 2H^+ + 2e^- \tag{6.7}$$

在电池阴极所发生的反应如式（6.8）所示。

$$O_2 + 4H^+ + 4e^- \longrightarrow 2H_2O \tag{6.8}$$

目前，日本的汽车公司在 FCEV 的研发方面走在世界的前沿。图 6.22 所

图 6.22 本田公司的 FCEV Clarity

示为本田公司生产的FCEV Clarity。其上搭载了一台功率为100 kW的氢燃料电池发电机，最大输出功率为174 hp，峰值扭矩为300 N·m。根据美国EPA测试标准，Clarity的续航里程为366 mile（约588 km）。同时，该车采用三个液态氢气罐存储燃料，是可在3～5 min内加满。

图6.23所示为丰田公司的FCEV FCV－R概念车，这款概念车搭载的是新一代燃料电池引擎系统。车体内安装有70 MPa的氢气罐，在单次充满$H_2$后，最大行驶里程可达435 mile，相当于700 km左右。

图6.23　丰田公司的FCEV FCV－R概念车

图6.24所示为FCEV的底盘，底盘主要由高压氢气罐、超大容量电容器、燃料电池组、电动机、功率控制单元及散热器等组成。

图6.24　FCEV的底盘

由于自然界中不存在$H_2$，而且$H_2$运输不便，制备和运输是燃料电池技术推广遇到的最大难题之一。同时，燃料电池使用大量的铂作为催化剂，以目前的研究看来，铂的用量短时间内难以下降，而作为贵金属的铂全球储量有限，这也是燃料电池技术所遇到的瓶颈问题之一。

就目前而言，燃料电池的成本极高，一般用户难以承受。按发动机单位功率成本计算，目前燃料电池的成本为 3 000 元/kW，一台 60 kW 的 FCEV 仅电池组的成本就高达 18 万元，而内燃机的成本仅为燃料电池的 1/10 左右。

尽管目前燃料电池技术的成本较高，但随着技术的不断进步和商业化生产的规模化，燃料电池技术的成本会逐渐下降。而且有政府支持和政策引导，也会促进燃料电池技术的应用和推广，从而推动其成本下降。燃料电池技术未来还有很大发展空间，其成本的降低也是确保其在消费者市场上的可用性和可持续性的一个重要的因素。

对于目前的 FCEV 而言，将电力用来电解水产生 $H_2$，再用 $H_2$ 去发电，这种做法从能源效率的角度来分析可能极不划算；从排放的角度考虑，如果电力不是来自水力发电或太阳能发电等新型电力系统，也没有显著的优点。

## 6.6.2 氢气发动机

$H_2$ 除用于燃料电池外，还可像天然气一样直接用于内燃机，燃烧后生成 $H_2O$。氢气发动机不排放 CO、HC、$CO_2$ 及硫化物，但是会生成 $NO_x$，因为空气中的 $N_2$ 和 $O_2$ 在燃烧的高温作用下会发生反应。氢气发动机同样面临着 $H_2$ 的制备与储运问题。图 6.25 所示为马自达公司开发的装有氢气发动机的轿车。其使用的氢气发动机为转子发动机。

图 6.25 装有氢气发动机的轿车

燃氢发动机是一种将 $H_2$ 作为燃料的发动机，它经历了从理论探索到商业应用的漫长发展历程。

1807 年，英国科学家弗朗索瓦·艾萨克·德·里瓦兹首次提出了使用氢作为发动机燃料的想法。

20 世纪 60 年代，苏联在航空方面开展研究，开始尝试将燃氢发动机用于实际应用。

20 世纪 70 年代，日本和欧美国家加快了燃氢发动机技术的研究和应用，开始试制汽车燃氢发动机，并探索了其在飞行器、船舶和工业等领域的应用。

20 世纪 90 年代，世界各国开始大力推进清洁能源的研究和应用，燃氢发动机逐渐成为国际关注的焦点。

20 世纪 90 年代中期，随着研究和技术进步，氢内燃机性能开始提高。研究主要集中在提高燃氢的能量密度，改善氢内燃机燃烧特性和降低氢的存储和运输成本。

1997 年，戴姆勒克莱斯勒公司推出 NECAR 3 号，这是第一辆采用氢燃料内燃机技术的汽车。

21 世纪初至今，氢内燃机的研究和开发取得了重大进展。许多车辆制造商已经推出了氢能研制车型。同时，氢能技术也在其他领域（如飞行器和船舶等交通工具）中得到了广泛应用。

2005 年，戴姆勒克莱斯勒公司推出 F600 Hygenius，这是一款采用 $H_2$ 缸内直喷的内燃机汽车。

近年来，各个发动机制造厂商纷纷宣布，实现了氢气发动机的成功点火。

上述里程碑事件表明，氢燃料内燃机技术在不断发展和创新。随着技术和材料的不断发展，氢燃料内燃机不仅可用于车辆，还可能用于航空、航天、建筑和工业等领域。

### 6.6.3　$H_2$ 的制取和存储

$H_2$ 本身为非初级能源，在自然条件下并不存在游离态的 $H_2$，必须从自然界中存在的含氢化合物（如水、天然气等物质）中分离出来。因此，$H_2$ 称为能量的媒介或载体，即 $H_2$ 被用作传递和分配能量，而其本身并非初级能源。$H_2$ 可以从任何含氢的原料制取，制取 $H_2$ 的主要的方法是电解水和对含氢原料的蒸气重整或汽化。利用蒸气重整制取 $H_2$ 的最重要原料是天然气。通过重整将天然气转换为 $H_2$、$CO_2$ 和 CO，然后除去 $CO_2$ 和 CO 即可。其他可以用来进行蒸气重整的原料包括 LPG 和石脑油（naphtha）。另外，重油、煤和生物质也

可以转化成 $H_2$。

利用电解水产生 $H_2$ 要看电能的来源，如果电能来源于水力发电或风力发电，用 $H_2$ 作为车用燃料，全生命周期的废气排放较低；如果电能来自煤燃烧火力发电，则全生命周期的废气排放较高。利用电解水所产生的 $H_2$，在所有汽车燃料中，全过程能源消耗最高。也就是说利用电解水产生 $H_2$，再把 $H_2$ 作为汽车燃料，从能源效率上来讲是不划算的。但是利用电解水生产 $H_2$ 是目前工业上生产 $H_2$ 的最主要的方法。

从体积的角度考虑，$H_2$ 的能量密度很低，但如果从单位质量的角度来考虑，$H_2$ 的能量密度是汽油的三倍，且含有较高的辛烷值。氢气发动机具有比汽油发动机更高的热效率。

$H_2$ 在车上可以采用高压气态形式、氢化物形式，或液氢形式存储。如果在 200 bar 的高压下，以气态形式存储，且要求氢气汽车和汽油车保持同样的行驶里程，则储气罐的体积约为汽油油箱的 20 倍。目前，高压储氢主要的储氢压力分为 15 MPa、35 MPa、70 MPa 三种，国外普遍使用 70 MPa 压力标准的Ⅳ型碳纤维瓶，我国目前普遍为 35 MPa 的Ⅲ型钢瓶。

如果以金属氢化物的形式存储，虽然系统的体积可以接受，但是其质量约为汽油油箱的 20 倍。另外，把 $H_2$ 从氢化物中分解出来需要能量，同时该系统的存储能力对某些杂质如 $H_2O$、$O_2$、$N_2$ 和硫化物很敏感。

如果采用液氢的形式存储，则系统质量约为汽油油箱的 1.5 倍，体积约为汽油油箱的 4 倍。存储温度为 -253 ℃，需要采用隔热的油箱。在采取超级隔热措施且油箱压力为 5 bar 的条件下，3 ~ 4 天内可以没有蒸发损失；若超过这个时间期限，每天的蒸发损失约为 1%。

$H_2$ 需要的点火能量非常低，而且可燃的温度范围非常宽，所以其在密闭的空间或者车上存储时有一定的安全问题，但是通过采取严格的措施可以防止事故的发生。

## 6.7 太阳能及其他能源

太阳能汽车是真正意义上的无公害环保汽车。没有废气排放，不消耗石油资源。

太阳能汽车的形式有多种，大体上可以分为两大类，一类是只有太阳能为动力，另一类是既有太阳能也有其他能源形式，如大功率蓄电池。

太阳能汽车一般有较为明显的外部特点，如有大面积的太阳能电池板吸收太阳能，采用树脂复合材料制作轻量化车身减轻质量，车身采用流线型降低空气阻力。

美国加州初创公司 Humble Motors 推出了一款纯电动 SUV Humble One，安装了 7.6 $m^2$ 的太阳能板，每天最多可以增加 96 km 续航里程。图 6.26 所示为 Humble Motors 太阳能汽车。

图 6.26　Humble Motors 太阳能汽车

太阳能汽车的发展历程可以追溯至 19 世纪末期，当时的人们已经开始了解太阳光的能量，并研究如何利用这种能源提供动力。

1955 年，美国科学家威廉·科贝勒在贝尔实验室研究出第一块太阳能电池板。该电池板由硅制成，可以将太阳光转换为电能，并开启了太阳能汽车的奠基之路。

1977 年，日本制造商成功制做出首款太阳能电动汽车 Solar Powered Commuter Car。这款车可以在 30 km/h 的速度下行驶 50 km，由 40 个太阳能电池板供电。这标志着太阳能汽车首次开始进入商业应用领域。

1982 年，沃斯特大学研究人员制造出一款名为 Suntrekker 的太阳能电动汽车，该车可以在 56 km/h 的速度下行驶 650 km。它由 900 个太阳能电池板供电，成为当时最先进的太阳能汽车。

2008 年，瑞士制造商 Solartaxi 成功完成了环球旅行，使用太阳能电动汽车从瑞士出发，跨越 4 个大陆、38 个国家，历经 5 个月时间，总共行驶了 54 718 km。该车由大约 900 个太阳能电池板提供动力。

2017年，荷兰车厂Lightyear推出了首款太阳能汽车设计车型Lightyear One，其太阳能充电效率为12 kW·h，WLTP工况下的综合续航里程可达725 km。这款车最初配备了16.6 $m^2$ 的光伏电池板，但后来经过改进，增加了减少风阻系数和改进悬挂系统等优化措施并提高了能量利用效率。

目前太阳能电池的能量转换效率普遍不高，光电转换效率大约为23%。即使光电转换效率进一步提高，仅依靠太阳能驱动实现达到实用要求的汽车还是很困难。但是如果换一种思路，把太阳能作为辅助动力，为车载电器供电或为蓄电池充电，可能是一种可以考虑的选择。

## 6.8 从全局的观点看问题

### 6.8.1 从油井到车轮的评价

在谈论某种燃料或动力系统的特点时，人们常常只关注燃料在发动机内燃烧时的经济性和排放，或者只关注某种动力系统安装在汽车上之后的经济性和排放，而忽略了燃料在制取和运输过程中所涉及的经济性和排放问题。比如，如果某种燃料燃烧时的废气排放比较少，就称其为清洁燃料，而忽略了燃料的来源是否清洁。这种看待问题的方法存在很强的片面性。在考虑燃料的安全性和成本时，人们通常也有这种误解。

对汽车的公正评价，必须考虑燃料的整个生命周期，即从原材料到能量输出的整个过程。例如，有些燃料在燃烧时的排放量很低，但是在它们制造过程中，可能有很高的排放量。同样，有些非常适合用于内燃机燃烧的燃料可能非常难以储存和运输。

“从油井到车轮”的评价方法，即生命周期评价（LCA），是一种评估汽车能量消耗和环境效应的方法，不仅考虑了汽车使用阶段的影响，还包括了整个生命周期内所有的能量和材料消耗、废弃物处理等影响因素。“从油井到车轮”包含了燃料从生产到使用的全过程：原料制造、原料运输、燃油制造、燃油配送、车辆使用。全生命周期评价的结果可以考虑汽车在整个生命周期内对环境的影响，包括全球变暖潜势、酸雨潜势、光化学烟雾、土地利用和水资源的消耗等。

LCA可以提供关于汽车对环境影响的全面评估，有助于制定更加可持续发展的交通政策和汽车设计方案，促进汽车产业的可持续发展。

以汽油为例，如果以该种方法评价汽油的经济性和排放，则要考虑到下列5个过程的经济性和废气排放，即原油开采与处理、原油运输、汽油的炼制与加工、汽油的运输和汽油在车辆上的使用。只有对这5个过程作详细的分析，才能评判作为汽车燃料的汽油是否具有良好的经济性和排放性能。

## 6.8.2　汽车燃料评价所涉及的知识[8]

在评价燃料在汽车上的应用方面时，结果和做出评价的时刻有很大的关联度。就目前而言，一些燃料已经大规模使用，另一些还停留在试验阶段。对长期计划而言，没有得到大规模应用的燃油和在近期已得到应用的燃油，具有同样的重要性。它们都需要评价，因为对未来的预期影响现在的决策。但是对那些未大规模应用的燃料评价起来，缺少统计数据的支持，有些方面未免失之偏颇。

如果从5个阶段来分析燃料的经济性，对于传统燃料（如汽油、柴油）来说，汽车使用阶段的能源消耗占全过程能源消耗的最大部分。所有燃料在汽车使用阶段的能源消耗在同一数量级上，全过程能源消耗的差异主要来自其他阶段。对于来自生物质的燃料（如乙醇和生物柴油）来说，在原料制造阶段比化石燃料需要更多的能量。在燃料生产阶段，来自天然气的甲醇、来自生物质的燃料和 $H_2$ 需要较多的能量。对于各种燃料来说，原料的运输和燃油的分配所消耗的能量占比较低。

没有一个数字能充分描述任何一种燃料的全过程能源消耗和排放。具体情况的不同会导致显著差异。对于中国的炼油厂来说，原油可能来自国内、中东或俄罗斯，原油的运输可能采用油轮、管道、火车或其他方式。不同的运输距离和不同的运输途径将导致不同的运输原油的能源消耗和该过程所产生的排放。另外，原油组成上的差异和对成品燃料的不同质量要求，会对炼油厂的能源消耗及废气排放产生影响。而对于从生物质原料获取的燃料，能源利用模式的分散程度可能会更大。对于来自生物质原料的燃料，当地的气候条件、肥料的使用、运输的距离等都会影响全过程能源消耗和废气排放。

国际能源机构（IEA）曾对各种车用燃料的全过程能源消耗和全过程废气排放作过分析，针对轻型车的分析结果如表6.2所示。需要说明的是，这里的数据只有参考价值，不能直接用来进行计算，正如前文所述，各地的实际资源情况和其他条件会对全过程的燃料分析结果产生重要影响。

表 6.2　各种车用燃料的全过程能源消耗与气体排放分析（轻型车）

| 燃料 | | 汽油 | 柴油 | LPG | | 天然气 | 甲醇 | | 乙醇 | | 生物柴油（来自菜籽油） | $H_2$（来自电解水） |
|---|---|---|---|---|---|---|---|---|---|---|---|---|
| | | | | 油田 | 炼厂 | | 来自天然气 | 纤维素 | 纤维素 | 糖/淀粉 | | |
| 全过程能源消耗指数 | | 100 | 75 | 83 ~ 92 | 89 ~ 102 | 88 ~ 91 | 110 | 110 ~ 165 | 176 ~ 269 | 117 ~ 151 | 100 ~ 116 | 178 ~ 346 |
| 排放指数 | $NO_x$ | 100 | 130 ~ 221 | 96 ~ 110 | 114 ~ 117 | 56 ~ 79 | 158 | 119 ~ 142 | 81 ~ 117 | 122 ~ 154 | 189 ~ 346 | 79 ~ 864 |
| | CO | 100 | 7 ~ 21 | 25 ~ 47 | 25 ~ 47 | 23 ~ 25 | 101 | 71 ~ 102 | 17 ~ 24 | 22 ~ 52 | 8 ~ 26 | 0 ~ 12 |
| | HC | 100 | 15 ~ 40 | 17 ~ 71 | 65 ~ 66 | 111 ~ 115 | 155 | 76 ~ 117 | 27 ~ 41 | 32 ~ 104 | 12 ~ 47 | 2 ~ 339 |
| | PM | 0 | 100 | 1 | 1 | 0 | — | 11 | — | 24 ~ 45 | 112 ~ 120 | 0 ~ 113 |
| | $CO_2$ | 100 | 52 ~ 74 | 71 ~ 82 | 78 ~ 93 | 65 ~ 78 | 80 | 30 ~ 110 | 10 ~ 16 | 24 ~ 55 | 13 ~ 32 | 5 ~ 362 |

表 6.2 中的数值均以相对比例的形式出现，全过程能源消耗指数以汽油为标准，汽油记为 100，所有低于 100 的燃料，代表该种燃料的全过程能源消耗比汽油低，而高于 100 的燃料，则代表该种燃料的全过程能源消耗比汽油高。$NO_x$、CO、HC、$CO_2$ 的排放也是以汽油为标准。由于汽油机几乎无颗粒物排放，颗粒物排放以柴油机为标准。

从表 6.2 中可以看出，就全过程能源消耗而言，使用柴油能源利用效率最高，即最为节能，而来自电解水的 $H_2$ 从能源利用效率的角度来看，效率最低。就 $CO_2$ 排放而言，来自生物质的燃料（如生物柴油和乙醇）的 $CO_2$ 排放很低。其他各项气体排放的相对比值也可以从表 6.2 中获得。从表 6.2 中还可以看出，$H_2$ 的全过程能源消耗和气体排放呈现很大的分散度，主要是由于用来电解水产生 $H_2$ 的电能来源是多样性的，如果电能来自水力发电、太阳能或者风力发电，那么废气排放量较少；相反，如果电能来自火力发电，则废气排放量较高。

在考虑代用燃料时，必须考虑代用燃料的全过程废气排放、全过程能源效率，还要考虑燃料价格、安全性、可得性等多方面因素。另外，在市场中引入新燃料时，还要考虑和现有燃料或系统的兼容性。

# 6.9　参考文献

[1] 于航，周林，袁鹏．中国燃料乙醇产业发展概况［J］．粮食与食品工业，2009，16（4）：34－37.

[2] BAGLEY ST，GRATZ LD，JOHNSON JH，et al. Effects of an oxidation catalytic converter and a biodiesel fuel on the chemical，mutagenic，and particle size characteristics of emissions from a diesel engine［J］. Environmental Science and Technology，1998，32（9）：1183－1191.

[3] DAVID Y，CHANG Z. Determination of particulate and unburned hydrocarbon emissions from diesel engines fueled with biodiesel［D］. Ames：Iowa State University，1997.

[4] 滕霖，尹鹏博，聂超飞，等．“氨：氢”绿色能源路线及液氨储运技术研究进展［J］．油气储运，2022，41（10）：1115－1129.

[5] 谭必蓉．新能源汽车动力锂离子电池组SOC估计方法研究［D］．泉州：华侨大学，2023.

[6] 李永康，吴喜庆．国内混合动力汽车发展与政策建议研究［J］．内燃机与配件，2022，（23）：115－117.

[7] 邱先文．插电式混合动力汽车技术及研发状况分析［J］．小型内燃机与车辆技术，2018，47（3）：85－91.

[8] 魏名山．汽车与环境［M］．北京：化学工业出版社，2004.

第7章

# 城市交通与汽车排放

控制汽车排放量可以从汽车本身相关政策法规及技术的角度采取相应的措施来提高汽车质量、降低汽车的排放量。但仅靠以上措施还不够，还要分析其他因素影响，这就需要从系统角度来考虑了。

(1) 城市机动车的总数和各种车型车辆所占的比例。

(2) 车辆的总行驶里程。

(3) 新车的排放控制技术水平，由于部件老化而产生的排放增量，维修保养情况等。

（4）车辆的工况，如热起动、冷起动、车速、负载，是否开空调、是否加拖车等。

（5）当地气候状况，如气度、湿度等。

（6）所使用燃料的种类与品质。

上述因素对城市中的机动车总排放量有极为显著的影响，所以城市交通规划与相关政策对城市机动车总排放量有决定性的影响。

# 7.1　城市交通方式

中国典型的城市交通方式的种类如表 7.1 所示。其相差的具体倍数根据各个地区、各个时期的具体情况不同而有所差别。

**表 7.1　中国典型的城市交通方式**

<table>
<tr><th colspan="10">客运</th><th>货运</th><th>其他</th></tr>
<tr><td colspan="6">公共交通</td><td colspan="4">私人交通</td><td rowspan="3">各类货车</td><td rowspan="3">快递车、环卫车等</td></tr>
<tr><td colspan="2">轨道公共交通</td><td colspan="2">道路公共交通</td><td colspan="2">辅助公共交通</td><td colspan="2">机动车</td><td colspan="2">非机动车</td></tr>
<tr><td>地铁</td><td>轻轨</td><td>公共汽车</td><td>无轨电车</td><td>出租车</td><td>网约车</td><td>私家车</td><td>摩托车</td><td>自行车</td><td>步行</td></tr>
</table>

不同交通出行方式在能源消耗和 $CO_2$ 排放方面存在较大差异。据中国环境与发展国际合作委员会可持续交通课题组估算，每百公里人均能耗方面，公共汽车仅为燃油小汽车的 8.4%，地铁则为燃油小汽车的 5% 左右。如果 1% 的私家车出行转化为公共交通出行，全国每年可节省燃油 0.8 亿 t，按汽油碳排放系数 0.553 8 计算，能减少 0.44 亿 t 的 $CO_2$ 排放量。由此可见，使用公共交通对节约能源和改善环境都是十分有利的。

在搭乘率最高的情况下（每辆小汽车搭乘 5 个人的情况极少，在上班高峰期间更为少见，与公共交通的情况不同），就人均产生的噪声而言，小汽车产生的噪声比轻轨高46倍，比公共汽车的噪声高11倍。因为轻轨和公共汽车一次载客数量是小汽车的几十倍甚至更多，如果公共汽车上的乘客都改乘小汽车，则几十辆小汽车的噪声显著高于一辆公共汽车产生的噪声。

如果单纯从环境的角度来考虑，城市交通最好都采用公共交通、自行车或步行，但是实际上很难做到。自行车和步行可以达到的距离有限、速度有限，公共交通也很难覆盖城市的每个角落，而且公共交通的舒适性与便利性和私家车相比有一定的差距。

不仅如此，城市交通方式的选择还与很多因素有关，如城市的经济发展水平、城市的功能与布局、城市的道路状况、城市的交通管理法规、城市的文化传统及居民的心理行为等。

就目前而言，中国各大城市都处于经济快速发展的阶段，经济的大发展带来了总交通需求量的大幅增加。以北京市为例，全市居民的日均出行总量已经从20世纪80年代中期的900万人次/日增加到2022年的3 530万人次/日以上(不含步行)，平均出行距离从过去的6 km增加到13.2 km。交通总需求的增加不仅导致机动车总行驶里程的增加，而且还导致机动车总排放物的增加，给环境带来了很大压力。

与此同时，城市居民的支付能力增强，个人对出行灵活性的要求增加，对出行的舒适性、出行的环境要求提高。所以在各大城市，私人机动车的数量及在出行中所占的比例大幅增加。表7.2为1990—2022年北京市城市交通方式的构成。

**表7.2　1990—2022年北京市城市交通方式的构成**

| 年份 | 交通方式 | | | |
|---|---|---|---|---|
| | 公共交通 | 单位用车及私家车 | 自行车 | 出租车 |
| 1990 | 35.03% | 5.87% | 57.76% | 1.34% |
| 1994 | 31.24% | 8.92% | 51.46% | 8.38% |
| 1998 | 34.07% | 15.52% | 41.54% | 8.87% |
| 2001 | 27% | 26% | 38% | 9% |
| 2022 | 28.7% | 27.5% | 40.3% | 3.4% |

从表7.2中可以看出，1990—2001年，自行车出行所占的比例下降了近20个百分点，到2022年又有所上升。与此同时，2022年单位用车及私家车出行所占的比例达27.5%，而出租车出行所占的比例显著下降。

另外，截至2022年，北京市机动车保有量达685.0万辆，较上年增长4.3个百分点；私人小微型客车增长率为2.2%，达到483.6万辆。2021年，私人小汽车平均出车率为 50.0%，较上年增加 2.5 个百分点。受工作日通勤活动影响，工作日出车率高于节假日出车率，其中工作日出车率为 51.2%，节假日出车率为 47.4%。受天气和假期的影响，冬季车辆工作日使用频率高于其他月，1 月工作日出车率最高，达 53.3%；10 月工作日出车率最低，为 48.4%[1]。

较高的小汽车出行率给交通带来了严重压力。不仅北京市如此，全国各大城市的基本状况也大多如此。交通总需求的大幅增加，尤其是小汽车出行占据较高的比例，给城市带来一系列问题，如小汽车大量使用而带来的环境问题和能源问题、堵车带来的效率问题、停车位需求带来的城市规划问题等。目前，电动自行车由于出行便捷，在较短距离通勤中越来越受欢迎。

## 7.2　堵车的环境代价

城市交通系统运行不畅，会造成严重的堵车。例如，在北京不足 5 km 的路程，高峰期时开车需要一个多小时才能通过。堵车时，汽车车速极低，发动机低速运转或怠速运转，会给环境造成严重污染。主要有以下原因。

（1）堵车使得车辆通过一定距离的时间大幅增加，车辆运行时间增长。

（2）由于怠速运转，单位行驶距离排气污染物的排放量比较大，HC 排放及 CO 排放尤为突出。

（3）发动机低速运转或怠速运转情况下，尾气温度较低，后处理器的效率过低。

英国交通部 2020 年基于伦敦地区的汽车怠速排放情况，统计得出了不同类型的汽车怠速排放因子，用来表征车辆在道路上怠速时，单位时间内的污染物排放量。排放因子主要包含 $CO_2$ 和 $NO_x$ 排放。表 7.3 所示为不同类型的汽车怠速情况下的排放因子。

**表 7.3　英国伦敦地区汽车的怠速排放因子[2]**　　$g \cdot min^{-1}$

| 污染物 | 汽油小轿车 | 柴油小轿车 | 柴油房车 | 汽油 SUV | 柴油 SUV | 轻型柴油货车 | 重型柴油货车 |
|---|---|---|---|---|---|---|---|
| $CO_2$ | 19.13 | 10.11 | 17.60 | 21.49 | 30.28 | 27.77 | 68.64 |
| $NO_x$ | 0.01 | 0.05 | 0.04 | 0 | 0.07 | 0.02 | 0.09 |

从表 7.3 中可以看出，汽车的怠速排放量很高。如果大量汽车长时间处于

怠速状态，则对环境的影响将极为显著。所以大规模堵车会给城市大气环境带来严重的污染。柴油小轿车和重型柴油货车相比，柴油小轿车的发动机功率远小于柴油重型货车的发动机功率，导致柴油小轿车的 $NO_x$ 排放量比例型柴油货车低很多。表 7.3 说明构建良好的城市交通系统，使车辆维持良好的运行状况，对于降低汽车排放，保护空气质量具有重要的意义。

不仅如此，汽车的百公里油耗也和车速有很大关系，当城市交通不畅，车速很低时，汽车油耗也会大幅攀升，如图 7.1 所示，当车速过高时，油耗也会显著提高。

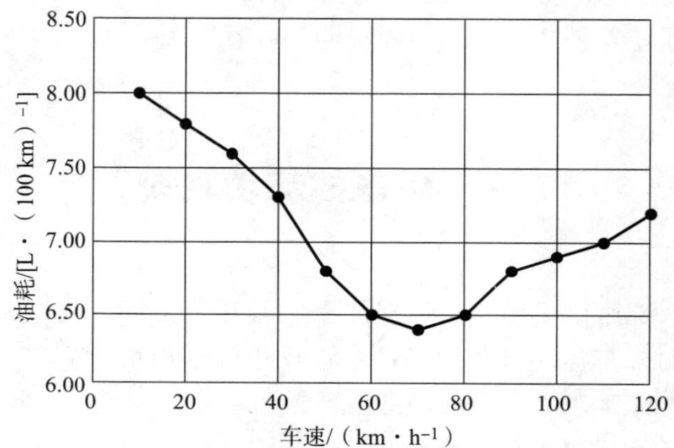


**图 7.1　汽车百公里油耗和车速的关系**

其他研究机构也可以得出类似图 7.1 的结论，如根据日本汽车研究所的研究，汽车车速在 60 ~ 80 km/h 时，燃油经济性最好，油耗最低。改善交通状况可以在很大程度上降低油耗，从而降低汽车的碳排放量。

## 7.3　构建良好交通以降低汽车排放[3]

随着经济的发展，城市的交通需求总量不断增加。如果只是通过增加道路，提高道路标准等措施满足社会不断增加的交通需求，道路建设的速度可能很难赶上社会发展的速度。国内一些特大型城市的发展也证明了以上观点。一方面，城市道路建设的速度很快，规模很大；另一方面，随着道路建设的加快，新增汽车数量增加，交通需求不断增加，城市中的堵车问题日益严重，车辆总行驶里程大幅增加，环境污染问题也将随之加重。

车辆排放控制技术的进步使得单车排放大幅降低。目前，该技术已经发展到相对成熟阶段，要使汽车排放在现有基础上有微小的降低都要花费很大的代价。与此同时，汽车的保有量基数较大，所以从这个角度来考虑，必须采取控制交通需求的措施，在保证个人出行需求的同时保持良好的空气质量。

只有在加强道路建设的同时，引导、限制交通需求，才能从根本上改善城市交通，降低城市汽车排气污染物总量。

控制交通需求，首先要从源头出发，将城市的用地规划与交通规划相结合。城市地区土地使用性质的变化会引起地区出行的变化，而交通运输系统、交通政策或交通规划的改变也会改变土地的使用需求。以北京市为例，四环路建设完毕之后，环路附近立刻涌现大量住宅小区，而且价格比较高；而在兴建四环路之前，此处鲜有楼盘，即使有，价格也比较低。这说明交通系统的变化会改变土地的使用需求。四环路附近涌现的大量住宅小区，使环线附近的交通量大幅增加，四环路和三环路之间经常出现严重堵车。这反映了土地使用的变化引起地区出行量的改变。

只有将城市用地规划和交通规划结合考虑，才能有效控制交通需求总量，构建良好的交通系统，创造宜居的城市环境。在进行城市规划时，要通过研发准确的计算模型，利用先进的计算机模拟技术，对土地和交通规划可能产生的交通需求及环境影响进行预测。还需要参考世界各地在城市土地利用与城市交通方面结合得比较成功的案例，慎重对城市进行土地使用规划和交通规划。

在进行城市道路规划时，可以尝试对道路车辆的污染物排放量及污染物沿道路附近的扩散进行计算模拟，对兴建道路可能产生的环境影响进行评估。

在对城市进行良好规划后，还可以从交通管理的角度出发，采取一些控制交通需求的具体政策或措施，如改善公共交通系统、采取柔性上下班时间、科学停车管理及适当的道路通行收费等。

改善公共交通系统的措施包括提高公交系统的速度、改善乘车环境，以及更为合理的公交站点分布。提高公交系统的速度常用的措施有提高轨道交通在城市交通系统中所占的比例；建立封闭运行的大容量公共汽车交通系统；规划公交专用车道；使用品质良好的公交车辆。改善乘车环境的措施有提高管理水平，做好科学调度，避免公交车辆人员的过度拥挤；提高司乘人员的服务质量，保持车厢整洁、卫生等。公交站点的分布规划是一项复杂的工作，只有公交站点分布更为合理，才能使多数市民的办公室和家庭与公交车站的步行距离更近，从而使市民的出行更加便利。

公共交通系统得到改善后，更多的人选择使用公共交通出行，城市中的汽车总行驶里程下降，汽车总排放量也随之降低。

采取柔性上下班时间，对缓解特大型城市交通压力也是很好的办法。具体措施包括大企业休息日调整，如部分大公司可以将其休息日调整到星期一、星期二或其他工作日，对缓解工作日上下班高峰有一定作用；上下班时刻调整，如部分单位8：30上班，部分单位9：00上班，部分单位9：30上班等，下班时间也采用相应调整办法，对降低高峰时段交通流量可能有一定作用。但是实行此类措施需要慎重，要充分征求公众意见，避免对市民生活造成太大冲击。

进行科学的停车管理对降低城市中心的交通流量也有一定作用。可以在城市中心为进城车辆提供有限停车位，且提高停车收费的价格。停车费要提高到如下水平：使多数上班族放弃开车去城市中心区上班的想法。适当的道路通行收费也是控制交通需求的有效措施之一。在某些特定路段收取一定的费用，避免该路段车流过大，促使人们更多选择公共交通工具通过。这样的收费同样需要慎重，修缮道路的资金本就来自纳税人，故应该尊重纳税人的意见。有的国家已经提出了“拥堵收费”的概念。

拥堵收费是一项基于市场策略的措施，其方法就是对某些路段在高峰时段收费，或者在高峰时段提高收费价格。这种措施的具体实施可以参考航空公司，旺季的机票总比淡季的机票贵很多。在高峰时段收费或提高收费价格，有利于促进人们使用公共交通或采取小汽车共乘等措施，减少特定区域汽车的总行驶里程，从而降低排放量。

拥堵收费是根据地点、时间或乘员数量改变费率从而降低交通量的一种措施。根据地点改变费率是指只有拥挤的道路才收费，堵车越厉害的路段收费越高。根据时间改变费率是指只在高峰时段收费，或在高峰时段提高收费价格。根据乘员数量改变费率是指车内乘客数越多费率越低，公共交通可以不收费，单人乘车费率较高，多人乘车费率较低。这些收费措施是通过收费促使人们改变出行方式，如避开高峰时段，避开拥堵路段，采用公共交通、小汽车共乘、骑自行车及步行等其他出行方式，从而达到减少拥堵和提高空气质量的目的。

拥堵收费鼓励驾车者考虑是否采用公共交通及小汽车共乘，鼓励驾车者步行或骑自行车出行；鼓励驾车者考虑是否采用别的驾车路线，或者改变出行时间。

拥堵收费通过收费减少特定区域的车辆总行驶里程，并提高特定路段的车流速度。汽车行驶里程减少会降低特定区域的污染物总排放量。

除减少拥堵和提高空气质量外，拥堵收费还会带来其他效益，如减少燃油和润滑油的消耗量。

对于一个城市，具体采取什么样的政策或措施管理交通，要根据城市的实际情况而定。在实施有关政策之前，一定要做好细致的调研与科学的论证。

# 7.4　智能交通系统

信息技术的发展为交通运输行业带来了各种机遇，智能交通系统（ITS）便是其中最典型、最活跃和最具潜力的，全面应用信息技术的交通运输发展领域。ITS就是信息技术（主要是计算机、通信和感应技术）在交通运输系统中的应用，其目标是强化对公路、城市道路、公共交通和轨道交通设施的管理，以便实现更安全、更便捷、更有效、与环境更协调的客货运。ITS目前在世界上受到普遍重视。

ITS不要求建设更多的道路设施和限制道路车辆数量。相反，ITS通过应用新的通信、监控和计算机技术来改善交通系统，减轻建设新道路的需要。它要求各级政府部门和有关企业的专业职能，从大规模的基础设施建设与维护转向为道路交通设施的使用者提供更优质的服务。

ITS可以在旅客、车辆和道路基础设施之间建立信息连接，使人或者货物能够更安全、更有效地移动。智能交通系统通过在交通系统中应用现代计算机和通信技术，达到提高交通效率、提高安全性、提高空气质量和提高生产力的目的。表7.4所示为美国ITS的基本构成。

**表7.4　美国ITS的基本构成[4,5]**

| 功能类别 | 内容 |
| --- | --- |
| 出行与交通管理 | （1）在途驾驶员信息服务；（2）路径导引服务；（3）出行车辆信息服务；（4）交通控制；（5）事故管理；（6）旅行需求管理；（7）排放测试与污染防治；（8）公路铁路交叉口管理 |
| 出行需求管理 | （1）出行前信息服务；（2）出乘匹配和预订服务；（3）需求管理和运筹 |
| 公共交通管理 | （1）公共交通管理；（2）途中换乘信息服务；（3）个性化的公交运输；（4）公共交通安全服务 |
| 商用车辆运营 | （1）商用车辆电子通关系统；（2）自动化的路侧安全检测；（3）车载安全监控系统；（4）商用车辆管理系统；（5）商用货物运输管理 |
| 电子收费 | 电子收费系统 |
| 事故管理 | （1）事故通知与人员安全；（2）事故车辆管理 |
| 车辆控制和安全系统 | （1）纵向避撞防护；（2）横向避撞防护；（3）道路交叉口避撞；（4）视觉强化避撞；（5）快速恢复安全状态；（6）发动机防撞装置；（7）自动车辆运营；（8）智能控制 |

ITS 的主要服务及功能是收集和传播有关交通状况和旅行时刻表，帮助要出行的旅客和在旅途中的旅客提供帮助；通过减少交通事故、快速排除交通事故、及时改变交通线路和自动收费来减少交通拥堵；通过自动跟踪、自动派遣及其他系统提高公交系统的效率；通过车辆导航系统帮助驾车者到达目的地；通过降低费用、改进服务来改善大气环境，公众和政府都可以从中受益。

一个地区的交通系统对当地的空气质量有很大影响。该地区应用 ITS 的方式决定了 ITS 对空气质量影响的方式和影响大小。

在短期内，应用 ITS 技术不仅可以提高拥堵路段的车速和交通容量，也可以降低排气污染物。但是过高的车速也会导致排放量的增加。

所以，必须审慎地应用 ITS 技术降低汽车排放总量，必须选择应用可以提高空气质量的 ITS 技术，通过改善公共交通系统和采取其他措施，在减少拥堵的同时不增加交通流量，以此达到降低汽车排放总量的目的。

日本采用 ITS 降低燃油消耗和排放的效果显著。根据日本交通运输省的统计数据，ITS 中的车辆导航设备和交通信息服务，每年可减少燃油消耗 10.7 亿 L，相当于每辆车每年节省燃油约 15 L。根据日本国土交通省发布的数据，ITS 中的车辆信息交换，以及交通拥挤和交通延误缓解措施，每年可减少 48 万 t 的 $CO_2$ 排放量。

## 7.5 国外城市的经验

国外一些国家由于比中国更早面对汽车带来的环境、能源及交通问题，积累了一些成功的经验，虽然这些经验未必完全适用于中国，但是在探索汽车保有量高速增长的背景下，对于城市的可持续发展具有重要意义。

### 7.5.1 新加坡的举措

新加坡的土地面积只有 735.2 $km^2$，人口约 604 万，是东南亚地区人口密度最大的国家之一。但是新加坡却以其繁荣的经济、良好的环境、健全发达的交通路网和运输系统，成为世界闻名的“花园之国”。

新加坡有良好的交通，首先得益于其良好的城市规划。1967 年，在联合国开发计划署（UNDP）的帮助下，新加坡制定了相关的国家及城市发展计划。其最终转化为国家总体规划，具备法律效力并由国家发展部以立法形式推动执行。50 余年的实践证明，新加坡国家总体规划体系使新加坡有效地避免了都市过度发展和基础建设投资不足的问题，是新加坡获得健康持续发展的有力保证。由此可见，良好的城市规划是取得交通健康持续发展的有力保证[6]。

新加坡的交通发展策略主要基于以下4方面。

(1) 整合土地规划和交通规划以充分提高土地利用效率，减少路网建设的盲目性和冗余度。新加坡对土地使用控制相当严格。所有土地被划分为927个小区域，在每一区域内进行详细的土地规划。在进行指定区域的规划时，当总体设计完成后，要对设计中的交通规划部分进行评估和测试，通过大型仿真软件模拟未来交通状况来确定交通设计的容量和分布是否合理，并根据这些信息完成或者重新修改总体设计。

(2) 建立完整有效的道路交通网络，包括普通道路、城市快速路、地铁系统、轻轨系统等，以城市快速路为主干、以普通道路为支线的道路交通路网系统。道路交通网络的效率将通过使用先进的ITS来得到进一步的提高。

(3) 发展以公共交通为导向的交通系统。新加坡作为一个各种资源都极度缺乏的城邦国家，汽车化的道路是注定走不通的，唯一可行的解决方案就是推广公共交通。在公共交通的总体目标上，新加坡力求实现门对门交通和无缝交通，以减少公共交通与私人交通在方便性上的差距。门对门交通和无缝交通是指将各种城市活动（如工作、购物用公交系统）紧密连接起来，将用户在不同交通工具间转换时所需的步行距离控制在合理的范围内，从而使公交系统也具有方便性和快捷性。新加坡的地铁线路与公交车相连，可以提供从各个组屋住宅区（政府出资兴建的大型高层居民住宅楼群）到市区、商业中心及各个旅游景点的快捷交通服务。每个地铁站也是多条公交车线路的转换站，而且这些站点通常都建有人行通道，与附近的组屋住宅区相连，还搭有抵御日晒雨淋的顶棚。

(4) 通过交通需求管理限制私人汽车和中心商务区道路资源的使用，促使出行人选择公共交通系统，从而达到节约资源、提高效率的目的。

新加坡在控制交通需求方面有一些独特的做法。新加坡通过车辆配额系统与电子道路收费系统两种主要方式对交通需求进行管制。

早在20世纪60年代末，新加坡就开始通过税收来调控车辆配额。1968年，新加坡首次引入的机动车辆税收种类包括进口关税、注册费和额外注册费。车主还必须根据拥有的机动车辆的发动机大小支付道路使用年费。1975年，新加坡引入了优惠额外注册费制度，通过提供额外注册费的折扣鼓励车主更换旧车来降低道路损耗和空气污染。新加坡于1990年5月1日开始引入车辆配额系统。根据这一系统，购买新车（公共交通工具和其他特殊用途车辆除外）必须持有拥车证，而不同车辆的拥车证价格是由市场动态决定的。新加坡政府每年根据当前交通状况和道路容量公布本年度车辆增长率，即车辆配额。拥车证价格是通过每月进行电子投标来决定的。投标者（汽车的购买者或其代理）通过自动柜员机进行投标，需要根据所买车辆的价格缴纳50%的定金。所有中标者中的最低报价即为该月的拥车证价格；同时，所有中标者均需要按照该价格支付拥车证收费，但是企业用车需要支付同类型车的双倍价格。每个拥车证可以在6个月之内注册一辆新车，从注册日期开始有效期为10年（出租车为7年）。当拥车证用满10年之后，车主如果要继续使用原来的汽车，必须根据最近3个月拥车证的平均价格额外购买5年或10年期限的拥车证。

1975年，新加坡开始实施地区通行证制度，用于调节道路拥挤状况，这是第一个人工道路收费系统。1996年6月，道路收费制度在东海岸路实施。根据这两个系统，用户必须以按日或按月购买的形式进行注册才可以获得用路权，有专人在限制使用的道路入口进行检查。鉴于地区通行证制度和道路收费制度采用人工操作，效率和覆盖面积都受到很大限制，新加坡陆路交通管理局于1998年4月实施了电子道路收费系统。新加坡是世界上第一个大范围通过实施电子收费来降低高峰时段交通拥挤的国家。一旦用户在规定时段进入CBD，电子道路收费系统收费处会在用户通过时，根据车辆种类自动从安装于车辆内的现金卡中扣除应付费用。事实上，电子道路收费系统是专门的、小范围无线电信息系统（DSRC），主要由三部分组成，即带现金卡的车载单元（IU）、电子道路收费系统显示牌（控制点）及控制中心。在IU的数据库中，每个IU号同其所在车牌号对应，IU上有一个槽用来从接触式现金卡上支付费用，该卡由当地银行组成的专门机构发行和管理。基本上，电子道路收费系统在CBD路段和容易发生堵塞的高速公路上实施，以防止该地区的道路出现过载现象。实施电子道路收费系统的前提条件是在车辆上安装电子道路收费系统计费系统。除消防车、警车和救护车不用安装IU设备外，其他车辆都要根据不同的收费标准，选用不同的IU设备。

2011年，新加坡实行总人口和其住宅目的地转型，该转型的一个核心策略是更细致地规划在当地需求较强的区域和商业中心的多样化用地，以减少通勤距离和通勤时间。2015年推出“汽车限量”政策，计划每年最多增加0.25%的拥车证，汽车拥有者只能选择延长车牌的使用期或者售卖交易车辆。2019年，新加坡开始使用LTA（陆路交通管理局）单一平台，通过创新科技开发或者现有应用实现多个现有系统的集成，从而为市民提供更高效、综合性的运输服务。

新加坡采用的一系列政策取得了良好的效果，对于中国来说具有一定的借鉴意义。但是新加坡的实际情况和中国的一些特大型城市的实际情况有一定的差别，新加坡的规模毕竟不大，有些措施不能照搬。

## 7.5.2　英国伦敦的特点

作为世界著名都市，英国伦敦人口总数为 700 多万，地区总面积约为 1 579 $km^2$。伦敦市交通的一些特点和做法同样值得借鉴。

伦敦公共交通的重要特点是其地铁系统在城市交通中占有很大比例。伦敦是地铁的发源地，伦敦已经建成总长 408 km 的地铁网，其中 160 km 在地下，共有 12 条线路、275 个运作中的车站，每日载客量平均高达 304 万人。伦敦地铁在总里程和车站数量居于世界大城市前列。由于运营调度良好，伦敦地铁在交通高峰时段的班次仅相隔 1 min，比较便捷。伦敦地铁与火车站、机场连为一体。伦敦希思罗机场和所有火车站大厅中都有地铁进出通道，再加上许多地铁站设有汽车自动停车场，因此，伦敦居民出行非常方便。伦敦地铁全面采用自动售票和检票系统，车票分为单程、往返、日票、周票、周末票、月票和年票等诸多种类，票价则根据区间和时段不同而有所差别，高峰时段的票价要贵些。但是伦敦地铁也面临着挑战，如早年建造的车站已显破旧，通风不良，但地铁在伦敦公交系统中的主力军地位并未因此而削弱。

2003 年，伦敦市一项交通管理政策让全球瞩目。2003 年 2 月 17 日，伦敦开始正式实行拥堵收费政策。收费的目的是使市中心的交通流量减少 10% ~ 15%。在固定时间段对进入伦敦市中心区的车辆实行交通收费管制，以此控制交通流量，改善出行结构，促使部分居民放弃使用小汽车，降低中心城区的交通拥挤。不交费者会被路边的摄像装置记录下来，每天处罚款 80 英镑。这是除新加坡和奥斯陆等收取入城费的城市之外，迄今为止世界上最大型的交通收费方案之一。该方案每年可收费达两亿多美元，伦敦市政府用这笔钱来改善城市交通特别是城市公共交通[7]。

伦敦拥堵收费政策发展历程主要包括以下几个阶段。

1999 年，伦敦政府着手制定拥堵收费计划，旨在缓解城市交通拥堵，节约公共资源和提高环境质量，同时也尝试以此应对恶劣的气候状况。

2001 年，经过两年的规划，伦敦政府正式推出了拥堵收费计划，所有驾驶员都必须为进入市中心的行驶付费。

2003 年，拥堵收费计划在伦敦市中心开始试点，其基本思想是在高峰时段对进入市中心的车辆收费，推广公共交通，鼓励市民采用步行或者骑自行车等绿色出行方式，以减缓交通拥堵。

2005 年，拥堵收费计划正式开始运营，车辆进入市中心的司机需要在收费站支付费用，前提是必须在之前向政府注册车辆信息。

2007 年，拥堵收费计划进一步扩大面积，覆盖范围为 14 $km^2$，甚至涵盖了一些郊区地区。

2020 年，尽管近年来反对声音逐渐增多，但是伦敦政府扩大了拥堵收费的面积，收费也从周一至周五和早晚高峰时段变为 24 h 不间断。

伦敦拥堵收费政策的详细内容如下。

（1）收费标准：收费标准分为两种，分别是周一至周五 7：00—10：00 和 16：00—19：00 的高峰期和其他时间的非高峰期。非高峰期的收费标准为 11.50 英镑，高峰期的收费标准为 15 英镑。

（2）收费范围：收费区域包括伦敦市中心（T－Charge 覆盖区）及其他部分区域。

（3）免收对象：免收拥堵费的对象包括特定的 LEV、配送车辆、残疾人士、红十字会急救车辆、警车、消防车、救护车及某些特定的政府部门服务车辆。

（4）收费方式：车主可以通过网站、手机应用程序、邮寄等方式及各种实体销售点进行预付费。进入收费区域时，车主的车牌号可通过视频监控系统自动识别，被收费站点收录并自动扣费。

（5）惩罚机制：未支付拥堵费用或支付费用不足的车主，将会收到违规通知单，罚款金额为每次 130 英镑。

伦敦拥堵收费政策的实施带来了显著的成效。根据伦敦市政府公布的数据，自拥堵收费政策实施以来，进入收费区域的车辆数量从每天 40 万辆降至每天 20 万辆，进入收费区域的车辆数量减少了 50% 以上；同时，交通速度也得到明显提升，显著缓解了交通拥堵。

另外，英国高昂的燃油税也是限制汽车使用的重要措施之一。

### 7.5.3 美国的经验

美国缓解交通拥堵的法规和政策可以追溯到 20 世纪 70 年代初，最早是以美国加州洛杉矶为主导，当时洛杉矶经历了一段长时间的交通拥堵和城市环境质量下降的情况，该情况对市民的日常生活产生了很大不便，对当地经济和社会发展也产生了很大的影响。因此，洛杉矶政府开始积极制定和实施缓解交通拥堵的法规政策。

在此之后，美国各州和城市也陆续制定了具体的法规和政策缓解交通拥堵，其中一些关键措施如下。

（1）构建智能交通系统：从 20 世纪 90 年代开始，美国开始在很多城市构建ITS，使用信息技术和通信技术对道路、交通灯、车流等数据进行监控和分析，从而优化交通流量，提高道路利用率。

（2）实施高速公路多乘员车（HOV）车道：在拥有很高车流量的公路上，规划一些专门的高速公路HOV车道，只允许有至少两名乘客乘坐的车辆使用，以此来鼓励市民多人拼车，减少车辆使用量。

（3）实施道路收费：像美国洛杉矶、圣迭戈、旧金山等地，都采用道路收费系统，车辆驶入特定区域或路段时需要支付费用，以此来减少车辆数量、鼓励绿色出行和提高交通效率。

（4）建设轨道交通系统：像芝加哥、纽约、旧金山等地，实施了轻轨、地铁等公共交通系统，以此来鼓励市民选择公共出行方式，降低车辆使用量和交通拥堵问题。

总而言之，美国缓解交通拥堵的法规和政策有了近50年的发展历程，在经过不断尝试和不断改进后，这些法规和政策有效地减轻了交通拥堵并提高了城市环境质量，但还需要不断进行完善和升级才能更好地服务市民和社会。

华盛顿作为美国的首都，在多年以前，城市格局和街道划分就已经基本固定。这些年来，城市格局发生的变化较小。虽然华盛顿市区的居民不多，但是作为政治和文化中心，每天有数十万人开车涌入这块面积不大的地方上班，还有很多游客到此旅游。近几十年来，华盛顿入城道路并未增加，市内也没有道路拓宽改造工程，但路面交通情况却比较乐观，其中一些做法值得借鉴。

美国政府和大公司的雇员住在华盛顿市内的比较少，绝大部分住在包围着华盛顿的弗吉尼亚州北部和马里兰州南部地区。每天早上大量汽车涌入市区，而到傍晚下班时间又大量涌出市区，形成进出城区两大高峰。为此，美国交通部门采取灵活变动车道的方法来疏通车流。比如，有的道路在早上上班属于高峰期，通过改变交通标志，将6车道中5个车道改为进城车道，只留1个出城车道。到了晚上则相反，5个车道供出城车辆使用，只有1个车道可以进城。在几条快速公路汇合的进城点——波托马克河上的罗斯福大桥上，专门有工程车，通过每天早晚移动中间的水泥隔离墩来调整进出城车道的设置工作，灵活有效地缓解了高峰时期的交通压力。

美国纽约也采取了与华盛顿类似的做法。纽约市的金融、商业、娱乐中心及市政府的有关部门均集中在曼哈顿岛上，每天出入曼哈顿通勤、办事、旅游、购物的人构成了纽约交通的主体，而出入曼哈顿岛的几座桥梁和隧道往往成为交通瓶颈。为了缓解交通堵塞的状况，疏导早晨上班的车流，在上班高峰期，纽约交管当局将连接曼哈顿和周围几个区的桥梁和隧道的上下行车道都改为进岛的通道。同时，为鼓励市民搭车出行，减少车流量，规定这些通道仅供有两名或两名以上乘员的车辆使用，还在高峰时段禁止单人驾驶的车辆使用进岛的某些桥梁和隧道。这些措施最大限度地利用了现有的交通设施，加快了瓶颈地段的交通流速，缓解了交通堵塞。

### 7.5.4 日本东京的成功案例

早期日本东京的交通拥堵状况也令人担忧，但是东京市政府意识到拥堵的严重性，从20世纪中叶着手治理交通拥堵[8]。东京治理交通拥堵的发展历程可以分为以下几个阶段。

（1）20世纪60年代初至20世纪80年代末期：20世纪60年代，东京的经济蓬勃发展，私家车数量不断增加，交通拥堵现象逐渐严重。在这个时期，东京市政府采取了一系列措施来解决交通拥堵问题，包括扩建道路、建立停车场、设立交通事故处理中心等，同时推广公共交通，鼓励市民使用地铁和公共汽车等交通方式。

（2）20世纪90年代初至21年世纪初：东京市政府重新采取了一系列措施，以应对日益加剧的交通拥堵。东京市政府制定了严格的交通规则、修建了高速公路、设立了限制单日车流量的规定和交通拥堵绕行路线，同时加强了对违法停车和违规行驶的打击。东京市政府还鼓励企业采取弹性工作时间和远程办公等政策，以减少市民上下班高峰期的出行量。

（3）自21世纪初起，东京市政府进一步推行绿色出行政策，促进更多的市民采用步行、骑自行车或轨道交通等低碳出行方式。同时，还推广智能交通服务，包括在线路况提示、电子缴费、智能公交等工具，以提高市民使用公共交通的满意度。此外，东京市政府还大规模建设立体停车场和地下车库，方便市民自驾车停放。

总而言之，东京治理交通拥堵的发展历程是一个不断完善和创新的过程。东京市政府采取了多种手段，包括制定政策和法规、改善交通设施、鼓励高效低碳出行等，以缓解交通拥堵问题，提高城市出行效率。

日本东京都市圈人口总数约为3 700万，是全球人口密度最高的城市。相比之下，中国上海都市圈人口总数约为2 400万。虽然东京的面积只有上海的1/3，但是其机动车保有量已经超过上海，达近400万辆。尽管道路并非总是畅通无阻，但是相较于其他城市，东京的交通状况更为通畅，这主要归功于东京城市的精细管理。

首先，针对很多商铺的配送货车进行统一管理和配送，避免了大量配送车辆每天停留在小店门口占据道路的问题。另外，成立专门的机构来研究道路的临时维修及其对周边交通的影响，以便对其进行科学准确的分析和调整。这些措施减轻了人类活动对交通的影响。

其次，东京的地铁线路非常发达，覆盖了整个城市，同时还有大量的公交车、有轨电车、高速公路等，形成了庞大的公共交通系统。这使市民的出行更方便、快捷，减少了私家车的使用。东京地铁线路采用环线和交叉线混合的设计方式，使进行中转和换乘变得方便、快捷。此外，地铁站的出口也被设计成尽量靠近市民出行需求的地点，方便市民出行。

再次，东京市民在行车过程中非常遵守交通法规，特别是在人行道、公园等人流密集区域，市民一般选择步行或自行车出行，不会使用车辆。

最后，东京在解决停车难问题上非常成功。对比数据为：同样大小的地块面积，在其他城市可以停放 300 辆车，在东京可以停放 900 辆车。停车场所的设计和立体停车场的大规模运用，使很多汽车可以在正规的场所停放。

## 7.6　参考文献

[1] 北京综合交通发展研究院. 北京交通发展报告 [M]. 北京：社会科学文献出版社，2021.

[2] BARLOW T, CAIRNS O. Idling Action Research - Review of Emissions Data [J]. 2020, 441 - 447.

[3] 魏名山. 汽车与环境 [M]. 北京：化学工业出版社，2004.

[4] 曾红莲. 美国智能交通系统的研究与应用 [J]. 交通科技与经济，2002 (1)：39 - 41.

[5] 易汉文. 美国智能交通 10 年发展规划 [J]. 国外城市规划，2002 (4)：40 - 44.

[6] 王辑宪. 国外城市土地利用与交通一体规划的方法与实践 [J]. 国外城市规划，2001 (1)：5 - 9.

[7] 马祖琦. 伦敦中心区“交通拥挤收费政策”——背景、经验与启示. 国外城市规划 [J]. 2004 (1)：42 - 45. 注意，这里连接号是断开的，输入法问题，其实用破折号

[8] 冯晓，郭大忠，陈才倜. 良好的城市交通：概念与途径 [J]. 重庆交通学院学报，1999 (2)：61 - 66.

第 8 章

# 全面看待汽车造成的环境问题

LCA 是对某种产品、生产工艺及活动对环境的压力进行评价的客观过程。汽车 LCA 的本质是检查、识别和评估某种材料、过程、产品或系统在整个生命周期中的环境影响。只有进行 LCA，才能够全面、客观、正确地反映汽车对环境的影响。

## 8.1 从全生命周期评价汽车对环境的影响

对于汽车，不仅在使用过程中会排放有害气体，在制造过程和原材料生产过程中都会排放有害气体，甚至其他阶段的有害排放可能高于汽车行驶过程中的有害排放。所以在评价一辆汽车是否环保时，如果只着眼于从汽车排气管排出的废气，难免会有些片面。

在评价汽车的环保性时，必须以全局的眼光分析汽车生产、运输及使用过程中可能涉及的各个层面。即要从汽车的全生命周期对汽车的环保性做出评估。从全生命周期的角度评价汽车的环保性，是对汽车最为全面的环境评价，包括汽车生产阶段和服务阶段等各个阶段。全生命周期的环保评价从原材料提取开始，包含汽车生产、包装、销售、用户使用、报废回收的整个过程。目前也有国际标准对全生命周期的环境评价做出详细的规定。全生命周期的环境评价是对汽车环保性较为合理的评价。

以全生命周期的眼光看待问题，不难发现汽车涉及的环境问题至少包括以下几项。

（1）与汽油车、柴油车或其他类型汽车燃料涉及的原油开采、原油运输、汽柴油或其他油料的炼制加工、成品油运输等过程有关的有害气体排放、水污染、土壤污染。

（2）汽车上使用材料（如钢材、玻璃、橡胶等）在制造过程中涉及的有害气体排放、水污染、土壤污染。

（3）汽车制造过程（如零部件制造、汽车组装、汽车表面上漆等）涉及的有害气体排放、水污染、土壤污染。

（4）汽车在使用过程中涉及的有害气体排放及可能的其他污染。

（5）报废汽车处理及回收过程中涉及的有害气体排放、水污染、土壤污染。尤其是电动汽车更换下来的废旧电池中含有大量的重金属，回收处置不当将造成环境的严重污染。

1969 年，LCA 的相关方法由美国可口可乐公司第一次使用，其在评估产品包装的资源消耗和环境影响方面发挥了关键作用。直到 20 世纪 90 年代，LCA 方法的概念才第一次正式出现。随后，LCA 被国际标准化组织（ISO）作为一项重要内容加入环境管理标准体系（ISO 14000）。

20 世纪 60 年代以来，汽车行业已经开始研究汽车全生命周期的环境影响问题。之后，一些国际标准组织和政府机构也陆续推出了多项标准和指南，如欧盟的《汽车废弃物指令》、ISO 14040/14044 等。随着社会环境保护意识的不断提高，汽车 LCA 的研究和应用逐渐扩大和深入。大量的研究成果表明，汽车设计、生产、使用、回收和处置等多个阶段对环境和社会都会造成不同程度的影响。因此，进行汽车 LCA 可以为产业的可持续发展提供重要支持。

在中国，LCA 的概念出现较早，最早可追溯至 20 世纪 90 年代中期，但中国有关 LCA 的研究起步却较晚。虽然与发达国家相比还存在一定差距，我国 LCA 的研究也取得了一些相当有价值的成果。近些年，随着经济和产业的飞速发展，针对各产品部门的 LCA 研究在广泛展开，LCA 数据库的编制和开发工作也在有序进行。

油井到油泵（WTP）阶段和整个油井到车轮（WTW）阶段，传统内燃机汽车、混合动力汽车、纯电动汽车的单位行驶里程（100 km）能源消费强度计算结果如表 8.1 所示。在 WTP 阶段，纯电动汽车单位行驶里程的能源消费强度最高，而混合动力汽车相比于传统内燃机汽车，单位行驶里程的能源消费强度略微下降。然而，整个 WTW 阶段，在我国目前的电力结构和技术水平条件下，电动汽车在全生命周期内消耗的能源总量远低于传统内燃机汽车，混合动力汽车略低于传统内燃机汽车。电动汽车的节能效果与电力结构紧密相关，随着太阳能、风能等非化石能源在电力结构中的占比不断提升，电动汽车的节能效果将会越来越明显。

表 8.1 传统内燃机汽车与新能源汽车能耗对比[1] MJ·(100 km)$^{-1}$

| 能源种类 | 大众朗逸（内燃机） | | 丰田 Prius（混动） | | 比亚迪 e5（电动） | |
|---|---|---|---|---|---|---|
| | WTP | WTW | WTP | WTW | WTP | WTW |
| 总能耗 | 59 | 304 | 54 | 292 | 92 | 176 |
| 化石燃料 | 284 | 284 | 242 | 273 | 137 | 164 |
| 煤 | 3.841 | 3.841 | 3.82 | 15 | 113 | 122 |
| 天然气 | 38 | 38 | 33 | 46 | 8.017 | 23 |
| 石油 | 243 | 243 | 205 | 211 | 16 | 19 |
| 可再生燃料 | 19 | 19 | 16 | 17 | 7.113 | 9.612 |
| 生物质燃料 | 18 | 18 | 15 | 15 | 0.002 79 | 0.077 53 |
| 核燃料 | 0.739 22 | 0.739 22 | 0.775 99 | 1.943 | 0.510 76 | 1.572 |

表 8.2 所示为三种不同类型汽车生产所用的主要原材料质量。由表 8.2 可以看出，这三种类型汽车生产过程中的钢材的消耗量最大，且纯电动汽车和混合动力汽车的消耗量远高于传统内燃机汽车。钢材生产是高耗能、高排放的过程。钢材生产是工业生产中十分重要的环节，但同时也会产生很多环境问题。钢材生产过程中会产生大量氧化铁粉尘和烟气，会严重影响周围环境和人们的健康。

表 8.2 三种不同类型汽车生产所用的主要原材料质量[2] kg·辆$^{-1}$

| 材料 | 传统内燃机汽车 | 纯电动汽车 | 混合动力汽车 |
|---|---|---|---|
| 钢材 | 1 089.4 | 1 375.3 | 1 414.8 |
| 铸铁 | 95.4 | 123.5 | 124.5 |
| 铝材 | 74.5 | 108.2 | 109.7 |
| 铜 | 56.7 | 89.9 | 98.0 |
| 玻璃 | 46.7 | 78.5 | 78.5 |
| 塑料 | 189.5 | 198.8 | 198.7 |
| 橡胶 | 54.3 | 54.3 | 54.3 |
| 油漆 | 34.5 | 34.5 | 34.5 |
| 合计 | 1 641 | 2 063 | 2 113 |

塑料是汽车生产过程中重要的原材料。汽车中塑料制品的制造和使用过程都会产生一定的环境污染。汽车生产和使用过程中需要车身、内饰、电气和电子部件、发动机和机械设备等大量塑料制品，大多数是不可回收的，这些过程中产生的废弃物将威胁环境和人类的健康。汽车塑料制品配件的生产需要大量

化学材料，如聚丙烯、聚氯乙烯、聚酰胺等，这些材料的生产和制造往往会造成严重的环境污染，产生大量的废气、废水和固体废弃物等。塑料制品在使用过程中可以通过热分解反应，释放出一些有害物质，如苯、酚、甲苯等有害气体，同时会释放包含氧化剂的塑料制品中的有毒物质（特别是 VOC）。汽车室内空气的主要污染物为车内饰品等各种塑料制品，塑料制品释放的有害物质具有强烈的致癌、致畸、致突变的特性。为了减少塑料制品造成的环境污染，各汽车制造商和科技公司正在努力推出创新技术，例如，设计可回收降解的新型塑料以减少废料排放和能够达到地球友好型的车辆、开发可以替代现有材料的、可生物降解塑料等，以减少对环境的污染，推进汽车工业的可持续发展。

汽车原材料生产过程中的能源消耗和排放因子如表 8.3 所示。锻铝、铸铝、塑料、聚丙烯生产过程中的总能耗和化石燃料能耗因子最高，均超过 100 MJ/kg；锻铝、铸铝、塑料、橡胶、聚丙烯生产过程中的污染物排放因子最高，且除 $CO_2$ 外，$CH_4$、$SO_2$ 和 CO 的排放因子最高。

**表 8.3　车辆主体单位材料生产的能源消耗和排放情况**[3]

| 原材料 | 总能耗/(MJ·kg$^{-1}$) | 化石燃料/(g·kg$^{-1}$) | $CH_4$ | $N_2O$ | $CO_2$ | GHG | VOC | CO | $NO_x$ | $PM_{10}$ | $PM_{2.5}$ | $SO_2$ |
|---|---|---|---|---|---|---|---|---|---|---|---|---|
| 钢 | 56.8 | 54.8 | 18.6 | 0.064 | 6 821 | 7 305 | 4.7 | 33.9 | 9.4 | 6.3 | 2.7 | 24.8 |
| 铁 | 17.6 | 17.4 | 4.5 | 0.14 | 1 209 | 1 327 | 2.2 | 1.06 | 2.2 | 2.0 | 0.91 | 5.2 |
| 锻铝 | 207.1 | 192.5 | 61.7 | 0.272 | 19 436 | 21 700 | 2.9 | 4.4 | 27.2 | 29.3 | 13.6 | 71.3 |
| 铸铝 | 221.3 | 206.1 | 66.7 | 0.289 | 20 588 | 23 015 | 3.1 | 4.8 | 29.0 | 30.7 | 14.3 | 74.6 |
| 铜 | 43.5 | 41.3 | 13.5 | 0.057 | 3 670 | 4 025 | 0.45 | 1.9 | 6.7 | 2.7 | 1.2 | 149.4 |
| 玻璃 | 21.8 | 21.4 | 7.0 | 0.014 | 1 954 | 2 134 | 0.12 | 0.47 | 3.2 | 1.3 | 0.72 | 5.8 |
| 塑料 | 114.8 | 110.5 | 43.5 | 0.244 | 6 478 | 7 640 | 1.17 | 6.6 | 12.3 | 4.9 | 1.8 | 33.5 |
| 橡胶 | 43.7 | 44.5 | 9.6 | 0.026 | 3 951 | 4 200 | 6.1 | 2.7 | 7.0 | 4.5 | 2.1 | 6.9 |
| 铅 | 13.7 | 13.1 | 7.5 | 0.012 | 877 | 1 068 | 1.9 | 0.57 | 1.55 | 5.5 | 2.6 | 32.3 |
| 硫酸 | 0.7 | 0.7 | 0.14 | 0.001 | 56 | 60 | 0.025 | 0.08 | 0.54 | 0.04 | 0.03 | 20.3 |
| 聚丙烯 | 94.7 | 92.3 | 44.5 | 0.061 | 3 639 | 4 771 | 1.25 | 8.1 | 8.0 | 2.3 | 0.91 | 33.1 |
| 玻璃纤维 | 22.4 | 21.8 | 3.56 | 0.017 | 2 027 | 2 122 | 0.13 | 1.8 | 14.8 | 1.0 | 0.57 | 13.5 |

图 8.1 所示为不同类型汽车全生命周期的碳排放量，从其中可知，在 2022 年，传统内燃机汽车、轻度混合动力汽车、燃料电池汽车全生命周期的

碳排放量最高，超过 200 g/km；纯电动汽车的碳排放量最低，约为 140 g/km。传统内燃机汽车、轻度混合动力汽车、混合动力汽车行驶过程中的主要能量来源于内燃机，故其燃料使用过程中的碳排放占比最高；对于纯电动汽车和燃料电池汽车，燃料生产过程的比例最大。与 2022 年相比，由于汽车相关技术的发展，2035 年汽车全生命周期碳排放量预计将显著下降，且燃料电池汽车和纯电动汽车的碳排放量下降的比例最为显著。

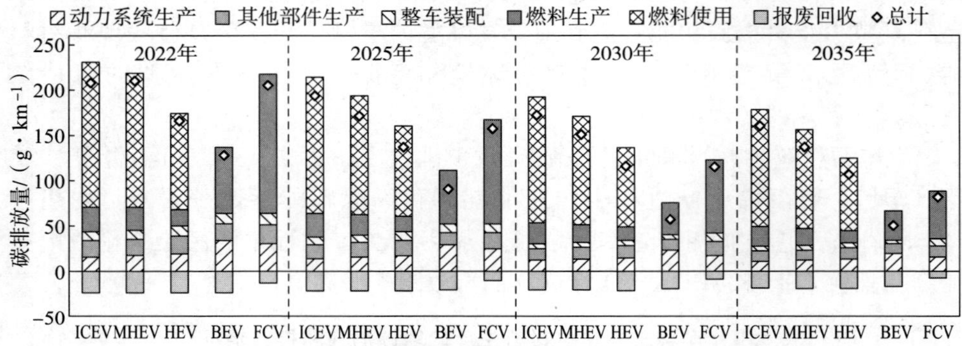


**图 8.1　不同类型汽车全生命周期的碳排放量**[4]

ICEV：传统内燃机汽车；MHEV：轻度混合动力汽车；HEV：混合动力汽车；
BEV：纯电动汽车；FCV：燃料电池汽车

表 8.4 对比了纯电动汽车和传统汽油车全生命周期不同阶段的能耗。纯电动汽车和传统汽油车能耗主要发生在使用阶段，且传统汽油车的能耗为纯电动汽车的 3 倍。在回收利用阶段，纯电动汽车的能耗低于传统汽油车。为了降低汽车全生命周期的能耗，从燃料使用阶段出发提高燃料使用率对于降低全生命周期能耗尤为重要。

**表 8.4　纯电动汽车和传统汽油车全生命周期不同阶段的能耗**[5]　MJ

| 生命周期阶段 | 纯电动汽车 | 传统汽油车 |
|---|---|---|
| 材料获取阶段 | $1.17\times10^5$ | $1.00\times10^5$ |
| 材料加工阶段 | $1.61\times10^4$ | $1.76\times10^4$ |
| 零部件加工制造阶段 | $1.22\times10^4$ | $1.27\times10^4$ |
| 整车装配阶段 | $1.20\times10^4$ | $1.20\times10^4$ |
| 使用阶段 | $5.21\times10^5$ | $1.86\times10^6$ |
| 回收利用阶段 | $-4.25\times10^4$ | $-3.22\times10^4$ |

## 8.2　全生命周期环境和经济效应计算软件介绍

汽车全生命周期分析软件可用于评估整个汽车生命周期内的环境、社会和经济影响。这些软件可以帮助汽车制造商、政府机构和其他利益相关者对汽车生产、使用和废弃对环境和社会的影响进行评估和对比。

以下是几种常见的汽车全生命周期分析软件。

（1）GaBi：由德国的 PE International 公司开发，适用于汽车制造商、零部件供应商和政府机构。它可以评估整车和其零部件的生命周期环境影响，包括生产、使用和废弃阶段。GaBi 内置全球最大的全生命周期数据集，包含超过 50 000 种产品和材料、8 000 多个生产过程的全生命周期数据记录，覆盖几乎所有的产业领域。GaBi 拥有高度灵活的模型定制功能及数据采集方式，可以针对特定的产品、工艺、周期和目标用户需求进行高度定制化的计算与分析，如不确定性分析及多产品系统的组合分析等。GaBi 支持多种语言、多种输出格式（如图表、表格、图片和报告等），可以进行多方案对比评估、多维度的结果展示和分析，并且支持数据共享和团队协作等功能。

（2）LCA－i：由美国国家标准局（NIST）开发，用于评估整个汽车生命周期的环境和经济影响。它将汽车制造、使用和废弃阶段的数据整合在一起，可以生成具有可视化效果的报告和图表。LCA－i 的数据库和模型是不断更新和完善的，可以帮助用户保持最新的环境和社会数据，从而更好地评估产品的生命周期环境和社会影响。

（3）SimaPro：由荷兰的 PRé Consultants 公司开发，用于评估所有产品的生命周期影响。它可以评估汽车制造、使用和废弃阶段的环境、社会和经济影响，并为利益相关者提供比较和决策支持。SimaPro 内置了全球最大的生命周期评估数据库，该数据库包含超过 16 000 个全生命周期数据记录，可以用于评估大多数产品和过程的生命周期影响；可以根据用户不同的需求和目标进行模型配置，对于初学者和专家来说都非常容易使用；支持多种功能，可以用于评估不同产品和过程的生命周期环境和社会影响；可以连接到不同的数据库、电子表格或联机应用程序，以获取或共享数据；可以进行数据共享和合作，大大提高了使用者的效率。

（4）AutoLCA：由 EPA 开发，用于评估汽车整个生命周期的环境影响。它可以评估汽车制造、使用和废弃阶段的气体排放、水和土壤污染等，是政府机构和其他利益相关者进行环境决策的有用工具。AutoLCA 内置的数据库丰富，接入了大约 3 800 个过程，覆盖了包括材料生产、组合、制造、使用和处理在内的各个阶段，可以评估产品和能源的生命周期影响。AutoLCA 支持不同的计算模型，可自定义计算参数。该软件可进行三角洲分析和历史趋势模拟，方便用户进行对比和优化。用户可以通过图表和报告查看评估结果，并进一步分析。

(5) GREET：由美国的阿贡国家实验室开发的一款全生命周期计算软件。该软件可以广泛用于能源和环境政策制定、技术研发和生产过程中的环境评价等领域，主要用于评估车辆和燃料的全生命周期成本、能源效率、碳足迹等数据，并可以进行分析、模拟和对比。GREET 采用开源模式，所有人都可以免费下载和使用，开放源代码有助于进一步发展。该软件涵盖了生产和使用阶段，包括原材料采购、加工生产、物流和废弃处理等，并提供了大量的数据，有超过 4 000 种物质及其化学反应库等。GREET 可以根据不同需求进行模型配置，既可以进行三角洲分析评估变化的影响，也可以执行大规模的参数化扫描分析。

不同的软件可能有不同的使用方法和数据要求，用户需要根据自己的需求和能力选择合适的软件。此外，软件评估结果仅供参考，实际结果可能会因数据质量、模型偏差、地域差异而有所不同。

## 8.3 降低汽车制造厂的环境影响

大量汽车制造厂分布在世界各地，通常这些工厂的规模都比较大。汽车制造厂消耗能源和自然资源，排放气体污染物和废水，产生固体垃圾。降低汽车制造厂环境污染的相关措施早已开展。降低汽车制造厂的环境影响，需要从汽车制造过程的各个环节着手。越来越严格的环境政策要求汽车制造厂研发低环境影响技术来生产汽车。即在生产汽车时，要求消耗尽可能少的能源和资源，同时产生尽量低的有害排放和尽量少的固体垃圾。不同国家和地区采取不同的政策及技术手段应对汽车生产过程中高能耗和高排放的状况。

针对汽车制造过程中高能耗和高排放状况，可以采取的相应措施主要包含以下几点。

(1) 推广环保型材料：使用环保型材料生产汽车，如使用高强度钢、铝合金和可再生生物塑料等。这些材料可以大大降低汽车生产过程中的能耗和污染。

（2）提高生产效率：将生产流程的自动化和标准化应用到极致，从而减少生产过程中的能源使用和污染。通过把现代信息技术与生产流程进行集成来实现生产的精细化管理，进一步提高生产效率。

（3）推广绿色能源：通过使用清洁能源来降低汽车厂的碳排放和硫化物排放。部分汽车工业公司已经使用太阳能和风能等绿色能源来给生产线供电，并大力支持可再生能源在汽车生产中的应用。

（4）贯彻废弃物分类和资源循环利用：对废弃物分类，对资源循环利用，合理回收使用污水和其他废弃物，从而减少污染和节约资源。

（5）采用低碳技术：为了减少汽车生产过程中产生的温室气体排放和降低环境负荷，可以采用低碳技术，例如，在生产中使用再生能源及可再生材料，使用温室气体的捕获和地下存储等技术。

（6）提高资源利用率：使用高效喷枪减少油漆溶剂蒸气，回收油漆稀释剂，使用过滤器过滤干式焚烧炉的排气，更多使用水基油漆；通过更有效地利用水来保护水资源，保持良好的水质。

总之，汽车制造厂在生产汽车的过程中，要遵循减少能源及资源消耗、降低污染物排放及固体垃圾产生量、重新使用零部件和材料、循环使用水、循环使用材料等原则，只有这样，才能将汽车厂的环境影响降低到最小。

近 20 年来，汽车产业在我国实现了快速发展，环境保护工作作为企业社会责任的重要组成部分（包括企业基础责任和社会责任两方面），贯穿企业的日常生产和社会责任活动。一汽大众汽车有限公司（以下简称一汽大众）企业 2025 战略和企业社会责任战略 2.0，参考了行业环保战略和实践，并在企业运营的各个领域践行环境保护原则和理念，这不仅可以为客户带来更舒适的产品体验，也可以为员工创造更绿色的办公环境。以一汽大众为例简要说明我国汽车工厂在环境保护方面做的努力[6]。

## 8.3.1　环境管理体系方针

一汽大众的战略选择和社会责任是在向客户提供高质量产品和服务的同时，积极致力于保护环境、践行可持续发展原则。在遵守法律法规及相关环境要求的基础上，可以从以下几方面持续推进环境与能源绩效的改善进程。

（1）确保提供足够的信息和资源，以实现节能环保目标。

（2）研发、引进、制造和销售环保汽车，并倡导绿色消费。

（3）强化环境能源管理，在规划、采购、生产、销售、技术改造等各项经营环节采用节能环保的材料和先进工艺，避免、减少和控制对环境的不利影响，并致力于预防污染和清洁生产。

（4）创建绿色工厂，有效控制废水、废气、噪声、废弃物和碳排放，不断降低环境责任风险。

（5）强化资源管理，提高能源利用效率，推进废弃物无害化、减量化和再资源化。

（6）加强与供应商和经销商的节能环保交流，持续推进“绿色合作伙伴”计划。

### 8.3.2 原材料回收利用与节能环保

为了保护环境，提高资源综合利用效率，一汽大众在内外全力推行车辆回收利用（ELV）工作。一汽大众采取产品全生命周期绿色管理措施，在产品设计、原材料选择、加工工艺等全过程推行绿色制造思路，致力于打造绿色工厂和绿色产业链。

在设计和生产阶段，一汽大众采用环境友好的实施方案，注重产品良好的可拆解和易拆解性，以便在产品回收利用阶段进行更加有效的整车拆卸和材料分拣，提高末端回收的利用效率和效益。一汽大众充分考虑零部件中材料的可再利用性和可回收利用性，选用环保的材料、技术、工艺进行研发和生产。

同时，一汽大众将管理模式向全供应链延伸，已向所有供应商（包括原材料供应商）传递相关的管理要求，致力于打造诚信承诺机制。一汽大众实施了材料数据收集、禁用物质管控及非金属零部件材料标识的管理体系，这些措施保证了产品的高资源利用率和低环境风险。

### 8.3.3 水资源保护及高效利用

一汽大众长期致力于持续优化和关注水资源的管理和使用。目前，成都、佛山、青岛和天津的新工厂污水站在原有工艺基础上建设完成了膜分离技术（RO）深度处理工艺。这一工艺可以将废水处理至工艺回用级别，不仅实现了行业内20%回用冲厕和一般绿化灌溉的水平，还实现了深度废水处理和回用于生产、动力站房冷却循环水、涂装RO反渗透工艺和前处理工艺及总装淋雨线用水。标准30万辆整车制造厂年中水回用量可达30万t，总体废水回用率达到70%，单车水耗下降20%。

## 8.4　报废车辆的回收

每年都有大量汽车报废，而处理大量的报废汽车给各个国家带来了巨大的社会压力。随着汽车价格的降低，居民收入的逐年提高，汽车的保有量不断增加，同时汽车更新的频率不断加快，大城市每年报废的车辆也日益增多。目前在我国，报废车辆的回收涉及的环境问题已经引起足够的重视。车辆报废会带来严重的环境问题，例如，在汽车解体过程中，车内燃油残留和润滑油泄漏可能引起水污染和土壤污染。

以环保的方式处理报废汽车包含两层含义：一是在报废汽车拆卸、解体过程中，要避免污染环境；二是报废汽车的绝大部分材料必须能够回收，只有回收再循环使用，才可以避免更多的开采矿石，避免更多的制造其他原材料的过程，从而减少自然资源的消耗，降低对环境造成的危害。

图 8.2 所示为国外报废汽车的回收利用流程。报废车辆被送到回收企业后，首先由拆卸工将汽车中的燃油、润滑油等液体放出，然后将车辆拆成零部件。所有可以再次使用的零部件和可以用来进行材料再循环的零件被选出来，分别进行适当的处理。

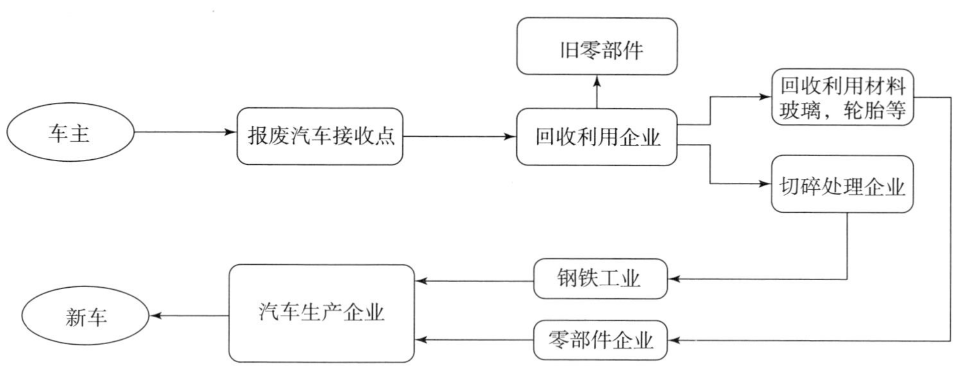


**图 8.2　国外报废汽车的回收利用流程**

当分类拣选完成后，汽车所有剩余的部分被送到切碎企业，进而将车辆变成碎片。碎片中的钢铁和其他金属材料被分拣出来进行再循环利用，其他碎片则作为垃圾填埋。垃圾填埋占用大量土地资源，迫切需要解决碎片处理的问题，即减小需要填埋的碎片体积。可以通过下列措施减小碎片体积：将碎片分离成可燃烧和不可燃烧两部分，对于可燃烧的材料，首先使用固化技术，将其压缩成固体燃料，然后使用干馏技术，将其变成气态燃料。这种方法可以将汽车切碎碎片的质量减小 70%，体积减小 80%。

### 8.4.1 欧洲国家汽车报废相关法规的发展

欧洲国家汽车报废相关法律法规的发展历程可以追溯到 1975 年，当时欧盟通过了一项关于废弃物的指令，其中包括了对废弃汽车的处理和回收要求。

1997 年，欧洲委员会通过了新的汽车报废指令，确立了废旧车处理和回收的统一标准，要求各成员国建立废旧车回收系统，并对销售的新汽车实行“消费者支付、厂商负责”的原则，即厂商应当为旧车的回收和处理负责，并由消费者自行支付费用。

2000 年，欧洲委员会颁布了一项新的指令，要求各成员国开始实施废旧车回收和处理计划，各成员国政府需要建立废旧车回收和处理的机构和规范，并为满足特定标准的废旧车制定了回收计划，以降低对环境和公共卫生的影响。

2002 年，欧洲委员会通过了一项更加严格的汽车报废指令，要求各成员国确立废旧车回收和处理体系，并规范厂商对旧车回收和处理的义务和责任。该指令进一步强化了欧洲废旧车回收和处理领域的法规。

2003 年，欧洲委员会通过汽车废弃指令，建立了欧洲范围的汽车回收处理框架，设置了各成员国必须实施的最低限度标准，强化了汽车制造商及其代表的回收责任。

2006 年，欧盟通过《废弃电子电器设备指令》，强制限制了汽车制造商为使汽车使用寿命更长而在汽车的电子电器设备中使用有毒有害物质。

2009 年，欧盟颁布了《关于二氧化碳排放性能标准的条例》，规定了汽车的里程和 $CO_2$ 排放量必须在销售阶段进行记载和演示。

2014 年，欧盟发布了新的法规，要求各成员国必须建立新型汽车回收和处理网络，而且要求所有制造商将回收率提高到 95% 以上。

2018 年，新的欧洲汽车报废法规生效，要求厂商必须为回收的旧车制定具体的计划，确保废旧车的有效回收和处理。同时，欧盟通过了一项明确的法规，规定厂商需要在新车的设计和生产过程中考虑环保因素，包括废旧汽车的可持续性和回收利用率。

以上政策都致力于使欧盟汽车生产和使用过程中保证环境可持续性和资源共享。同时，以上法规也在强调汽车回收和再利用的重要性。

### 8.4.2　日本汽车报废相关法规的发展

日本汽车报废相关法律法规的发展历程主要包括以下阶段。

1973 年，日本出台早期汽车报废相关规定，要求所有汽车在运行 10 年后需要经过一系列检查，并在达到一定的标准后才能继续上路行驶。

20 世纪 70 年代，日本开始建立循环型经济系统，以应对报废汽车回收物质价格波动、非法丢弃、环境污染和回收利用率低的问题。

2002 年，日本制定了《汽车回收利用法》，并于 2005 年开始实施。该法在资金、信息管理等方面有很多创新和独到之处，在实施 1 年后取得了较好的效果。

2005 年：《汽车回收利用法》的实施标志着日本报废汽车回收利用体系的正式建立。该法规对报废汽车的回收、拆解和处理过程进行了详细规定，旨在减少环境污染和提高资源利用率。

2022 年：尽管具体法规没有明确提及，但日本报废汽车拆解行业在应对经济环境变化和自然灾害等方面也面临挑战，行业内部不断寻求创新和发展。

总而言之，日本汽车报废相关法律法规的发展历程主要围绕旧车的回收和再利用工作展开，不断强化汽车制造商和回收企业的责任和义务，促进旧车的有效回收利用；同时，还加强了对旧车回收和处理工作的监管和规范，为实现环保和可持续发展目标做出了贡献。

### 8.4.3　中国汽车报废相关法规的发展

1996 年，《中华人民共和国固体废物污染环境防治法》实施。

1989 年，《中华人民共和国环境保护法》确立了环境保护和污染治理的基本原则，为后来的汽车报废法规奠定了基础。

2001 年，《报废汽车回收管理办法》规定，所有报废的汽车必须在特定机构进行登记和确认，并在指定的回收企业或工厂进行报废和回收。

2009 年，商务部和财政部开展报废汽车回收拆解企业升级改造，通过财政支持，引导试点企业进行以清洁环境、安全生产、节约资源、推进技术进步和现代化管理为重点的技术改造，提高行业整体水平，促进老旧汽车报废更新。

2015 年，《中华人民共和国固体废物污染环境防治法（2015 修正）》实施，对报废汽车的回收和处理做出了进一步规范。修订后的法律要求国务院应当制定报废汽车的回收管理办法，进一步规范报废汽车的回收和处理工作，以达到促进资源回收利用和环境保护的目的。

2019 年，我国公布了《报废机动车回收管理办法》，具体规定了报废车辆的管理和回收办法，要求各大车企按规定销毁和回收报废车辆。

总的来说，我国的汽车报废法规也经历了持续完善的过程。随着环境意识的日益增强，未来我国的汽车报废法规还会进一步完善，以便加强对报废汽车回收和再利用的管理，提高汽车的环保水平和资源利用率。

## 8.5 私家车主如何面对环保问题

为了减少汽车对环境的影响，私家车主可以从两方面行动。

（1）降低汽车的油耗。对于同一辆车来说，油耗降低，汽车排放的废气污染物也随之降低。同时，随着油耗的降低，燃油炼制和输送等过程所造成的环境污染也随之降低。

（2）通过适当的行动，直接降低汽车的废气排放。

私家车主遵循下列原则，可以在一定程度上降低汽车对环境的影响。

1）购买合适的新车

在准备购车之前，认真分析自己的需求，按照需要购买，只买自己真正需要的车型。一般而言，发动机排量越大，功率越高，整车油耗越高。因为在大部分情况下，汽车不需要那么大的功率，大排量的发动机通常工作在低负荷状态下，效率很低，油耗很高。同时，大排量发动机的动力传动系质量也较大，增加了整车的质量，也会导致油耗上升。主要在城市工作的上班族，对于汽车的动力性要求不是很高时，可以选择装备较小排量发动机的车型。同时，很多车型都提供一些可以选装的系统或装备，如果可选的装备质量过大，那么车质量将会增加，从而会导致油耗上升，如四轮驱动的车辆油耗就较高。要避免选装自己不是很需要的笨重的装备。

在确定了大概要购买的汽车类型后，比较同类汽车的油耗，如可以通过比较厂家给出的油耗数据、有关测评报告声明的各车型的油耗数据及用户的反映，来综合判断哪种品牌的车油耗较低，以便购买油耗更低的车。

另外，在购买新车时，大家还要关注厂家声明的汽车可以达到的环保标准，优先购买达到先进排放标准的车辆。

2）减少非必要的开车出行

减少非必要的开车出行需要改变一些观念，要认识到，拥有小汽车和把小汽车作为唯一的交通工具是两个概念。有小汽车并不意味着开车永远是最佳出行方式，有时采用其他交通方式可能更好。

只有在必要的时候才考虑自己开车，因为步行和骑自行车不仅经济、环保而且对身体有益。如果要去的地方，骑自行车仅需 20 min，那么骑车出行既不用担心堵车，也无须担心找不到停车位，对身体还是一种锻炼，无疑是出行的最佳选择。有些地方如果公共汽车能够直达，那么可以选择乘坐公共汽车前往，既便宜又安全。另外，在上班或者出游时，合伙使用小汽车也是不错的选择，不仅促进友谊，而且减少支出。另外，如果家里有两辆汽车或多辆汽车，则要尽量多使用油耗低、排放少的汽车。

3）使用规定标号的汽油

按照厂家的要求使用规定标号的汽油。如果使用的汽油标号低于厂家要求，则不仅会使汽车的动力性、经济性受损，还会使汽车的排放性能变差，甚至出现车辆故障。由于发动机在设计时按照厂家规定的汽油标号进行了优化，因此使用标号高于厂家要求的汽油，不会使汽车的性能得到改善，只会增加支出，最好的办法就是按照规定使用汽油。

4）养成良好的驾驶习惯

不同的驾驶者驾驶同一辆汽车，由于驾驶习惯的不同，也会使汽车的油耗及汽车排出的污染物量有比较大的差异。养成良好的驾驶习惯对于降低油耗和减少排气污染意义重大。

（1）避免急加速和急减速，如果可能，尽量不要猛踩油门急加速。同样，在减速时，应该提前有心理预期，逐渐减速，比如，到路口时就应该提前减速，而不是突然刹车，快到车库时就逐渐降低车速。

（2）避免长时间怠速，在有些情况下，停车时间可能要超过 1 min，则应该关掉发动机。怠速烧掉的燃油比例新起动发动机所需燃油多。冬季也要限制汽车暖车的时间。虽然冬天或者天气较冷时，汽车的三元催化器需要比平时更长的时间才能达到工作温度。但是长时间的怠速于事无补，因为怠速时汽车的排气温度很低。现代汽车只需要很短的暖车时间，当车辆起动后，三元催化器将很快达到工作温度。寒冷天气长时间怠速会导致发动机磨损，增加不必要的油耗，导致过量的废气排放。

（3）避开车流高峰时段和路段，堵车有时是不可避免的，但是如果可能，在规划行程时尽量避开高峰时段，避开车流较大的路段，避免堵车造成燃油的浪费和过高的废气排放量。

（4）行李厢中不要携带不需要的物品，因为这会使汽车的总质量增加，从而导致汽车油耗量增加。

（5）避免车速过高：若将汽车的车速从 105 km/h 降至 88 km/h，油耗可降低15%。当然，如果车速太低，油耗也会升高，一般而言，车速为60～80 km/h时的油耗最低。

（6）只有在必要时才开空调，使用汽车空调，增加了发动机的负载，会使油耗增加，排放性能变差。在合适的天气，打开车窗可以保持车内舒适，无须使用空调。夏天尽量将车停放在阴凉的地方，使车内温度低一些，同时减少汽油的蒸发排放。

（7）使用超速传动，如果汽车装有超速传动齿轮，则当汽车车速较高时，要使用超速传动，如果是手动变速箱，则换挡的转速越低，油耗越低。

（8）保持轮胎合适的气压和定位，定期进行车轮定位并将轮胎气压充到最大推荐气压可以降低油耗。

（9）定期检修和维护汽车，按照厂家提供手册的要求，定期检修和维护汽车，不仅可以改善汽车性能，还可以降低汽车油耗和排放。

遵循以上原则不仅可以大幅降低汽车排放，还可以延长汽车寿命，也能降低购买汽油和维修的费用。

## 8.6 中国面对汽车社会的应对措施[7]

截至2023年，北京市私人汽车保有量达543.1万辆，且还呈现出上升趋势。我国其他大中型城市情况也基本类似，中国已经迈入汽车社会。而汽车带来的环境问题也是多方面的，如城市人口集中区汽车排气造成严重的空气污染，汽车生产企业的废气排放及污水排放，炼油企业的废气和污水排放等。不仅如此，汽车消耗的大量燃油给中国带来了沉重的能源压力。现在中国每年石油进口量依然保持高位，这也是汽车必须面临的挑战。

面对持续上升的汽车保有量带来的环境和能源压力，首先应该完善相关立法工作。要在汽车排气控制、汽车油耗控制、代用燃料的促进和奖励、报废车辆回收、汽车生产企业废气及污水排放方面完善现有的法规，尽快订立尚欠缺的法规。制定相关法规时要注意政策的前瞻性和可实现性，注意对有关政策的效益做出评估。各特大型城市可以基于本地的实际情况，在城市交通方面和其他方面订立适合本地实际情况的规章制度。

在汽车排气量的控制方面，中国已经比欧洲实施了更为严格的排放法规，而且已经制定了符合我国道路状况的测试循环。未来我国政府在进一步控制汽车排放水平的同时，还应该对汽车生产企业的废气排放、污水排放及噪声排放进行严格监管。

面对汽车社会带来的环境与能源压力，我国还应该重视科学技术在解决环境与能源问题方面的作用，加大科技投入力度。科技投入应该侧重可以实用化的关键技术，就目前的中国而言，应该侧重先进的柴油机、汽油机、混合动力汽车、电动汽车技术等可以大规模应用的、和目前的发展状况有很好衔接的技术。作为一个汽车大国，中国应该有自主知识产权的关键核心技术，应努力促进高校、研究所及企业的合作。

若要解决汽车带来的环境与能源问题，需要全社会通力合作，还要保护环境、节约能源。另外，还要使有关各方都能以保护环境、节约能源为己任，并以此为荣。

在控制汽车排放和汽车相关环境问题方面中国起步较晚，由此带来的有利条件是可以借鉴国外的经验，少走弯路，但必须加大创新发展力度，因为只有这样，才能保证在发展经济的同时保护环境。

## 8.7　参考文献

[1] 金莉娜，陆怡雅，谢婧媛，等. 基于 GREET 模型的新能源汽车全生命周期的环境与经济效益分析 [J]. 资源与产业，2019，21 (5)：1-8.

[2] 哈宁宁. 电动汽车全生命周期碳排放评估及对环境的影响 [D]. 保定：华北电力大学，2020.

[3] 吴珊珊. 电动汽车生命周期评价方法及系统开发 [D]. 辽宁：沈阳理工大学，2023.

[4] 李娟. 纯电动汽车与燃油汽车动力系统生命周期评价与分析 [D]. 长沙：湖南大学，2015.

[5] 徐建全，杨沿平. 纯电动汽车与传统汽车轻量化全生命周期多目标优化研究 [J]. 汽车工程，2019，41 (8)：885-891，914.

[6] 一汽-大众汽车有限公司. 一汽-大众汽车有限公司环境保护白皮书 [R]. 北京：2020.

[7] 魏名山. 汽车与环境 [M]. 北京：化学工业出版社，2004.

# 附录1　相关服务网址

（1）中华人民共和国公安部：https://www.mps.gov.cn/

（2）中国汽车工业协会：http://www.caam.org.cn/

（3）新京报新闻：http://www.bjnews.com.cn/detail/162020771615857.html

（4）美国能源部：http://www.doe.gov

（5）美国环保署：http://www.epa.gov

（6）四川生态环境新闻：https://weibo.com/ttarticle/p/show? id=2309404744674525970585

（7）中华人民共和国生态环境部：https://www.mee.gov.cn/

（8）美国国家公路交通安全管理委员会：http://www.nhtsa.dot.gov/cars/rules/cafe/

（9）美国交通部：http://www.dot.gov

（10）美国能源效率经济委员会：http://www.aceee.org/

（11）2022年中国天然气汽车市场现状调研与开展趋势预测分析报告：https://www.renrendoc.com/paper/217591879.html

（13）生物柴油在世界各国行业发展现状及发展趋势（新能源网）：http://www.newenergy.org.cn/swzn/cp/200610/t20061030_185456.html

# 附录2　英文缩写及其中文对照

ACEA：欧洲汽车制造商协会

ACER/ACRE：活性控制燃烧模式

ALS：地区通行证制度

APU：车用辅助动力

ASC：氨逃逸催化器

BOSCH：波许

$C_3H_8$：丙烷

$C_4H_{10}$：丁烷

CAFC：乘用车企业平均燃料消耗量积分制度

CAFE：燃油经济性

CATC：中国汽车测试循环

CBAM：碳边境调节机制

CBD：中心商业区

CFC：含氯氟烃

CLD：化学发光分析仪

CNG：压缩天然气

CO：一氧化碳

$CO_2$：二氧化碳

CRT：连续再生捕集器

CVS：定容取样系统

DFCV：直接燃料电池汽车

DOC：氧化催化转化器

DOE：美国能源部

DPF：颗粒捕集器

DSRC：无线电信息系统

ECE：市区工况

ECU：电子控制单元

EEA：欧盟环境署

EEC：欧洲经济共同体

EGR：废气再循环

ELR：动态负荷响应

ELV：车辆回收利用

EPA：美国环保署

ERP：电子道路收费系统

ESC：稳态循环

ETBE：乙基叔丁基醚

EUDC：市郊行驶工况

FCV：燃料电池汽车

FFV：灵活燃料汽车

FID：氢火焰离子分析仪

FSI：燃油分层喷射

HC：碳氢化合物

HCCI：充量压燃着火

HEGO：加热氧传感器
HEV：混合动力汽车
HFID：加热式氢火焰离子分析仪
HOV：多乘员车
IEA：国际能源机构
ISAF：国际醇燃料会议
ISO：国际标准化组织
IU：车载单元
LCA：全生命周期评价
LEV：低排放车
LNG：液化天然气
LPG：液化石油气
LR：英国劳氏船级社
MOVES3：移动源排放模型
MTBE：甲基叔丁基醚
MVEG：机动车排放组合
$N_2O$：氧化亚氮
NAEI：国民大气排放清单
NDIR：不分光红外分析仪
NEDC：新欧洲驾驶循环
NEV 积分：新能源汽车积分
NH3：氨气
NHTSA：国家公路交通安全管理局
NIST：美国国家标准局
NMHC：非甲烷碳氢
NMOG：非甲烷有机气体
NMVOC：非甲烷挥发性有机成分
$NO_x$：氮氧化物
$O_3$：臭氧
OBD：车载诊断系统
ORVR：车载加油油汽回收系统
PAH：多环芳香烃
PCCI：预混压燃着火
PDC：含钯三元催化剂
PEMFC：质子交换膜燃料电池
PFCV：处理燃料电池汽车
PM：颗粒物
PNGV：新一代车辆合作研究
POP：总人口和其住宅目的地
RDE：实际道路排放
RVP：汽油蒸气压
SCP：国家及城市发展计划
SCR：选择性催化还原器
SOC：荷电状态
SOF：液态的可溶有机成分
SULEV：美国超超低排放
TEL：四乙铅
THC：总碳氢
TLEV：排放汽车过渡标准
UCO：废弃食用油
UEGO：线性氧传感器
ULEV：超低排放车辆
UNDP：联合国发展组织
UNECE：联合国中国经济委员会
USDA：美国农业部
USGS：美国地质勘探局
VNT：可调喷嘴涡轮增压器
VOC：挥发性有机物
VQS：车辆配额系统
VVT：可变气门正时
WLTC：全球统一轻型车辆测试循环
WLTP：全球统一轻型汽车测试规程
WTP：油井到油泵
WTW：油井到车轮
ZLEV：零排放水平车辆